U0015562

·書系緣起·

早在二千多年前，中國的道家大師莊子已看穿知識的奧祕。莊子在《齊物論》中道出態度的大道理：莫若以明。

莫若以明是對知識的態度，而小小的態度往往成就天淵之別的結果。

「樞始得其環中，以應無窮。是亦一無窮，非亦一無窮也。故曰：莫若以明。」

是誰或是什麼誤導我們中國人的教育傳統成為閉塞一族？答案已不重要，現在，大家只需著眼未來。

共勉之。

006

無限小 （修訂版）

一個危險的數學理論如何形塑現代世界

Infinitesimal

How a Dangerous Mathematical Theory Shaped the Modern World

by Amir Alexander

艾米爾・亞歷山大 ———— 著　麥慧芬 ———— 譯

僅以此書獻給
裴登與愛拉

〈導讀〉
無限的矛盾，無限的力量

臺師大電機系助理教授、數感實驗室共同創辦人　賴以威

「我把這扇門掩上一半，再掩剩下的一半，不斷重複下去，這扇門也永遠不會被關上。」

國中時，老師站在教室前門旁解釋無限的概念。

對現在的我來說這不難回答──

「不對，造成永遠的錯覺是『會重複無限次的掩門』，但到後來每次掩門的幅度都是無限小，門最終還是會被關上。」

但我永遠記得當時對老師的這項譬喻有多麼困擾，順著老師的邏輯，彷彿可以看到門就算被關上了，依然存在一道微微的縫隙。在那之前的數學課儘管複雜，可是只要遵循規則，按部就班就能理解。直到無限的出現，是第一次我覺得數學課裡也有「無法理解，只好先記起來」的觀念。

現在，儘管能破解無限的矛盾，能解釋阿基里斯為什麼能追上烏龜，能知道一尺之棰，日取其半，必然有取完的那天。但那樣的理解就好像回答「為什麼天空是藍色的？」、「因為空氣折射的緣故。」

只是拿了一個名詞、一套道理來解釋，並沒有真正理解背後的原因。甚至可以說，是因為相處久了，在課本、考卷裡面出現夠多次，就習以為常，覺得無限的概念是理所當然了。

不是的，無限小一點都不理所當然，他是個在歷經了上百年激辯後，才正式被引入的數學概念，背後還牽扯了超出數學之外的宗教、政治糾葛。

※

　　本書從馬丁‧路德的宗教改革開始，當時羅馬教廷勢力衰退，作為教廷忠誠部屬的耶穌會趁勢興起。以菁英分子組成的耶穌會在各地辦學，他們推崇階級與秩序。在克里斯多佛‧克拉維烏斯（Christopher Clavius）的努力下，服膺於邏輯性的數學地位逐漸提高，作為耶穌會宣揚紀律性的強而有力工具。握有數學知識，他們便能宣稱握有真理。

　　數學也沒辜負他們的期待。

　　曆法過時一直是古人面臨的問題，西元 500 年左右，中國有祖沖之與祖恆父子兩代努力，推行大明曆；西元 1700 年左右，日本有澀川春海改良中國曆法，製成大和曆。曆法的制定需要豐富的天文、量測以及不可或缺的數學知識。不論是祖氏父子或是澀川春海都是一時的數學名家。在西方，則由耶穌會的克里斯多佛‧克拉維烏斯領銜，協助教廷制定了全新的格里高里曆法。這套曆法相當精確，逼得歐洲各地儘管已經因為宗教改革而與教廷漸行漸遠，甚至反對教廷，但還是得乖乖接受格里高里曆法，變相承認了頒布曆法的教宗權威性。

　　數學可以強行讓人接受真理，並擊潰謬誤，建立起取代混亂與困惑的穩固秩序與確定性。

　　耶穌會以數學做武器，在宗教改革上打了一場漂亮勝仗，從此也更重視數學。正確地說，他們認為數學是個最好的例子，代表一切都該從定理出發，現實生活中的每件事都必須遵循一定的規則。數學提供了一個完美的理性模型，讓人們看清宇宙真理是如何統治世界。

　　然而，當時的數學世界裡尚未存在能夠解釋無窮小的定理，但數學家們已經從愈來愈多的地方發現這個無可迴避的概念。於是，數學家想從現實生活的觀察，反過來歸納出一個新的定理。推崇數學的耶穌會卻毫不猶豫地站到了打壓新知的那側。

　　從不同教派的宗教之爭，在一方執起數學獲得勝利後，手中的數學卻反噬主人，展開了另一場數學之爭。

※

　　許多耳熟能詳的科學家、數學家都參加了這場數學之爭，被尊

為現代科學之父的伽利略（Galileo Galilei）帶領他的兩位徒弟卡瓦列里（Bonaventura Cavalieri）與托里切利（Evangelista Torricelli），前仆後繼地提出對無限小、不可分量的詮釋。課本裡的托里切利是以發明了氣壓計而聞名，在這本書裡我們看到了他另一個偉大的貢獻，他發表了一篇「拋物線面積（De dimensione parabola）」，裡面極其華麗地用上了 21 種不同方式去證明拋物線與一條直線相夾的面積，其中有 10 種用上了不可分量的概念。

這篇論文的重點根本不在拋物線面積，而是在介紹不可分量、無限小。

儘管數學家看到了無限小的廣泛用途（有一半以上的證明需要靠引入無限小的概念才能完成），但耶穌會堅決反對。他們設立了「總校訂（Revisors General）」這個最高地位的學術審查機構，扮演著類似那個時代的「金盾」腳色，把所有對教會帶來混亂與不安的知識排除在耶穌會主導的教育機構之外，無限小是數學界的新概念，他甚至推翻了一些傳統幾何的想法；從這個角度來看，他就像數學界的宗教改革，耶穌會無論如何都要將他的聲浪壓下來。

這次對決中，耶穌會佔了上風，哪怕面對的是伽利略與銳眼協會（L'Accademia Nazionale dei Lincei，現今的義大利國家科學院），那個時代最強的宗教團體成功地馴服了數學，讓數學依然作為宗教秩序而存在。

然而，如果把格局拉大，這場數學的戰爭還沒結束，只是換了一個戰場，到英國重新開始。在差不多的時間，英國也上演了一場關於無限小的學術論戰，場上的選手更是赫赫有名。站在否定無限小那方的是政治哲學名著《巨靈論》的作者霍布斯（Thomas Hobbes）。身為那個時代最有名的哲學家之一，他在過世前的自傳裡認為自己最偉大的成就竟然是解開了一題經典數學難題——化圓為方，畫出一個和圓一樣面積大小的正方形。

可惜的是，他解錯了。

連同這條錯誤的解答，他否定無限小的立場遭受到英國皇家學會（Royal Society）創辦人之一，約翰·瓦里斯（John Wallis）的猛烈抨

擊。當時英國學術界在培根的倡行下，實驗是驗證、發現科學知識的重要途徑。也因為這種想法，從現實狀況觀察到的無限小概念，自然能較被接受，並且透過歸納法，成為了數學領域新的一分子。在瓦里斯發明了「∞」的無限符號後，這個符號被他的晚輩牛頓（Isaac Newton）開花結果，建立出了微積分，成為現代許多科學、科技的基礎。

當然，在微積分的身上同樣少不了戰爭，屬於牛頓跟萊布尼茲（Gottfried Wilhelm Leibniz）的發明人之爭，不過那又是另一件故事了。

※

我想，這本書其實就很像托里切利的 21 道拋物線面積證明，名為介紹拋物線，實則宣揚無限小概念；名為介紹數學概念，實則介紹了整個中世紀錯綜複雜的學術、宗教、信念之爭。我們現今認為很多理所當然的觀念，其實背後往往都有一長串故事，一群遠比我們聰明的人在努力。我有時候會想，如果說我們覺得課本裡的數學無趣，那很可能不是知識本身的問題，而是我們學習的方法，將前人所有的努力濃縮成一行結果、一條式子，讓知識失去了靈魂，只剩下冰冷的軀殼。

這本書重新替無限符號「∞」注入了靈魂。

〈專文推薦〉

新想法的成功之道——有智慧、有策略地說服舊秩序

歷史評論家／公孫策

萬物皆由無限小的成分（粒子）構成，這是現代人的常識，不會有人覺得奇怪，更不會有人認為難以接受。

可是，「無限小」這個數學觀念，差一點就被威權扼殺了。而你無法想像，如果沒有「無限小」這個觀念，人類文明會停滯在哪個階段！

所以，這本書講的是歷史，而不是數學。說得更明確一些，這本書告訴我們，科學家不能永遠屈服於威權之下，可是他們除了勇於堅持、勇於抗拒威權之外，仍必須有智慧、有技術（甚至謀略）的進行說服——殺身成仁絕非最高境界。

為此，書中必須述說很多數學。雖然它令多數人望而卻步，不喜歡數學的讀者卻無須硬「吞」下去，可以選擇跳過去。然而，一定要明白的是，科學家必須讓自己的學說經得起千錘百鍊，否則不足以承受威權方面的打擊。因為，威權那一邊也有科學家，而且都是當時最負盛名的科學家。

處在今天這個「新科技正在顛覆舊社會」的時代，新想法肯定受到舊秩序的打壓。然而，切不可孤芳自賞的嚷嚷「他們都不了解」，而應該提出更多證據來進行說服。

好好讀一下這本書，大有益。

目 錄

前言　出國的大臣　15

法國大臣索必耶拜訪英國，也受到倫敦皇家學會的熱情招待，但是索必耶卻盛讚皇家學會的敵人霍布斯，並害得自己遭路易十四驅出宮廷。幕後隱情其實與當時的數學理論戰爭頗有關連。

第一部　對抗失序的戰爭：耶穌會與無限小的對立

第一章　聖羅耀拉的弟子　28

耶穌會創建在一個天主教開始沒落的時代，羅耀拉的依納爵和他的弟子們展開一連串復興天主教的行動，但其中最耀眼的成就，卻是在各地區建立的教育學院。

第二章　數學秩序　63

耶穌會的教育體系中，原本並不特別注重數學，但在克拉維烏斯神父持續努力下，終於成為耶穌會的教育重心。耶穌會重視數學，因為數學是一種以邏輯步驟說出真理、無人能否定其證明結果的學科，但這時的數學，仍以歐幾里得數學理論為主。

第三章　數學失序　92

虔誠的天主教徒伽利略，也是當時最偉大的科學家。他為了自己的學說，槓上了耶穌會和教廷，最終被送進宗教審判所，人生最後十幾年都在軟禁中度過。伽利略的弟子卡瓦列里與托里切利持續提出不可量和無限小的理論證明，更持續增強耶穌會想要壓制這個矛盾理論的決心，無限小的戰爭即將引爆。

第四章　你死或我亡：「無限小」的戰爭　131

耶穌會總校訂決議整個耶穌會體系都不得教授與討論無限小。耶穌會和支持伽利略的銳眼學會之間，為了維持歐幾里得幾何學理論或迎接新的無限小方式而開戰。

前言
出國的大臣

1663 年冬，法國大臣山謬・索必耶（Samuel Sorbiére）[1] 出席了新成立的科學組織皇家學會（the Royal Society of London）舉辦的一場會議。根據學會優秀的秘書亨利・奧登柏格（Henry Oldenburg）的說法，他和索必耶在議會黨與保皇黨戰爭（the civil war）[2] 的黑暗時期就已是朋友，當時國王被逐出英國，將宮廷設於巴黎。查理二世重新在倫敦登上王座的三年後的現在，奧登柏格驕傲地在自己真正的家鄉招待老友，並與他分享皇家學會那些令人振奮的新研究。接下來的三個月，索必耶在英國土地上旅行，與政治領導人物、重要知識權威見面，甚至謁見了英王。這段期間，這位熱愛交際的法國人，把皇家學會當成了自己的家，不但參與學會的會

---

1 作者註：有關索比耶參訪英國之行，請參見他在《英國紀行，許多有關那個王國的學習、宗教以及其他獵奇的陳述》（*A Voyage to England Containing Many Things Relating to the State of Learning, Religion, and Other Curiosities of That Kingdom*，倫敦J. Woodward 出版，1709年）中的敘述。該書於1644年在巴黎首印，法文原名《英國紀行》（*Relation d'une voyage en Angleterre*）。有關英國對索必耶的回應，請參見湯瑪斯・史伯瑞特的《索必耶參訪的觀察》（*Observations on M. de Sorbiere's Voyage London*，倫敦 James Allestry 出版，1665年）。索必耶生平簡述，可參見亞歷山大・查墨斯的《名人大辭典》（*General Biographical Dictionary*，倫敦J. Nichols and Son出版，1812~17年）第28至223頁。最新有關索比耶經歷的描述，特別是他的英國之行，請參見麗莎・莎拉松（Lisa T. Sarasohn）在《科學歷史》（History of Science 42）期刊中所發表的〈當時誰是紳士？山謬・索必耶、湯瑪斯・霍布斯，還是皇家協會〉（Who Was Then the Gentleman? Samuel Sorbiere, Thomas Hobbes, and the Royal Society, 2004年發表），第211至32頁。
2 1642～1651期間議會黨（又稱圓頭黨）與保皇黨（又稱騎士黨）之間一連串武裝衝突與政治算計。1651年議會黨獲勝，終結了這場為期九年的內亂，查理一世被處以極刑，其子查理二世被逐，英國君權神授的傳統首次由共和統治取代，克倫威爾（Oliver Cromwell）攝政。

議，還與會員交流。至於學會會員，也對他極為禮遇，並授與他最高的榮譽：讓他成為皇家學會的一員。

索必耶是否有資格接受這份榮耀的爭議不斷。儘管他在當代是位著名的醫生，並多少稱得上是個學者，但他自認不是個有原創性的思想家。根據他自己的說法，在「論戰」中，他是個「號角手」，而非「軍士」[3]，換言之，他並非推廣自己想法的人，只是藉由自己廣大的人脈以及通信，大肆宣傳其他人的獨創發明。他的人脈確實令人印象深刻，其中包括了好幾位法國最偉大的傑出人物，還有義大利、荷蘭共和國（Dutch Republic）與英國的哲學家與科學家。時至今日，我們也常會在學識圈見到像索必耶這樣交遊廣闊的人，卻未必需要如此禮遇他。只不過對招待他的主人而言，需要掛心的不只是索必耶的至交情誼，還有他是湯瑪斯・霍布斯（Thomas Hobbes）法文翻譯的身分；在學會會員眼中，湯瑪斯・霍布斯是個威脅到宗教與國家的危險顛覆分子。

皇家學會的當權者寧可漠視這些不當作法，邀請索必耶進入他們的圈子，理由其實很簡單：他是明日之星。索必耶在被放逐至荷蘭生活了好幾年後，於 1650 年回到法國；四年後，他放棄了自己的新教信仰，皈依天主教。有鑑於當時新教在法國的地位愈來愈不穩定，索必耶的這個決定很睿智。索必耶歸附在路易十四第一內務大臣（chief minister）馬薩林樞機主教（Cardinal Mazarin）的門下，並獲准成為法王親信。索必耶被授予一筆年金且得到了皇家史官頭銜後，想要利用自己高階大臣的影響力，在法國成立一個科學學會。他的英國之旅，其實有部分目的是為了研究皇家學會，確認回國後設立類似組織時可否借鏡皇家學會的模式。初出茅廬的皇家學會顯貴，一直都在尋找贊助者與庇護者，因此索必耶這位來自路易十四顯赫宮廷的使者，理所當然受到極高的禮遇。

如果奧登柏格與學會同僚期待自己如此禮遇索必耶能獲得回報，那麼很快就要大失所望。索必耶回國後，不出幾個月就發表了一份他在英國的

---

3 作者註：索必耶描述自己是個「號角手」，而非「軍士」的說法，出現在他呈獻給路易十四的《英國紀行》書中。

經歷紀要，文中對這個他新近拜訪的國家，幾乎毫無感激之意，令他的前東道主大為驚愕。在索必耶眼裡，英國因為過多的宗教自由與過度的「共和政體精神」，正在飽受折磨，國教與皇家威信也因此受到損害。索必耶寫道，在英國多如江鯽的教派中，官方的英國國教可能是最好的一個，因為這個教派的「神職階級制度不但鼓勵人敬重高於自己的最高權威者，也是君主政體的支持之力。」[4]可惜其他如長老、獨立、桂格、索奇尼、門諾等教派——全是過度寬容下的「有害」結果，在和平的國度沒有任何地位。

平心而論，索必耶其實也有慷慨讚美皇家學會，在提及學會會堂中進行的實驗，以及會員辯論時談吐舉止的得體，全都語帶讚揚。他甚至預測「皇家學會的先進計畫，若不是因為各種不同的因素結束」[5]，「我們必定會看到大家全都由衷讚佩這樣優秀學習組織的一個世界。」可惜索必耶這份遊歷紀要的詳細內容，完全稱不上恭維。他聲稱皇家學會的會員因笛卡兒與伽桑狄（Gassendi）兩位法國哲學家而分裂，而這個言論同時觸怒了英國忠貞愛國與堅守原則的兩大派人士，因為皇家學會一直以謹遵自然、不觸及任何系統化哲學自傲。除此之外，索必耶在紀要中還寫道他只了解法則的形式，對其他幾乎一無所知，而且「對文獻完全沒有認識」。這樣的描述，侮辱了學會的贊助人查理二世時期的英國大法官克拉倫登伯爵（Earl of Clarendon）[6]。

至於牛津的數學家約翰・瓦里斯（John Wallis），也是學會創始人兼學會中最具影響力的重量級人物之一，索必耶這樣寫：這個人的出現總是讓人想捧腹大笑，他的口臭也讓「對談時毒氣四溢」[7]。根據索必耶所寫，瓦里斯唯一的願望就是藉由「倫敦宮廷的氣氛」得到淨化。

不過提到令學會頭痛的人物，同時也是瓦里斯個人仇敵的湯瑪斯・霍布斯，索必耶就只剩下讚頌了。他寫著，儘管霍布斯自小即接受新教的

4 作者註：出自索必耶《英國紀行》第23~24頁。
5 作者註：出自前註同書第47頁。
6 作者註：引自莎拉松《當時誰是紳士？》第225頁。
7 作者註：出自索必耶《英國紀行》第41頁。

教化，但他優雅又「英勇」，是「皇室王者」之友[8]。更有甚者，索必耶聲稱霍布斯是已過世的英國大法官與新科學先知培根爵士（Sir Francis Bacon）這位知名人士的真正繼承者。這個消息在皇家學會重要人物的眼中簡直罪無可逭。培根廣受學會尊敬，是學會的指引之神，而且也是學會實際上的守護神。把培根的光環罩在霍布斯身上，真的是孰不可忍。一如學會的歷史學家湯瑪斯・史伯瑞特在一份徹底反駁索必耶的文章中寫道，霍布斯與培根就如同「聖喬治[9]與馬車夫」那般天差地別。

英國這位東道主認定了索必耶的忘恩負義，他最後為此付出了慘痛的代價。他或許可以不在意史伯瑞特遠自倫敦傳來的惡言侮辱，卻無法忽視巴黎宮廷中不愉快的分歧意見。法國當時與英國站在同一陣線，一起在戰爭中抵禦荷蘭共和國，因此法王路易十四對於麾下朝臣製造出有力盟友與自己之間的外交摩擦，深表不悅。他很快撤掉了索必耶皇室歷史學家的身分，並將他逐出宮廷。驅逐令雖然在幾個月後撤銷，但對索必耶來說，一切已人事全非。他不斷試圖討好國王，始終沒有成功，結果他轉向羅馬尋求教宗的保護。索必耶於 1670 年辭世，死前一直沒有重新拾回他在英國之行前的地位與聲望。

儘管從索必耶的前程大業看來，《英國紀行》出現的時間實在糟透了，但在許多方面，他的見解卻透露出了大家認為他這種地位的人應該有的看法。畢竟，他是路易十四的大臣，而法國絕對君權的建立，又以路易十四功勞最大。他的治理哲學充分涵蓋在他那句（很可能為誤傳的）「朕即國家」（L'etat c'est moi）的名句中。1660 年代，路易快速將國家權力集中於國王手中，並穩健邁向建立單一宗教的國家之途，這個過程在 1685 年新教的胡格諾教徒（the Protestant Huguenots）遭到驅逐後畫下句點。如果法國宮廷的野心是要建立「一王、一法、一信仰」（un roi, une loi, une

---

8 作者註：有關索必耶讚頌霍布斯之言，請參見前註同書第40至41頁。史伯瑞特的回應引自莎拉松《當時誰是紳士？》第225頁。

9 281(?)~303，為天主教、英國國教與東正教中最廣受尊敬的聖人之一，也是英格蘭的守護神。生時為羅馬騎兵軍官，因反抗羅馬皇帝迫害基督教徒被殺害，西元494年受天主教封為聖人。

foi）的國家，那麼索必耶在英國當然看不到任何這種跡象。英國人雖然大力抑制真正的天主教信仰，卻無法用他們自己的宗教將天主教取而代之。不勝枚舉的教派侵蝕了已經建立起來的國教基礎，也因此對王權造成了損傷。內戰期間，那些以行動支持危險共和政體的大人物，如今都在教會與國家中，坐上了令人敬重的位子，而霍布斯這個以支持「國王」為人生哲學的堅貞保皇分子卻遭到了排擠。

　　說起英國人的個人禮儀，也好不到哪裡去。在法國，宮廷社會中的地位，是所有迫切想要出名的男女最高的社會與政治渴望。這個上流社會的成員，以他們時尚的穿著和優雅的舉止著稱，言行衣飾的設計，全是為了與眾不同，建立起社會優越性。然而招待索必耶的那些英國人士，全無接納法國規矩的意願。其中一些高貴的貴族——包括皇家學會的會長布朗克爵士（Lord Brouncker）與出身貴族的羅柏・波以耳（Robert Boyle），教養的確堪比任何一位法國大臣，但是其他人卻沒有這樣的涵養。但就像瓦里斯事件一樣清楚可見的是，缺乏宮廷高度的優雅，並不會讓人在最崇高的學識圈失去受人敬重的資格。霍布斯與此相反，他一輩子都是貴族世家的一員，習於貴族禮儀，所以深得索必耶之心。索必耶藉由嘲弄瓦里斯與讚美霍布斯，不僅表達了個人的感受，也批評了英國社會缺乏宮廷教養，同時還為英國宮廷並未如法國般樹立起國家文化風氣的事實，表示惋惜。一旦底層人民與高層貴族來往交際，如瓦里斯這種鄉巴佬獲准進入上流社會，宮廷與國王怎麼有希望建立起自己的權威？太陽王（le Roi Soleil）[10]的宮廷絕對不會允許這樣的交流，但這樣的交流也正好證實了索必耶認為危險的「共和政體精神」，正隱藏在英國社會表層之下的想法。

　　在索必耶眼中，霍布斯是文化人的楷模：舉止優雅，結交或來往的都是皇土之上的偉大人物、秉性堅貞的皇家子民，同時又是位倡導支持王權（索必耶如此認為）的哲學家。瓦里斯則完全相反：舉止粗野蠢笨，是個曾向自己國王宣戰的前議會派分子，還被復辟君王授予不配得到的地

10　即路易十四。他自認與希臘神話的阿波羅一樣，自命為太陽王。

位。難怪在瓦里斯與霍布斯長期的論戰中，法國的君主主義者全都支持霍布斯。

　　然而索必耶在闡述瓦里斯與霍布斯的爭辯時，並沒有對兩人政治或宗教的差異著墨太多，反而完全把焦點放在其他議題上：「這場論戰，」索必耶如此解釋，「是關於數學家的不可分量線之爭，這純粹是個怪異荒誕且完全不知所云的議題。」[11] 對索必耶而言，整件事簡單來說，就是：瓦里斯接受數學不可分量的概念；霍布斯（還有同一陣線的索必耶）不接受。而這就是兩人之間的差異。

　　一名政論作家在評論外國組織時，把重點放在隱晦不明的數學概念上，這種作法對今天的我們來說，不僅令人訝異，更讓人感覺莫名其妙。高等數學的概念在我們眼中是如此抽象卻又放諸四海皆準，因此不可能跟文化或政治生活有任何關係。那屬於受過高度訓練專家的範疇，與現代的文化評論家甚至沒有任何交集，遑論政客。然而在早期的現代世界，情況並非如此，因為索必耶絕非唯一一個關心無限小的非數學家。事實上，在索必耶那個年代，隸屬不同宗教或政治陣營的歐洲思想家與知識分子，都曾奮力運作，試圖從哲學與科學的角度壓制與消滅不可分量的理論。霍布斯與瓦里斯在英國因為不可分量線而論戰不休的那幾年，耶穌會也在天主教國度領軍進行對抗無限小的宣傳戰爭。在法國，霍布斯的友人笛卡兒剛開始還對無限小表現出興趣，後來卻改變了心意，最後在他包羅萬象的哲學領域中，全面封殺了無限小的概念。即使到了 1730 年代，英國國教高派教會的主教喬治・柏克萊（George Berkeley）依然嘲弄數學家運用無限小的概念，他還稱這些數學物件（mathematical object）[12] 為「消失量的亡魂」。聯合對抗這些反對者的陣營中，有些是當代最知名的數學家與哲學家，他們全都擁護無限小的運用。除了瓦里斯外，這些人包括伽利略

---

11 作者註：出自索必耶《英國紀行》第934頁。

12 源於數學哲學與數學的抽象物件。一般來說，數學物件包括：數字、排列、分數、矩陣、集合、函數、關聯。幾何為數學一支，也有其數學物件，如六角形、點、線、三角形、圓、球體、多面、拓樸空間等。

與他的支持者、納德・雷・波維爾・德・豐騰內爾（Bernard Le Bovier de Fontenelle）與艾塞克・牛頓。

為什麼這些早期現代世界最有頭腦的人士要為了無限小而激戰？因為這不僅是個難以理解的數學概念，還有太多東西因為這個概念面臨威脅：這場戰事其實是為了現代世界的樣貌而爭。兩個陣營在無限小這件事上彼此對立。一邊是要擴大階級與體制的勢力──耶穌會、霍布斯信徒、法國皇家大臣，以及英國國教的高派教會，他們堅信在自然與人類的世界中，有一種統一且穩定的秩序，激烈反對無限小。另一邊則是相對的「自由派」，如伽利略、瓦里斯，以及牛頓的追隨者，他們相信一種更多元化、更有彈性的秩序，一種可以將一系列的看法以及不同中心的權力全容納於其中的秩序，這些人擁護無限小的理論，也將之運用在數學上。界線已畫，屬於這邊或那邊的勝利，將於未來的世紀中，在世界上留下印記。

無限小的問題

要了解不可分量這個議題的戰爭為什麼會變得如此重要，我們需要近距離了解這個表面上看起來會讓人誤會很簡單，事實上問題卻非常麻煩的概念本身。用最簡單的說法來說，這個理論明言每一條線都是由一連串的點，意即「不可分量」（indivisible）所形成，這些點是線的基石，本身不可分。這個說法乍聽之下似乎很有道理，卻也留下了許多疑問。舉例來說，若一條線是由不可分量構成，那麼有多少不可分量？不可分量有多大？有一種可能是一條線上的這種不可分量點是個「極大數」（very large number），姑且說有千萬兆的點好了。在這樣的情況下，每一個不可分量點的大小就是原來那條線的千萬兆分之一，這真的是一個非常小的量。問題是，每一個確實的量（positive magnitude），即使非常小，仍然可以永遠繼續分下去。譬如，我們可以把原始的那條線分成兩等分，然後把每一個等分再分成千萬兆份，結果就是每個分段都是我們原來「不可分量」的一半。這表示我們假設的不可分量，其實還是可以再繼續分，也因此最初我們把不可分量當成連續線條上不可再分的原子，這個假設是錯誤的。

　　另外一種可能是一條線上的不可分量根本沒有「極大數」，而實際上是無限個不可分量。但如果每一個不可分量都有一個確實的量，那麼無限個不可分量並排起來就會有無限的長度，這又違背了我們原來線條長度有限的假設。所以我們的結論就是不可分量沒有確實的量，或換言之，不可分量的大小為 0。遺憾的是，我們都知道 $0 + 0 = 0$，也就是說不論我們把多少個大小為零的不可分量加在一起，加起來的量仍然是 0，總和永遠不會是原有線條的長度。所以，連續線條是由不可分量構成的假設，再次引發矛盾。

　　古希臘人很清楚這些問題，（西元前五世紀的）哲學家伊里亞的芝諾（Zeno the Eleatic）就在一系列名稱有趣的矛盾問題中整理出了這些問題。以「阿奇里斯與烏龜」悖論（Achilles and the Tortoise）為例，阿奇里斯首先得追上他與烏龜之間距離的一半，接下是追上四分之一的距離，然後是八分之一的距離，以此類推，飛毛腿阿奇里斯永遠追不上緩慢的烏龜。但是我們從經驗得知，阿奇里斯一定會趕上他的慢動作對手，所以這個問題就引生了矛盾。另外，芝諾的「飛矢」悖論（"Arrow" paradox）聲稱一個填滿與自己體積相同空間的物體是靜止的。這個說法在箭矢飛行的每一個瞬間都成立，但這又導致了箭矢根本沒有移動的矛盾結果。芝諾的這些問題，源於不可分量本質上的矛盾，看起來雖然簡單，卻極難解決。

　　麻煩不只如此，有些量無法用公度量來比較，而不可分量理論卻與此相違背。舉例來說，假設兩條線的長度各為 3 與 5。顯然較短的這條線中有整整 3 倍的長度 1，而較長的那條線中有 5 倍的長度 1。因為兩條線都是長度 1 的整倍數，我們稱長度 1 為長度 3 與長度 5 兩條線的一個公度量（common measure）。同樣的，若有兩條線，長度各為 $3 \frac{1}{2}$ 與 $4 \frac{1}{2}$。兩者的公度量為 $\frac{1}{2}$，也就是 $3 \frac{1}{2}$ 裡有 7 倍的 $\frac{1}{2}$，而 $4 \frac{1}{2}$ 有 9 倍的 $\frac{1}{2}$。然而你若以正方形的邊長與其對角線為例，這個規則就不成立了。以現代的詞彙來說，我們會說這兩條線的比例是無理數 $\sqrt{2}$。古人以不同的方式表達，他們有效地證明了這兩條線之間沒有公度量，或者可謂「不可公度量」（incommensurable）。這表示不論你將這兩條線各自分割多少次，抑

或把這兩條線各自切得多細，你永遠都無法可以找出兩者的公度量。不可公度量為什麼會成為不可分量的問題？因為線條如果是由不可分量構成，那麼任何兩條線的數學原子量就會有一個公度量。但是兩條線若不可公度量，兩者就沒有共同的構成要素，也因此根本沒有數學原子、沒有不可分量。

西元前六至五世紀，由伊里亞的芝諾與畢達哥拉斯追隨者所發現的這些古代難題，改變了古代數學的發展。從那時開始，傳統數學家就揚棄了無限小這種令人不安的思考方式，轉向聚焦於幾何清楚與系統化的演繹。在柏拉圖（約西元前428~348）的帶領下，幾何成為他的系統中正確理性思考的模範，並且（根據傳統）雕刻了「不知幾何者不得進入此殿堂」幾個字，懸掛於學院門口上方。他的學生亞里斯多德（約西元前384~322）儘管在許多事情的看法上，都與他的恩師相左，卻也同意應該避開無限小。亞里斯多德在自己的《物理學》（Physics）第六卷中，詳細且權威地討論有關連續統（continuum）的矛盾，得出無限小的概念是錯誤的，而連續的量可以被無限分割的結論。

若不是因為古代最偉大數學家塞拉庫斯的阿基米德（約西元前278~212）那令人讚嘆的作品，無限小最後的結果很可能就是遭到漠視。阿基米德非常清楚自己所冒的數學風險，然而他依然選擇或至少暫時不去理會無限小的矛盾，也因此證明無限小的概念被當成數學工具時，是多麼有力。他為了計算圓形或球體的體積，把圓形或球體切割成無限個平行的面，然後再把這些平面的面積加總在一起，得出正確的結果。為了論證，阿基米德假設連續的量事實上就是由不可分量所構成，而他也因此能夠得到其他方式幾乎不可能得到的結果。

阿基米德謹慎地不去過度依賴他這個創新卻問題多多的方式。他藉由無限小得到結果後，又回頭用傳統的幾何方式證明每一個結果，避免使用到任何無限小的概念。儘管小心謹慎，在古代世界也擁有偉大智者的聲名，但阿基米德在數學上卻沒有繼任者。他之後的數學世代，都避開了他的創新方法，轉而仰賴幾何的實驗證明法（tried-and-true）以及幾何無可

辯駁的真理。一千五百多年來,阿基米德對於無限小的研究成果,始終都是一個異例,是一條無人涉足之路的驚鴻一瞥。

直到 1500 年代,才有一群新世代的數學家重新踏上無限小的道路。法蘭德斯(Flanders)[13] 的賽門‧史蒂文(Simon Stevin)[14]、英格蘭的湯瑪斯‧哈瑞亞特(Thomas Harriot)[15]、義大利的伽利略‧伽利萊(Galileo Galilei)與柏納文圖拉‧卡瓦列里(Bonaventura Cavalieri),以及其他重新發現阿基米德無限小實驗的人士,開始重新檢視這些實驗的可能性。他們和阿基米德一樣,計算幾何圖形的面積與體積,之後更超越了這位古代大師,進而計算物體移動的速度與曲線的斜率。相較於阿基米德當時謹慎解釋自己的結果在以傳統幾何方式驗證之前,都只是暫時的,這些新銳數學家的態度要大方多了。他們藐視那些眾所周知的矛盾,公開將不可分量當作是連續統的構成物,然後在這個基礎上繼續發展。他們的果敢獲得了回報,因為「不可分量法」顛覆了早期現代數學的應用,讓面積、體積、斜率這些之前難以計算的數值,都有計算的可能。好幾個世紀都沒有大變化的嚴肅學科,成了一門生氣勃勃的學問,不斷發展,得到了史無前例的新結果。後來,於十七世紀後期,無限小的方法在牛頓與萊布尼茲的手上定形,成為今日我們稱為「微積分」的可靠演算法,一種精準且簡潔應用於無數問題上的數學系統。根植於無限小矛盾理論的不可分量法,成為所有現代數學的基礎。

失落的夢

儘管無限小的效用如此大又如此成功,這個概念卻在每個轉捩點都

13　比利時北部的荷語區,首都為布魯塞爾(布魯塞爾為自治市,且法蘭德斯只擁有部分布魯塞爾的司法權),歷史上的法蘭德斯包括了當今比利時的西北區以及與法國、荷蘭接壤的地區。

14　1548~1620,法蘭德斯數學家、物理學家以及軍事工程師。活躍於許多科學與工程領域,理論背景與實務能力皆強。

15　1560(?)~1621,牛津大學畢業的高材生,英國天文學家、數學家、人種誌學家,也是翻譯家。他是世界上第一個把透過望遠鏡觀察的月球畫下來的人,比伽利略早了四個月。

遭遇到挑戰。耶穌會、霍布斯與他的崇拜者、英國國教教徒，以及其他許多人都反對。無限小究竟為什麼會激起這麼多不同團體如此強烈的反對？因為無限小這個簡單的概念戳破了一個偉大而美麗的夢：世界是一個由嚴謹數學規則所治理的完全理性之地。在這樣的世界裡，一切事物，不論屬於自然或人類的範疇，在偉大的宇宙秩序中，都有屬於自己特定與不容更改的位置。從一粒沙到天際的星辰，從最卑微的乞丐到國王與皇帝，都是一套固定且永久的階級制度中的一分子。任何變更或推翻這套系統的嘗試，都是對這唯一不可改變秩序的反抗、都是愚蠢的破壞，也因此不管怎樣都注定失敗。

　　遺憾的是，如果芝諾的矛盾以及不可公度量的問題可以證明任何事，那就是數學與實際世界完美貼合的這個夢，是站不住腳的。從無限小的層面來看，數值並不等於實際的物體，任何讓兩者相等的努力，都會導致矛盾與衝突。不論數學名詞的定義多嚴謹或真實，數學的推論都無法告訴我們這個世界實際應該是什麼樣子。創造力的中心，似乎有一種神祕，可以擺脫大多數精密推論的掌握，容許世界脫離我們最好的數學演繹推論，走出屬於它自己的路——我們不知通往何處的路。

　　這種想法讓那些相信一個理性有秩序且永恆不變世界的人深感困擾。在科學中，這表示世界上的任何數學理論都必然是不完整或暫時的，因為這些數學理論不但無法解釋世上一切事物，還可能不斷被更好的理論所取代。進一步令人糾結的是，這樣的概念在社會與政治層面所代表的意涵。如果社會中沒有理性且不可改變的秩序，那還有什麼可以保障社會體制，並且防止社會頹落到混亂的狀態？對於那些已經投資在既有階級體制與社會穩定度的人來說，無限小似乎開啟了通往暴亂、糾紛與革命之路。

　　相反的，樂於將無限小引進數學領域的人，對自然世界與社會體制的觀點，遠比其他人開通。如果真實世界並未受到嚴謹的數學推論規範，也就無法預知世界是如何構成以及運作。因此科學家就必須收集這個世界的相關資料，再進行實驗，直到他們找出一個最符合現有資料的解釋為止。於是就在這些科學家以此方式了解自然世界的同時，無限小的立論也拓展

了人類世界的眼界。現存的社會、宗教與政治體制,再也不能被視為唯一的可能秩序,因為無限小的立論已經指出這種必要的秩序根本不存在。一如反無限小人士所恐懼的狀況,無限小的走向,不但讓既存的社會體制受到批判性的評估,也對新體制進行實驗。現實永遠無法簡化成精準的數學推論,無限小藉由這個論證,從死板階級制度的必要性中,解放了社會與政治秩序。

　　早期現代世界在無限小這個議題上的角力,在不同的地方以不同的方式呈現,然而持續這場戰事的決心與付出的代價,任何地方都比不上西歐的兩根支柱:義大利南部與英國北部。在義大利,耶穌會帶頭攻擊無限小,這是他們在宗教改革的災難之後,重申天主教權威的努力之一。這場戰事的故事,從耶穌會早期歷史的微弱幽光,到與伽利略和他的支持者之間臻至最高潮的論戰,都會在本書第一部「對抗失序的戰爭」中,向各位娓娓道來。在英國,為期二十年的內戰與十七世紀中葉的革命,帶來了混亂與大變動,無限小的戰事同樣也是出現在這些動盪之後。那段時間,英國是一塊沒有國王的亂土。湯瑪斯・霍布斯與約翰・瓦里斯之間針對無限小的長期論戰,也是對英國這個國家未來走向的兩派對立看法之爭。這場論戰,不論其根植於革命期間那段充滿恐懼的日子,抑或在建立起世界一流科學學會、讓英國以世界重要霸權出現的影響這些事件中所扮演的角色,都可以在第二部「《巨靈論》與無限小」中找到。

　　自北至南,從英國到義大利,這場有關無限小的戰事,狂掃了整個西歐。戰爭中壁壘分明,一邊是知識自由、科學進步與政治改革的支持者,另一邊是威權、標準與不變的知識,以及穩固的政治階級制度擁護者。這場戰事在各地的結果不一,但「現代世界樣貌慢慢成形」這項賭注所帶來的風險卻是一樣高。「數學的連續統是由個別的不可分量構成」,這句話對我們而言,沒有任何其他意涵,但在三百五十年前,這句話卻有動搖早期現代社會基石的力量。這股力量也確實撼動了那塊基石:無限小的最終勝利,協助人類歷史開啟了一條前所未見的道路,通往充滿活力的新科學、宗教寬容,以及政治自由。

第一部

對抗失序的戰爭
耶穌會與無限小的對立

沒有秩序，眾人的統一無以維繫；
沒有下從者與上位者之間應有的服
從羈絆，秩序無以支撐。
　　　　　　　——羅耀拉的依納爵

第一章
聖羅耀拉的弟子

羅馬的一場會議

1632 年 8 月 10 日，五名穿著飄拂黑袍的人，一起走進臺伯河左岸一座堂皇卻陰沉的建築物中。這五個人的衣著以及他們的會議場所——耶穌會幅員廣大的知識帝國總部羅馬學院（the Collegio Romano）——均標明了他們是當時重要的修道教團耶穌會的成員。五人之首是上了年紀的德國神父雅各·畢德曼（Jacob Bidermann），他因為精心製作宗教主題的戲劇表演而出名。其他四位，我們並不認識，但是他們的名字——羅德里蓋茲（Rodriguez）、羅斯科（Rosco）、阿瓦拉多（Alvarado），以及（可能是）佛迪納斯（Fordinus）——則表明了他們跟許多耶穌會會員一樣，是西班牙人與義大利人。這些人在當時就跟今日一樣並不為人所知，但他們所擔任的高等職務就非如此了：他們是耶穌會的「總校訂」（Revisors General），由教團的總會長從學院教職員中指派。他們的使命，是裁決當代最新的科學與哲學概念。

這項工作很具挑戰性。十六、七世紀交替之際，由克勞蒂亞·阿瓜維瓦（Claudio Acquaviva）總會長任命的第一任總校訂初次登場，迎戰我們稱為科學革命的知識騷動。當時距離尼可拉斯·哥白尼（Nicolaus Copernicus）發表地球繞著太陽轉的劃時代論文，已過了半個世紀，而自那時開始的天體結構之爭，也始終激烈不歇。有沒有可能，我們的日常經驗、常識與認定的看法其實與事實相反，地球真的在動？其他知識領域也並不平靜，似乎每天都有新見解冒出頭：包括物體結構、磁力本質、化卑金屬為金，還是血液的循環等議題。整個天主教世界，只要有耶穌會學

校、耶穌會教士傳道或耶穌會修道院所在之處，就會有川流不息的問題湧入羅馬的總校訂那兒：這些新的概念在科學上是否正確？這些新概念與我們對世界的認知以及古代偉大哲學家的學說是否一致？最重要的，這些新概念與天主教的神聖教義是否衝突？總校訂接下這些問題，根據天主教與耶穌會所認可的理論慎重考量，然後宣布他們的裁決。有些概念可以接受，其他的則遭到否決、禁止，任何耶穌會會員都不可再相信或教授。

事實上，總校訂的裁定，影響其實更為深遠。有鑑於當時耶穌會在天主教世界知識領導的威望，耶穌會的看法以及耶穌轄下機構所教授的理論，其重要性早跨出了耶穌會範圍，影響幅員廣大。來自耶穌會的判決，被廣泛視為權威看法，鮮有天主教學者敢支持總校訂所譴責的概念。於是，畢德曼神父與同僚對於眼前的新理論掌握了生殺大權。大筆一揮，他們就決定了哪些見解可以發揚光大，在世界的各個角落傳授；哪些觀念需要湮滅，有如它們從未被提出過般，任人遺忘。這是一份重責大任，需要大量的知識與正確的判斷。唯有羅馬學院最有經驗、最受人信任的老師們才有資格擔此重擔，這點無庸置疑。

1632 年夏，那天送到總校訂面前的議題，看起來與那些足以撼動歐洲知識基礎的偉大問題，顯然天差地遠。在伽利略因支持地動說已確定即將獲罪（後來也確實遭到定罪）的當時，畢德曼神父與同僚正在考慮一個微不足道的技術性問題。他們要裁定的提案，是由一位不具名的「哲學教授」所提出的理論，主題是「連續統是由不可分量構成」。

一如所有送到總校訂面前的理論提案，這份理論由當時那種隱晦的哲學性語言寫成，然而中心思想則非常簡單：這份提案說，任何連續的量，不論是一條線、一個面或一段時間，都是由無限個獨立小原子所構成。若這個理論為真，那也就是說，一條直線事實上是由非常大量的獨立且絕對不可分的點所構成，這些點像串起來的小珠子般並列。同樣的，一個面是由不可分的細線並列而成；一段時間則由非常小的瞬間接續而成；以此類推。

這個簡單的概念沒有任何難以置信之處，事實上，聽起來就只是一般

常識，而且跟我們在世界上的日常經驗也完全契合：所有的物體不都是由更小的成分構成？一塊木頭不是纖維構成的？一塊布不是線構成的？一個小時不是分鐘形成的？同理，我們也可以認為一條線是由點構成、一個面是由線構成，甚至時間，也是由個別的瞬間構成。然而，那天在羅馬學院聚集的黑袍神父們快速而果決地判定：「我們認為這個提案不止有悖亞里斯多德的一般教理，理論本身也不可信，且……我們耶穌會不予認可，決定禁止。」

這些神聖的神父如此裁定，而在耶穌會學院廣大的社群網絡裡，他們的話就是法律：連續統是由無限個小原子構成的理論遭到排除，不可再研究或傳授。這些神聖的神父有充分的理由相信，做出這樣的判定，這件事就蓋棺論定了。無限小於是成了所有耶穌會會員嚴禁接觸的理論，其他知識中心無疑也會跟隨耶穌會的腳步。支持被禁學說的下場是逐出教會、遭到排斥，並被耶穌會的當權者與權威人士打壓。出自羅馬學院的許多其他判決都是這樣，因此畢德曼神父與同僚完全沒有理由認為這次的事情會有所不同。在他們的認知中，連續統的構成問題已經結案。

從二十一世紀的觀點回顧當時這件事，耶穌會眾神父對「不可分量理論」快速而明確的譴責，讓人覺得不可思議，或許還有些驚愕。畢竟，一如所有平滑的物體都是由極小的原子微粒所構成，連續量的這個看似可信的想法，究竟有什麼大錯？即使假設這個理論在某些地方真有不正確之處，羅馬學院這些學富五車的教授也沒有必要大張旗鼓地譴責？當時因為哥白尼理論而出現的論戰甚囂塵上，伽利略、哥白尼忠實信徒與多數歐洲知名科學家的命運未卜；在這種時候，有關天體與地球的新觀念似乎有系統地一一出現，相較於一條線是否是由個別的點所構成，赫赫有名的耶穌會總校訂難道沒有更該關切的事？不客氣地說，這些人沒有更重要的事情要操心嗎？

顯然沒有。儘管我們覺得奇怪，但在耶穌會的編年史中，1632 年對於不可分量的譴責並非單一事件，那只不過是持續戰中的一場截擊。事實上，今天仍保存在梵諦岡耶穌會檔案中的總校訂會議紀錄，揭露了連續統

的結構，其實正是這個組織當時最關切、也最堅持的重要議題之一。這個議題於 1606 年首次出現，當時距離阿瓜維瓦總會長設立總校訂室只隔了幾年。早期的總校訂被要求討論「連續統由有限數量的不可分量構成」是否為實。同樣問題的小改版在兩年後提出，接著 1613 年與 1615 年又再度被提出。每一次，總校訂都明確排斥這個理論，並宣布「哲學上不實與錯誤……所有人都同意不可教授之。」

然而這個問題卻始終沒有解決。為了與最新的數學發展齊頭並進，耶穌會教育系統中的所有教師都不斷提出這個理論的不同版本，希望能有任何一個得到默許：儘管有限數量原子的分量不獲允許，但或許無限數量原子的分量可以得到同意？又或許可以將這個理論當成假設而非事實教授？就算是定量式不可分量論被禁，那依需要而增減的不可分量呢？總校訂全數拒絕。1632 年夏，一如我們所知，他們再次否定了不可分量的提案，畢德曼神父的繼任者（包括羅德里蓋茲神父）於 1641 年 1 月受徵召裁定這個理論時，再一次宣布該理論「矛盾」。當總校訂發現他們的裁定與前輩的裁定一樣沒有持久效果的跡象時，他們覺得有必要於 1643 與 1649 年重新譴責不可分量。到了 1651 年，總校訂忍無可忍，決定在教團內徹底終結這些未經授權的見解，於是耶穌會的領袖們提出一張永久有效的受禁理論清單，耶穌會會員永遠不可傳授或支持清單上的理論。在那些嚴禁傳授的理論中，一再以不同型態表現的見解，就是不可分量理論。

不可分量究竟有什麼地方讓十七世紀的耶穌會總校訂如此憎惡？耶穌會畢竟是一個宗教修道會（而且是當時最大的修道會），目的在於拯救靈魂，而非解決抽象、技術性的哲學問題。既然如此，他們為什麼要在如此微不足道的事情上傷腦筋，公告他們的主張，數十年如一日地對這個理論與其支持者窮追猛打，由會裡的最高當權者發布制裁，並盡一切努力鎮壓？顯然大家普遍稱為黑袍者（the Black Robes）的耶穌會眾，在這個似乎無害的理論中，看到了什麼現代讀者完全看不到的東西——某種危險，甚至可能具有顛覆性的東西，足以威脅耶穌會某種視為珍貴的信念或核心信仰。要了解這個什麼東西，以及歐洲最大又最有權勢的宗教修道會，為

什麼會將消弭不可分量理論當成捨我其誰的己任,我們需要回溯到前一個世紀,也就是耶穌會創立的十六世紀初。耶穌會「對不可分量宣戰」的種子,就是在那時種下的。

君王與修士

1521 年,年輕的查理五世在神聖羅馬帝國位於西德的領地沃木斯(Worms)城,召開了一場會議,當時距離他獲選繼承大位僅兩年。查理五世是神聖羅馬帝國名義上的君主,統率所有歸順的諸侯與百姓。事實上,他既名過其實,也實過其名:名過其實是因為所謂的「帝國」,現實是數十個公國與城市拼湊而成,而且各地都在激烈捍衛自己的獨立,必要之時,這些地方反抗與支持帝國君王的機會各半;至於實過其名,則是因為查理並非普通的君王,他出身哈布斯堡(Habsburg)家族[1],這個西方所知最偉大的貴族家族,領地涵蓋卡斯提爾(Castile)到匈牙利的平原。因此,查理不僅是德國選任的帝王,因為出生即具備的資格,他也是西班牙的國王,以及奧地利、義大利與低地國家許多地方的爵士。此外,卡斯提爾在那些年間,快速取得了美洲與遠東的新勢力範圍,套用當時的話,讓查理成了「日不落國的君王」。儘管法國的法蘭西斯一世與英國的亨利八世對這樣的說法可能大為光火,但在當時的人以及查理五世眼中,他就是西方基督教世界的領袖。

只不過在 1521 年冬天,盤據這位君王心頭的不是他廣大的海外勢力範圍,而是轄下那個分裂的德國帝國。馬丁·路德(Martin Luther)這位名不經傳的奧斯定教會修士與神學教授,三年半前將他的《九十五條論綱》(Ninety-Five Theses)釘在威騰堡(Wittenberg)城堡教堂(the Castle Church)門上。論綱本身的針對性很強,直指教會一項在路德眼中不合理濫用的作法,也就是「贖罪券」的販售。贖罪券是上帝恩典的保證書,赦

---

1 歐洲最重要的皇室家族,神聖羅馬帝國在1438至1740年間都是由該家族的成員稱王。除此之外,波西米亞、英國、法國、德國、匈牙利、俄國等,也都有出自這個家族的君王。哈布斯堡這個名字源於1020年代在今日瑞士所建立的哈布斯堡城堡。

免購買者的罪惡與煉獄的折磨。贖罪券的販售是教會眾多令神職人員與世俗大眾人經常責難的陋習之一，路德絕非獨行俠。然而路德對教會權威的公開挑戰，卻史無前例地讓學者與一般百姓都感到焦慮不安。接下來幾個月裡，在新發明印刷機的推波助瀾下，路德的綱領流傳至神聖羅馬帝國的各個角落，而且所到之處，幾乎都受到大家熱切地肯定。

　　若這個事件到此為止，也不會牽扯到查理五世。因為查理其實跟當時的許多其他人一樣，對教會愈來愈過分的作法苦惱，他甚至可能贊同這位大膽修士的想法。但各地的事件很快發展出自己的動能。路德的成功讓教團中的長官不安，於是要他出席海德堡的一場會議，親自說明。等到他動身之際，奧斯定教會中的許多長官都已被他說服，支持他的立場。之後羅馬傳喚他時，他得到了他所屬公國薩克森邦（Saxony）的君主智者腓德烈選侯（elector Frederick the Wise）的保護，逕自幫他在德國安排舉行了聽證會。教會當局為了要讓這個令人頭痛的批評者失去可信度，派道明會（Dominic）的辯論家與神學家英戈爾斯達特的約翰・艾克（Johann Eck of Ingolstadt）迎戰路德。1519 年，兩人碰面公開辯論，會中艾克很有技巧地操縱對手，讓路德承認自己的論點是異端邪說：只有信仰才能讓信徒得到聖恩，教會的聖禮做不到這一點；教會純粹是人為機構，沒有居間為人與上帝傳達溝通的特別能力；教會至高無上的領袖教宗，根本只是一個騙子。路德堅持自己的信念，拒不道歉，艾克公開指責他為異教徒。

　　令教會領袖遺憾的是，異教徒的稱號並沒有讓積極的路德慢下腳步。1520 年，他繼續發表三篇論文，勾勒出他經深思後反對既定教義的基本教綱。自此路德不再是批評者，他成了叛徒，公開呼籲大家推翻教會的階級制度與組織。他的影響持續擴散，一開始在威騰堡，接著是薩克森，然後很快橫掃德國，再傳至其他地方。路德似乎在各處都有來自社會不同階層的支持者，不論男女、貴族或佃農、鄉民或城裡人，這些人全將他視為可以帶領大家進行宗教覺醒的領袖，趕走已僵化與腐敗的羅馬教會。最後教宗李奧十世驚覺於快速惡化的態勢，將路德驅逐出教會，但到這個地步，如此激烈的行動也沒有什麼成效。路德學說如野火般燎盡德國的土地。

　　查理五世就是在這個時候，在宗教分裂危機的驅使下，踏入了泥沼。兩個世紀後，法國哲學家伏爾泰嘲弄神聖羅馬帝國「既不神聖、又不羅馬，也不帝國」，但是對查理而言，他的王國神聖得無庸置疑。身為基督教世界的俗世領袖，本身又是虔誠基督教徒的查理，把當下的情況當成了保護教會與子民心靈和諧的神聖己任。儘管數百年來，神聖羅馬帝國君主與教宗的歐洲最高權力之爭從未間歇，且雙方的爭端有時只能靠戰爭解決，但在查理的眼中，君王顯然不能沒有教宗。畢竟從查理曼大帝開始，為帝王加冕的都是教宗，而且教會也賦予了君王當權的正當性與目的。查理完全無法想像沒有羅馬教會的帝國或沒有教宗的君王。為了整頓自己的國土，並一勞永逸地阻止路德教派的邪說散布，查理召集了一場「參政會」，也就是帝國的諸侯會議。

　　當這場會議於 1521 年 1 月在沃木斯舉行時，查理給路德送去了一紙傳令，要他到皇帝與諸侯面前交代自己的行為。儘管查理擔保了路德的人身安全，路德的許多朋友仍提醒他小心不要落入敵人的勢力範圍，勸他不要前往。路德最後還是在四月抵達了沃木斯，並很快被召喚到聚集的顯貴面前。有人立刻送上他異端邪說的理論清單，要他承認且公開撤回這些理論。路德很驚訝；他以為會獲准為自己的案子辯護，因此也沒有準備應付對方這次快速的攻擊。他勉強收拾了心情，要求寬延一天考慮。查理自詡是個具有騎士精神的基督教皇帝，同意了路德的請求。然而第二天的路德卻做好了準備。即使面對惡意的質疑與激烈的譴責，他依然堅守自己的信念。當他被迫公開撤回自己的信念時，他平靜地回答：「這是我的立場，我別無選擇；上帝助我，阿門。」

　　路德的這幾句話，不但確保了查理滅絕路德邪說在德國傳布的行動失敗，還成就了更重要的事：他決定了西方基督教世界的命運。一千多年以來，羅馬教會以最高權力掌握者的身分統治西歐，見證過帝國興衰、異教徒入侵與佔領、大大小小的邪說、傳染病與瘟疫，以及王與王或皇帝與教宗之間的毀滅性戰爭。經歷了這一切的羅馬教會，不但存活下來，而且繁盛，拓展勢力範圍，到了十六世紀，羅馬教會的領土從西西里連接到斯堪

地那維亞，從波蘭橫跨到葡萄牙，更遠達新世界的灘頭。從受洗到最後告別世界的葬禮，羅馬教會全程監督歐洲人民的人生，賦予歐洲人民生存的秩序、意義與目的，從復活節的日期、地球的運轉，到天體的結構，所有的一切都在羅馬教會的統治之下。對西歐人民而言，不論國家、語言或政治效忠對象是什麼，生活本身的一切組成因子，都與羅馬教會有無法切割的牽扯。

然而當路德在沃木斯會議上堅持立場時，這種心靈與文化的統一就倏地終結了。路德藉著驕傲宣告自己的異端信念，摒棄了羅馬教會的權威，領導自己的追隨者走上一條新的宗教道路。在神聖羅馬帝國大人物聚集的公開場合上，坦然違抗教宗與君王的路德，不但斷了自己的下台階，也絕了所有和解機會。在此之前，這件大家還可視為教會內部反抗的事件，到了這個地步，已經成了兩派信仰彼此公然敵對的教會分裂事件。一邊是舊教會的支持者，包括教宗以及他的俗世之劍——君王；另一邊是新興的「新教」擁護者，他們聲稱自己是古使徒教會（the ancient apostolic church）的嫡傳體系，反對羅馬天主教，視其信仰為恐怖的脫軌行徑。西方教會的統一，一擊而碎；所有試圖癒合這道裂痕的現實希望，不論借助妥協或威脅手段，全走到了終點。路德與追隨者拒絕承認錯誤，也不向帝國的勢力屈服。結果就是必須訴諸武力鎮壓。

墜入混亂

查理五世在接下來三十四年的執政生涯中，一直試圖完全鎮壓。儘管經常因為歐洲對手與奧圖曼蘇丹的威脅而分心，但他始終堅持壓制在他疆土上蔓延的新教毒瘤。可惜為時已晚。新的信仰不但在百姓間得到了許多支持，連羅馬帝國的許多諸侯也站到了路德這一邊，在領土上建立新教教會。一開始只有薩克森選侯智者腓德烈與他的繼承人這麼做，他們自始至終都是路德的贊助者。接著條頓騎士團（the Teutonic knights）[2]的總團長霍亨索倫的亞伯特（Albrecht of Hohenzollern）將自己的頭銜變更為第一任的普魯士公爵（Duke of Prussia），奠定了後來德國最強大的新教勢力基

礎。然後選侯赫塞的菲利普（Philip of Hesse）、布萊登堡（Brandenburg）的侯爵、什勒斯威格（Schleswig）與布倫茲威克（Brunswick）的侯爵，以及帝國內許多較小領地的當權者，也陸續加入新教行列。帝國的大城市（如紐倫堡〔Nuremberg〕、史特拉斯堡〔Strassburg〕與奧格斯堡〔Augsburg〕）也都支持路德，與教宗決裂，建立自己的新教教會。到了1520年代中期，幾乎已經沒有任何力量可以抵禦路德新教的高漲浪潮了。

如果帝國分裂的問題還不算嚴重，大家很快就清楚看到基督教世界的解體並未終止。1520年代初，一位蘇黎世大教堂的神職人員烏瑞赫・慈運理（Huldrych Zwingli）開始傳講激昂的教理，譴責羅馬的邪惡，倡導比路德更激進的理論。幾年內，他相繼得到了蘇黎世以及附近瑞士城市伯恩（Bern）與巴塞爾（Basel）的人民支持。1531年，慈運理在與瑞士邦聯（the Swiss Confederacy）的天主教森林州（forest cantons）[3] 對戰時喪生，他的激進想法因此暫時停止了散播，但1530年代後期，日內瓦又出現了一道新的改革之光。1536年，約翰・喀爾文（John Calvin）開始進行長期遊說，希望把日內瓦打造成最純粹的新教信仰楷模，以及公眾與私人品德最端正的典範。接下來的二十年，喀爾文把日內瓦變成了一個嚴格的神權政體城市，任何個人行為都無法超脫宗教的監督或審查。儘管日內瓦的範例對我們或許不具吸引力，甚至會讓人聯想到當前一些較陰暗的神權政體，但那個時代的人卻有不同的評判。喀爾文的城市被讚揚為「嶺上之都」，是證明宗教狂熱、正直品德與辛勤工作，可以獲致何種成就的一個亮眼範例。歐洲各地受到鼓舞的改革者，紛紛湧入日內瓦，向喀爾文學習如何成就這樣的結果，並將他的教訓傳回自己的國土。喀爾文的新教支派能夠在他的「基督宗教會所」設立，並成為1540年代之後最活躍以及最具影響力的宗教改革活動，都要感謝日內瓦這個範例。雖然喀爾文不像路

---

2 正式名稱為耶路撒冷的德意志弟兄聖母騎士團（the Order of Brothers of the German House of Saint Mary in Jerusalem），十二世紀末成立，目的是保護至耶路撒冷朝聖的基督教徒以及設立醫院。

3 德文為Waldstätte，直譯為森林新墾區，為十四世紀初開始使用的地理名稱，泛指瑞士中部阿爾卑斯山麓丘陵地帶的森林區。

德擁有支持改革的諸侯勢力，但他成功讓數百萬人民從改信他的教派，範圍包括法國到英國的西歐，以及波蘭至匈牙利的東歐。

同時，羅馬教廷的災難繼續累積。不僅城市與領地，連王國都接納了新教。1527 年，瑞典國王古斯塔夫・瓦薩（Gustavus Vasa）[4] 接納了路德學說，並在接下來的幾年中，立路德教派為國教。不到十年，成了丹麥國王的北德諸侯腓德烈一世（Frederick I），也驅除主教、廢除修道院，將路德教派訂為國教。挪威當時因為隸屬於宗主國丹麥，而芬蘭也是瑞典的一省，因此整個斯堪地那維亞都變成了新教的據點，這個情況持續至今。

在英國，對宗教改革的歡迎，從一開始就是個實際作用大於宗教意義的選擇。宗教改革初期，亨利八世忠誠地站在羅馬教廷這一邊，甚至撰寫了一篇反路德教派的論文，為他贏得了教宗李奧十世頒賜的護教者（the Defender of the Faith）之名。時光流逝，亨利因為妻子西班牙公主亞拉崗的凱薩琳（Catherine of Aragon）沒有生下皇子而愈來愈不耐煩。當亨利決定讓魅力十足的侍女安・博林（Anne Boleyn）取代凱薩琳時，他請求教宗克勉七世廢止他的婚姻。若不是礙於皇后也是查理五世的阿姨，急著與皇家支持者維繫緊密關係的克勉，必會同意亨利的請求。可惜查理清楚表示，任何擺脫凱薩琳的企圖，都是對他個人榮譽的公然侮辱。克勉無法違逆他最重要的贊助者，只好否決了亨利的陳情，這才造成亨利斷絕與羅馬的關係，迎娶安・博林，並於 1534 年宣布自己為獨立的「英國國教」最高領袖。

亨利對歐洲大陸改革者的學說毫無興趣，他只想取代教宗，獲得權力。只不過英國國會一與羅馬決裂，趨近新教的風潮再也無法逆轉。亨利之子愛德華六世（Edward VI）[5] 這位娃娃國王在位期間（1547~53），英國的宗教改革方向一直偏向激進的新教，直到愛德華同父異母的姊

4　1496~1560，1523~1560期間執政的瑞典國王，1521年起，在反抗丹麥國王克里斯提安二世（Christian II）的瑞典解放戰爭（Swedish War of Liberation）期間，自稱為攝政。
5　1537~1553，九歲即位為英國與愛爾蘭國王，是第一位以新教徒身分扶養的英國國王，因為至去世都未成年，因此在位期間都由攝政王主政。

姊（凱薩琳之女）瑪麗一世（Mary I，1553~58）即位，這股趨勢才出現逆轉。她在波瀾不斷的五年任期內，重新恢復了天主教的權威。後來安的女兒伊麗莎白一世（Elizabeth I，1558~1603）登上王位，訂定新教為英國的國教。根據 1563 年的《三十九條信綱》（the Thirty- Nine Articles），英國國教保留了許多亨利鍾愛的羅馬教會外在形式，包括主教辦公室、聖禮，以及在宏偉與裝潢奢侈的大小教堂內舉行禮拜等。不過原則上，英國國教效法的對象並非羅馬，而是日內瓦，採納的是約翰‧喀爾文的核心教旨。對羅馬教廷而言，英國的出走，已是覆水難收。

隨著宗教改革的擴展，大家很快就發現宗教真理不是唯一岌岌可危之物。教宗遭到譴責、帝王遭到漠視，所有的既有權威都遭到質疑與譏笑，整個社會體制受到大家的檢驗，而革命的威脅也始終纏繞不去。像路德與喀爾文這些受到敬重的改革者，以及支持他們的保守國王與諸侯，全都極力想控制改革運動所釋放出的革命熱情，但並不是每次都成功。早在 1524 年，德國南部的農民就曾揭竿而起，反抗他們的領主，要求更多的自由以及更大的土地支配權。他們宣稱自己是路德的追隨者，相信路德推翻羅馬教會的精神權威，只不過是打倒羅馬教會支持的社會政治體制前奏。但是當路德看到自己的教旨受到如此深度誤解與濫用，社會立場保守的他嚇壞了，於是在名為〈反對謀殺與行竊的農民群眾〉（Against the murderous, thieving Hordes of the Peasants）論文中強烈譴責這樣的暴動。這場暴動雖然當年就被天主教與新教諸侯聯合軍力弭平，但宗教改革可能帶起社會革命所引發的恐懼，卻已深植人心。

隨著愈來愈多的改革者以及所謂的先知，公開質疑既存的真理，並挑戰現有權力的威信，社會動盪的恐懼持續與宗教改革活動糾纏。其實很多改革者很平和，如史特拉斯堡的馬丁‧布瑟（Martin Bucer）[6] 或品德崇高的流浪者凱斯柏‧范‧史溫克菲爾德（Caspar von Schwenckfeld）[7] 與

---

6 1491~1551，新教改革者。原為道明會成員，但在1518年遇到路德後，取消了自己的修道誓約，開始為宗教改革效命。

7 1489(?)~1561，德國神學家、作家與傳道者。是西里西亞（Silesia）最早的新教改革者之一。1524年因聖餐爭議而與路德失和。

賽巴斯汀‧法蘭克（Sebastian Franck）[8]。然而其他改革者就不一樣了。
湯瑪斯‧穆澤（Thomas Müntzer）[9]是路德早期的追隨者，在路德借用了
諸侯的力量並接受了既有的社會體制後，才與路德分道揚鑣。1524 年，
穆澤加入了農民叛亂，對支持者說死亡已近，要眾領主以血獻祭。他在
1525 年遭到逮捕，經歷刑求後被殺，但是他留下的思想與行徑，十年後
卻依然產生影響，一群激進的再洗禮派教徒（Anabaptist）控制了德國西
北部的曼斯特城（Münster）。再洗禮派與主流的宗教改革者不同，後者的
教會接納社區內的所有人民，但前者堅持只有他們再洗禮派才是上帝的選
民、才是上帝真正的教會，排斥其他人。當他們在曼斯特掌握實權之後，
便展現出這種教旨的高度危害性。萊頓的約翰‧波克森（Jan Bockelson of
Leyden）[10]領導的再洗禮派，在曼斯特實施恐怖統治，殺害或驅逐所有阻
礙他們的人。當曼斯特的前任天主教主教，在路德教派的赫塞選侯支持
下，圍攻曼斯特時，波克森宣布自己為彌賽亞，廢止私有財產制度，制訂
重婚法。1535 年，主教與選侯的兵力終於壓倒了波克森狂熱信徒的頑強
抵抗，對再洗禮派教徒以及所有該教派可能相關人士進行血腥報復。整個
歐洲對於所有社會階級制度與政體即將崩解的恐懼更為加深。

　　在許多歐洲人的眼中，那些年就像是地獄魔鬼從冥府飛出，在地面
散布痛苦與混亂。舊教會從久遠到沒有人記得的時候開始，就一直為教眾
提供意義、慰藉與安定，但愈來愈多彼此對立的綱領，讓舊教會也四分五
裂。真理受到挑戰、所有的安定都變成不安，每天似乎都會出現更多不同
地方陷入宗教動亂的相關消息。教會的分裂之後，是政治的分歧，就像天
主教與新教領主因宗教分裂而彼此對立。除此之外，宗教與政治分裂的背
後，還隱藏著一場夢魘，那就是社會革命會讓整個社會體制蕩然無存，

8　1499~1543，德國自由思想家與人道主義者。

9　1489~1525，早期宗教改革人物，德國神學家，為農民戰爭中的叛軍領袖。相信馬丁‧
　路德的改革也應用於經濟層面。路德迫於壓力與穆澤分道揚鑣，說明自己支持的只有
　宗教改革。穆澤為再洗禮派的創立者之一。

10　大多被稱為萊頓的約翰，1509~63，出身荷蘭萊頓的再洗禮派領袖。1553年移居德國
　曼斯特，成為具有影響力的先知與該城領袖。

而這個社會體制也是當時人民知道的唯一一種秩序。那是段爭鬥與混亂的時期,對大多數歐洲人來說,那也是段困惑與不確定到令人疲憊不堪的時期:一切舊有的安定力都受到了挑戰、失去可信度,每天又不斷出現自稱是新安定力量的東西,大家要如何判別真理與謬誤之間的差別?天堂之路與地獄之途的差別又在哪裡?

在大多數歐洲人的眼中,理應回答這些問題並提供解決方案者是羅馬的教宗。身為耶穌基督在世的代理人,同時又是西方基督教世界的心靈領袖,現在所有迷失在混亂裡,或受困於派系主義與分裂教派這些外來安定力中的地方與人民,都是教宗的疆域、教宗的子民。因此介入當前的分裂局面、遏止新教異端邪說的推進,以及讓基督教世界回歸到統一、體制與安定的環境,是教宗責無旁貸的義務。可惜非常遺憾、甚至可說災難性地,羅馬教廷在那些年間,坐上聖伯多祿大教堂中重要位置的人,對於應付眼前危機的能力,非常不足。

從許多角度來看,十六世紀早期的教宗都令人印象深刻。他們出身一流的義大利家族,聰慧、教養極佳,而且在歷史上以最著名的文藝復興藝術保護人身分,擁有一席之地。教宗儒略二世(Popes Julius II,1503~13)、李奧十世(1513~21)、克勉七世(1523~34),以及保祿三世(1534~49)曾先後委請米開朗基羅、拉斐爾、提香等大師創作畫作、壁畫與雕像,也曾敦聘桑加羅(Sangallo)與布拉曼帖(Bramante)等建築家建造教堂與皇宮。一些西方傳統中最偉大的作品,就是出自這些藝術家與建築家之手,如聖伯多祿大殿與廣場以及西斯汀教堂的天花板等。然而這些教宗在面對教廷歷史上最大危機時,卻發現自己無能為力。他們雖然是能力十足的管理者,但既沒有寬廣的遠見,也沒有面對新教挑戰所需要的宗教權威。

首先,問題在於文藝復興時代的教宗都不是基督教世界的領袖,他們只是義大利的小諸侯,效忠的對象主要是他們的家族與氏族。儒略二世隸屬羅馬有權有勢的氏族德拉・羅維雷(della Rovere),李奧十世與克勉七世都出身佛羅倫斯的統治家族麥迪奇(Medici),保祿三世則是古老

托斯卡尼法尼西（Farnese）家族後裔，這個家族後來很快就接下了帕馬市（Parma）的爵士襲位。對每一個氏族而言，自己人晉升教宗，不僅是極大的榮耀，也是一次累積財富與權勢的機會，很可能錯過了就不再。家族對教宗的期望，除了厚待自己人，還希望他們能慷慨賜予自己的親族領地、頭銜（不論世俗或教會）、禮品以及收入。教宗非常清楚沒有家族的支持，他們不可能走到這樣高的位置，因此每個人都毫不遲疑地承擔起這些義務，把任期變成一場與時間競爭的比賽，盡可能為自己家族積聚最多的財產與頭銜。那是一幅令人遺憾的族閥景象，讓人聯想到當今一些發展中國家最腐敗政權的貪婪。這種情況就像一片帶有惡臭的雲，罩在羅馬教廷之上，侵害教宗執行教會與品德權威的每一分努力。

更有甚者，文藝復興時期的教宗除了是基督教世界名義上的領導者、貪婪且飽具覬覦之心的家族族長外，也是義大利中部屬地小國的實質君主。他們在努力鞏固與擴大財產的同時，也變成義大利半島激烈政爭的關鍵人物，用盡手上所有資源——從外交、戰爭到露骨的通敵行為——來提升自己的權益。這些教宗在義大利政治上因毫無道德觀念與冷酷無情而昭彰惡名，只要以教宗亞歷山大六世（Alexander VI，1492~1503）的姪子，也是教宗軍隊總指揮官的凱薩·博日亞（Cesare Borgia）為例，他是馬基維利（Machiavelli）筆下狡詐與殘酷的領主楷模[11]。

教宗積極參與義大利的權力鬥爭，不僅傷害自己的宗教立場，政治也受挫。為了努力保護自己的領土，教宗必須與日益壯大的法國與西班牙這兩個想要掌控義大利半島的國家勢力競爭。這兩個國家擁有各自的軍事力量與資源，規模絕非一位義大利領主可以相比。因此維持教宗轄地（Papal States）獨立的唯一希望，就是讓法國和西班牙對立，而且永遠不讓任何一方取得永久勝利。連續好幾十年來，教宗都游刃有餘地經營這場棘手的戲碼，儘管義大利人民為此付出代價，不斷受到兩大強權鄰國的侵略與反侵略。但災難最終還是在1527年來襲。

---

11 作者註：馬基維利對理想君主的建議，請參見1532年初版的《君王論》（*The Prince*）。

當時查理五世以西班牙國王的身分，正在和法國的法蘭西斯一世進行例行性戰役。多月未領到軍餉的查理軍隊叛變，大肆掠奪羅馬城。謀殺、強暴與打劫持續了好幾週。克勉七世及時逃出梵諦岡，在周遭殺戮不斷的狀況下，藏匿於附近聖天使堡（Castel Sant'Angelo）的堡壘中。最後他向皇帝投降，為保命付出贖金，讓出了廣大的領地給西班牙。這位顏面盡失且威望驟降的教宗，在接下來的幾年裡，依然是神聖羅馬皇帝實質上的附庸諸侯。

總而言之，這些文藝復興時代的教宗在面對宗教改革的挑戰時，完全無計可施。李奧十世一開始試圖利用逐出教會這個教宗手上最靠得住的武器對付馬丁·路德，可惜沒什麼效果。這位麥迪奇家熱愛尋歡作樂的王子，道德水準不根本不足以威嚇正直的路德，因此他的聲明毫無威望可言。教宗的第二個選擇，是仰賴帝國皇帝的軍事力量來鎮壓這些教會分離論者，對於擔任這樣的角色，查理樂意之至。不過從李奧十世開始，教宗都擔心求助於皇帝代表了放棄執行哈布斯堡王朝與法國瓦洛王朝（Valois）的對立策略。向查理尋求協助，事實上等於結束了教廷轄地的獨立性，將教宗的俗世權力降到零。也因此，查理五世努力壓制新教的異端邪說，並重新統一基督教世界的數十年間，得到的卻是教廷心不甘情不願的支持，或更常見的是教廷毫不隱瞞的敵意。在當時的人看來，教宗似乎寧可看著基督世界分裂成碎片，也不願讓出他們在義大利一枚銀幣的權勢。

1540年，宗教改革的大火仍難以抑遏地在羅馬教廷的轄地延燒，數百年來一直接受羅馬統治的地方，一個個失守。大量彼此衝突、交相指摘對方冒牌或更惡劣字眼的不和諧條綱，取代了曾經統一西方基督教世界的共通性信仰與儀式。混亂、戰事與破壞支配了各地，大家清楚看到教宗不但對救火毫無助益，反而一如既往地專注於為家人累積頭銜與收益、保護自己領地的利益。下有教派分裂，上有領導人貪腐，任何一個客觀觀察1540年歐洲狀況的人，都很可能得出古羅馬天主教會大限已至的結論。

但在那年的9月27日，就在風暴正熾之時，教宗保祿三世採取了一項無關緊要的行政手段，看起來與當時的大事件似乎沒有關連：他批准了

一份由十位教士所提出的陳情，成立一個致力於效忠教宗與教會的宗教組織。這件事儘管當時幾乎沒有引起任何人注意，卻可能是教宗拯救羅馬教會最重要的一個決定。在宣布這個新教團成立的敕令中，保祿也同意了這個教團要求採用的名稱：他們稱這個教團為耶穌會。

一線希望

耶穌會是由西班牙貴族羅耀拉的依納爵（Ignatius of Loyola）創立。依納爵在 1491 年出生於巴斯克的一個古老貴族家庭，早年是亞拉岡的費迪南（Ferdinand of Aragon）隨員，擔任文臣工作。當時大家都稱呼他伊尼哥（Inigo），英俊的伊尼哥據說雖然是虔誠的基督教徒，但心力並不在宗教信仰上，而是在宮廷高雅的藝術以及戀愛上。他繼承了母親家族的傳統，本身又是熱愛當時騎士文學的讀者，最渴望的莫過於實現夢想，贏得軍功。1521 年春天，在西班牙潘普隆納市，機會終於出現。路德在沃木斯決定與查理五世的帝國分站不同陣營這件事，才剛過去短短的幾週。法國軍隊向潘普隆納推進，西班牙軍隊節節後退，依納爵說服了地方指揮官堅守陣營，拒絕接受法國提出的投降要求。根據耶穌會的說法，當圍攻者突破了潘普隆納的城牆時，伊尼哥頑強地站在法軍必經的途中，可惜很快就被打倒，整座城陷入敵人之手。法軍仁慈對待幾乎喪命的依納爵，還將他送回到他家族在羅耀拉的城堡。

依納爵在家族城堡休養的那十個月，可以視為基督教史上的轉捩點。他在這段極度渴望娛樂活動卻不可得，又沒有浪漫情事可發展的時間裡，閱讀聖人生平，內心因此受到了影響。他理解到，在上帝與魔鬼爭奪人類靈魂所有權的永恆戰爭中，聖人就是上帝的軍隊。這是一場真正值得打的戰爭，而他決定參戰。因此當他身體一康復，就計畫踏上耶路撒冷的朝聖之旅，終生奉獻服務上帝。就像是要肯定他的新職志般，有天晚上他得到了賜福，見到了聖母瑪利亞的神祕幻影。

1522 年冬天，當依納爵離開病床時，已是完全不一樣的人。那個把時間用在追求女子與軍事榮耀上的優雅朝臣再不復見，取而代之的是一位

信仰虔誠的朝聖者，矢志扛負起傳播福音途中的所有困苦與貧窮。依納爵
開始他的耶路撒冷朝聖之旅前，曾在小城曼雷沙（Manresa）住了一年。
他在那兒冥想，日常以行乞維生，還夢到了聖父、聖子與聖人。除此之
外，他也草擬了第一版的《神操》（*Spiritual Exercises*），這是他的冥想手
冊，也是未來耶穌會數百年訓練與架構的基石。依納爵終於抵達聖地，但
只在那兒待了十九天，因為負責聖地的方濟會修道士，對這位怪異朝聖者
的熱情，警戒心益盛，最後非常唐突地遣送他回家。

　　備受挫折的依納爵回到西班牙後，開始在巴塞隆納、阿卡
拉（Alcala）與薩拉曼加（Salamanca）的著名大學系統化地學習神學。三
十二歲的他，比同學年長許多，而且以當時的標準來看，也不再是個年輕
人了。他學得很吃力，但他的全心投入以及甘願貧困，最後仍讓同學留下
深刻的印象。不但贏得了神祕主義者與心靈顧問的名聲，也贏得了一群追
隨者，這些人都經歷了他的《神操》冥想過程。他的成功引來西班牙宗教
裁判所的注意，並以異端邪說的名義調查他，同時還把他關了一段時間。
依納爵最後雖然被釋放，但他斷定自己無法在西班牙安全地重拾原來的工
作，因此於 1527 年移居巴黎，繼續在索邦（Sorbonne）[12]研習神學。

　　依納爵就是在索邦的同學中，找到了後來成立耶穌會的核心成員。短
短幾年內，他的周圍就有了一群緊密結合的神學學生，分別來自西班牙、
葡萄牙與法國，他們全都比依納爵年輕，也全都毫無異議地視他為心靈與
塵世一切事物的領袖。依納爵和追隨者再次決定前往耶路撒冷，在聖地向
穆斯林傳揚基督教。不過有了上次的朝聖經驗，這次他稍微實際了些，另
外籌畫了一個備用計畫：萬一他們這群人因為某種原因，無法旅行到耶路
撒冷或留在耶路撒冷，那麼他們會轉道去羅馬，聽候教宗差遣。

　　依納爵和他的追隨者沒有去成耶路撒冷。1534 年，他們聚集在威尼
斯等船去聖地，但因為缺乏資金，加上查理五世與奧圖曼蘇丹的戰爭，一
群人進退不得。他們一面等，一面在威尼斯和附近城鎮傳福音以及幫助

---

12 巴黎大學十六、七世紀時的神學院，現為巴黎大學文理學院。

窮、病與將死之人。到了 1539 年，去耶路撒冷的希望愈來愈渺茫，他們決定設立一個新的宗教組織，把自己的團體形式化，在世界所有角落為教會與教宗盡力。這個組織，一如依納爵在他呈交給教宗的陳情書中所表示，將開放給「所有想在十字架的旗幟下，成為上帝軍隊的人」[13]。這個團體將成為教宗個人的軍隊。

依納爵的子弟

雖然花費將近一年的時間，但保祿三世最終還是批准了耶穌會的成立。教宗限制這個新教團不得超過六十名會員，流露出了他的疑慮，但隨著教團的成長與繁盛，這項限制很快就被廢止。說實話，若稱耶穌會初期的成長戲劇化，也不為過。1540 年，耶穌會僅十個人，都是彼此非常親近的至友，選出依納爵為第一任會長。到這位創辦人 1556 年去世時，耶穌會已有了一千名會眾，成長了一百倍。十年後，耶穌會三千五百人，到阿瓜維瓦總會長 1615 年去世時，耶穌會的會員已不少於一萬三千人。那之後，耶穌會的成長雖然趨緩，卻依然讓人印象深刻，到了十八世紀即將結束時，耶穌會的人數已接近兩萬。[14] 耶穌會始終沒有因為人數擴張而在新會員的品質上有所妥協。從一開始，依納爵就堅持在接納候選人入教前，嚴格篩選。至於那些新入教者，成為正式會員之路，可能持續數年，甚至幾十年，漫長又艱辛。耶穌會從未放鬆過這些標準，即使其他教團對會員要求的程度，沒有一個堪與耶穌會相比。儘管如此，又或者，正因為如此，耶穌會從不缺社會品德與智識才幹最高的志願入會者。

許多耶穌會早期的領袖都出身古老的貴族家族，就像依納爵本人以及來自索邦的夥伴方濟·沙勿略（Francis Xavier，1506~52）。耶穌會的

---

13 作者註：耶穌會的成立，請參見威廉·班格特（William V. Bangert）的《耶穌會歷史》（*A History of the Society of Jesus*，聖路易市耶穌會資料會〔Institute of Jesuit Sources〕出版，1972年）。此句引自該書第21頁。

14 作者註：出自前註同書第98頁，以及夏伯嘉的《天主教的復興世界》（*The World of Catholic Renewal*，劍橋大學出版社出版，1998年）第32頁。

第三任會長方濟・博日亞（Francis Borgia，1510~72），在接任會長之前，是卡斯提爾的甘地亞公爵（Duke of Gandia，也是惡名昭彰的「博日亞教宗」亞歷山大六世的曾孫），而克勞蒂亞・阿瓜維瓦則是那不勒斯王國的阿提公爵（Duke of Arti）之子。其他的耶穌會成員雖然出身較平凡，但傑出的知識分子身分，仍與其他人有所區隔。舉例來說，西班牙的神學家方濟・德・托雷多（Francisco de Toledo，1532~96）與方濟・蘇亞雷茲（Francisco Suárez，1548~1617），來自威尼斯的羅柏・貝拉明（Robert Bellarmine，1542~1621）。克里斯多佛・克拉維烏斯（1538~1612）、葛萊格里・聖文生（1584~1667）與安德烈・塔凱（1612~60）都是一流的數學家；克里斯多夫・格恩柏格（Christoph Grienberger，1561~1636）與克里斯多夫・辛納（Christoph Scheiner，1573~1650）是著名的天文學家，而阿沙納修斯・科契（Athanasius Kircher，1610~80）與羅傑・波斯柯維奇（Roger Boscovich，1711~87）則是開創潮流的自然哲學家。耶穌會的著名人物名單上，當然少不了傑出的利瑪竇（Matteo Ricci，1552~1610），他曾遠赴中國傳福音，成為一流學者，是明朝宮廷中西方學識的代表人物。這些都只是少數的幾個例子，但已經足夠證明法國哲學家與散文家米歇德・蒙田（Michelde Montaigne）的斷言。蒙田曾在 1581 年參訪過耶穌會的羅馬總部，他稱這個教團為「培養偉人的溫床」[15]。

　　然而耶穌會絕對不只是一個擁有出眾個人會員的組織。經過高度訓練且有高度紀律的耶穌會，成為達成目標的強大利器，他們一心所追求的目的，即傳布天主教會的教旨、擴大天主教會的範圍以及樹立天主教會的權威求。耶穌會從一開始就是這樣。在依納爵與他的追隨者群首次要為教宗在世界各個角落效力時，他們想的是在聖地向穆斯林傳達上帝的教誨。這個使命雖然沒有達成，但耶穌會沒多久就因為傑出的傳教士功績而在四大洲聲名卓著。到了 1541 年，方濟・沙勿略為了傳教從葡萄牙出發，去了印度果亞、爪哇、摩鹿加群島以及日本，除了在所到之處傳福音，他也建

---

15 作者註：蒙田參訪羅馬學院一事，請參見班格特《耶穌會歷史》第56頁。

立傳教組織。他在 1552 年等船去中國時去世，那時他希望把這個人口最多的國家變成羅馬教會的世界。同時，其他的耶穌會員去了墨西哥、秘魯與巴西，他們在這些地方與道明會以及方濟會的修道士合作，努力在新世界傳揚基督教。他們懷抱熱情，工作效率極高，到處建立駐留處與傳教組織，照顧新移住者的心靈，並孜孜不倦地讓美洲原住民改信他們的宗教。

然而耶穌會的關鍵性影響，卻是在總部周遭處理異教徒的問題上。在當時宗教改革的暴雨強風時期，舊教會的存活還是未定之數，耶穌會成了羅馬天主教的菁英先鋒，奉獻所有，堅定抵抗那股似乎要狂掃一切的新教潮流。耶穌會出奇的能力、全心的奉獻，再加上充沛的精力與積極進取的精神，引領了一章了不起的天主教復興記，不僅阻止了宗教改革的擴散，也為教宗贏回了許多原本以為會永久失去的領地。這個教團一如依納爵所設想的角色——上帝與敵人對戰時的個人軍隊——指揮了一場後來大家稱為反宗教改革（Counter-Reformation）的天主教復興運動。

因為創辦人的遠見，耶穌會成為教宗所用的利器。早在 1522 年，也就是耶穌會正式成立近二十年前，依納爵在《神操》中，就已經顯示未來幾世紀耶穌會將產生的內部矛盾。首先，《神操》帶有神祕主義，旨在提升讀者的意境，讓他們能超越自己的世俗環境，帶領他們與上帝進行忘我的合一。其實在中古世紀的教會歷史上，到處可見深具魅力的神祕主義者，這些人和依納爵一樣，都曾在夢境中見過耶穌基督與聖母，也都攀登到更高或甚至神聖的存在地位。佛羅瑞的約亞琴（Joachim of Fiore）[16] 與西耶納的凱薩琳（Catherine of Siena）等神祕主義者，試圖藉由著作讓追隨者分享他們的經驗，從這一點看來，依納爵的作法相當符合這類典型。

然而《神操》又跟這類神祕主義者的著作不太一樣，因為這是一本謹慎詳述如何與上帝合一的實用手冊。這本練習規定冥想過程分成四「週」，只不過每週不一定剛好七天。從第一週的罪惡本質與地獄折磨，到第四週的耶穌受難與復活，每週都有不同的冥想主題。「靈修者」必須用

16 西多會的修士，既是修士院院長，又是預言家。他將歷史分成聖父時代、聖子時代、聖靈時代。

開闊的心靈與意志，嚴格遵從這些指示，棄絕自私，接受上帝賜予的恩典。《神操》詳細規畫的這條走向上帝之路，並非神祕的一蹴就能讓我們從墮落的世界進入上帝的殿堂，也無法透過神聖的恩典就解釋清楚。相反的，這是一趟又長又辛苦的旅程，需要自律、奉獻，以及對自己長官的絕對信任，嚴格聽從他們的指示。

容易讓人忘我的神祕主義與嚴苛紀律之間的張力，是《神操》的核心，也是它與眾不同的地方，因為其他神祕主義的著作，只著重與上帝合一的榮耀，沒有提供任何達到這種境界的方式。《神操》的這種矛盾，正是讓耶穌會充滿活力，並成為教宗手上強大又有效的利器之因。耶穌會明白昭示自己尊奉神祕主義，每一位新入教者，都必須經歷靈修的過程，與上帝的幸福合一的親身體驗，更是靈修的高潮。完整經歷這種過程的會員，自此之後，一言一行都會帶著絕對的自信，因為他們見過上帝並知道上帝賦予自己什麼樣的使命。然而傳統的神祕主義者都過著孤獨且內省的生活，但耶穌會卻把他們內在的自信投射到世界之上，以自律、守序與容忍的態度行事，最後展現出神祕主義的狂熱與確信、嚴密組織以及菁英軍事部隊專注目標等許多不同特色的獨特融合，不論在宗教面或其他層面，都成為歷史上最有效率的組織之一。

依納爵除了建立耶穌會的指導原則外，也建立了將原則應用於實際情況的機制。依納爵認為最大的挑戰，在於創建一個絕對忠於耶穌會與其目標的人治體制，讓體制內的所有人都願意為這個組織與組織目的奉獻生命。不論多麼才華橫溢、道德高尚，如果耶穌會的遴選委員會認定候選人過度自我，不符合紀律團體的生活，就會拒絕接受。獲選入會的年輕人，必須切離之前的生活，進行兩年的初入教訓練，接受組織灌輸窮困與服務的耶穌會理想。這些新人還要練習整套的《神操》，為耶穌會幅員遼闊的教區、學院與駐地效力。更重要的是，耶穌會要求受訓者毫無疑問地接受自己長官的權威，事情不論大小，都需遵從長官指示。

經過兩年訓練後，新入教者要立誓遵守窮困、貞潔與服從的修道誓約。至於那些不被寄予期望成為修士的人，這時也是他們正式訓練的結

束，成為「核可助理」（approved coadjutor），然後多年後，晉升為「正式助理」（formed coadjutor），可能會接下如行政人員、廚子或園丁這類的工作，雖然也是耶穌會的正式會員，但階級要比任命為修士的弟兄低。注定將成為修士的新入教者會成為「學者」（scholastic），在耶穌會的機構中進行為期多年的高深研究，期間，他們會被任命為修士，且抽出幾年學習研究的時間，教導新進的學生。一旦完成學習研究，這些學者還要進行一年的「靈修」（spiritual formation），之後才會正式立下最終誓約。有些人這時會再立下三個傳統誓約，成為「靈修助理」（spiritual coadjutor），至於那些大家判定在學習與人格上最傑出的人，則會立下耶穌會獨有的第四道誓約，聲明個人對教宗的絕對服從。這些被稱為「宣誓會員」（professed）的耶穌會成員，在耶穌會中形成了不可挑戰的菁英群。整體而言，這段持續八到十四年的冗長過程，培育出了依納爵設想的人才：有智慧、有活力，也有紀律。這些人是關係堅固的兄弟，彼此因為對耶穌會目標有深刻認同而結合，有強烈的同志愛，對自己屬於一個服務耶穌基督與教會的菁英團體，深感自豪。

　　然而耶穌會不僅是個慈愛與團結的修士團體，他們也有一個為了順暢而有效運作而設立階級組織，嚴格服從上令，一如現代的軍事單位。這個階級組織的最高職位是耶穌會總會長。必須具備正式會員資格的總會長，是由耶穌會會員大會遴選而出的終身職務，在會中擁有無限權力，可任意指派或解除會中任何一位會員的階級地位。會長之下是分會會長（provincial superior），負責耶穌會廣大「分會教區」的工作，如德國的上、下萊茵區，或新世界的巴西等。分會會長之下是地區會長（local superior），負責特定區域或城市，包括個別的學院與耶穌會駐地。其他宗教團體的地區組織都享有相當的自主權可以自行選擇主事者，但耶穌會絕對是嚴格的中央集權：分會會長的任命者不是教區當地的會員，而是羅馬的總會長，而地區會長，則是由分會會長密切徵詢羅馬後任命。耶穌會要求每個地區的會員都接受這樣的決定程序，不論他們是否喜歡。除了極少數例外，絕大多數的耶穌會會員都沒有異議。

我們有必要解釋一下，各地耶穌會員為何如此心甘情願臣服於遙遠的各級會長命令。畢竟不論羅馬總會長的能力如何卓越又忠心奉獻，但他對各地區的了解往往都在狀況之外，因此他的指令也可能誤判或甚至引發災害。以 1594 年的法國耶穌會為例[17]，他們被要求宣誓效忠才剛皈依天主教的法國新王亨利四世，但當時耶穌會總會長克勞蒂亞·阿瓜維瓦卻嚴格禁止會員立下這樣的盟誓，最後這個決定不但導致耶穌會被驅離巴黎，還差點終結了耶穌會在法國的所有活動。然而儘管身處如此離譜的情況，當地會員明知羅馬因為誤解當地情況而下達錯誤命令，他們必須為各級會長的愚蠢錯誤付出代價，耶穌會的會員依然謹遵上令。

原因就在於對耶穌會而言，「服從」這個原則不僅是高效率行動所需要的實質特權，也是最高秩序的宗教理想。「我們應該放棄自己的判斷……常準備在一切事上爽快地服從我們主基督的真正淨配——我們的慈母聖統教會。[18]」依納爵在《神操》中這麼寫。服從不止應用在行動上，也施行在意見，甚至感官認知上。「為了讓我們自己萬事正確，」依納爵這麼寫，「我們應該堅守這個原則：如果聖統教會認定為黑，我即使看到白，也要相信是黑。」[19]

現代讀者若將這樣的絕對服從，與讓二十世紀歷史蒙塵的極權政體統治階級聯想在一起，我們可以理解。的確，遵照上級命令指鹿為馬，讓人聯想到喬治·歐威爾（George Orwell）的《一九八四》，書中，有人要求溫斯頓把四根指頭說成五根指頭，以證明溫斯頓對老大哥的忠誠。然而兩者間存在著重要的差異：《一九八四》中的溫斯頓受到刑求，被迫接受老大哥[20]的無上權力，壓抑自己的意願，但在耶穌會會員眼中，服從是一種

---

17 作者註：耶穌會在法國遭遇到的困境，可參見班格特的《耶穌會歷史》中的討論，特別是第120~21頁，著墨最多。

18 作者註：依納爵的《神操與其他作品》（*Spiritual Exercises and Selected Works*，紐澤西 Paulist Press出版，1991年）第111頁，《神操》的〈與教會一起思考、判斷與感覺規定〉的「第一條」。（本段譯文節錄自光啟文化出版的《神操新譯本：剛斯註釋》。）

19 作者註：羅耀拉《神操》第213頁，「第十三條」。

20 作者註：喬治·歐威爾的《1984》，第三部第二章。

高等的理想，他們完全是自願自發地去成就這個理想。依納爵這樣寫道，服從會長的命令，不是卑屈順服的行為，而是一種對耶穌會宗旨以及自己在會中角色的正面再肯定。根據推斷，儘管耶穌會中確實存在著如申斥與甚至驅逐出會這類的懲戒手段，卻甚少採用，因為經歷了嚴苛訓練方式而成為正式耶穌會會員的人，幾乎都不需要這樣的懲戒方式來提醒自己服從的價值。依納爵最後還寫道，「所有的權威都來自上帝，」[21] 因此服從會長的命令應該是立即且自願的行為，「就像出於我們救世主耶穌基督的命令一樣。」

　　廣義來說，強行將秩序加諸混亂之中，是耶穌會的核心宗旨，不論是指內部體制或與外界的接觸方式。《神操》把無以言明的神祕經驗，轉化成一套井然有序的研習課程，就已是一個明證。依納爵的組織憲章也很明顯，這份提供耶穌會管理所需的詳盡系統化指示，最後被納入詳細勾勒耶穌會學院該教授什麼課程、如何教授，以及由誰教授的《教學大全》（Ratio studiorum）之中。耶穌會的會員連他們在會中的個人生活，也謹奉嚴格的體制規範：「任何研究過耶穌會修行方式的人，一定會對其中頻繁強調的整潔與秩序感到驚嚇，」[22] 一位在二十世紀初研究耶穌會的歷史學家曾這麼說。個人寢室與公共屋舍的整齊、清潔與秩序都是「絕對的必要條件」。更重要的是，這些要求在耶穌會清楚的階級體制中表露無疑，每位耶穌會員根據這樣的體制，都明確且毫無爭議地被指定負責某項職務。就是這種將秩序強加於混亂狀態之上的能力，讓耶穌會在擊敗新教的戰爭以及重新建立天主教會階級制度的權力與威望時，成為如此有效的利器。

21　作者註：史蒂芬・哈里斯（Steven Harris）1988年發表的威斯康辛大學博士論文《耶穌會的意識型態與耶穌會的科學》第54~57頁中，對於耶穌會有關服從的崇高理念有精彩的討論，另外也請參見班格特的《耶穌會歷史》第42頁。

22　作者註：耶穌會對於整潔的重視度，請參見赫曼・史多克修斯（Hermann Stoeckius）的《耶穌會初入教者經歷研究》（Untersuchungen zur Geschichte der Noviziates in der Gesellschaft Jesu，波昂P. Rost & Co.出版，1918年）中的討論。本句引自哈里斯的《耶穌會的意識型態與耶穌會的科學》第83頁。

耶穌會的反擊

高等的教育訓練以及為教會與教宗狂熱的獻身精神，讓耶穌會成為一支歐洲前所未見的宗教軍隊。對教宗而言，之前為了在紛擾猜忌的世界中，強行置入教會的權威與訓示而遭逢困境，但有了耶穌會這項武器就不可同日而語，他們也毫不猶豫地善用這項武器。耶穌會從一開始就被送上戰場，在新教攻擊的區域支撐當地對天主教的信仰。伯多祿·法伯爾（Pierre Favre）這位依納爵早期來自巴黎的同伴，是最早在德國工作的耶穌會會員。根據法伯爾的推測，羅馬天主教會最希望強化人們對傳統聖典與聖禮的歸屬感：「如果異教徒可以在教堂看到頻繁的聖餐儀式，以及虔誠教徒領受到的力量與生命……那麼就沒有任何異教徒膽敢傳布有關拜領聖體儀式的慈運理教條[23]了。」[24]法伯爾在德國各地遊歷，拜訪教區，對大批聚集的群眾傳教，讓教會的古老共有傳統復興。

法伯爾於 1546 年過世，但另有兩位傑出的耶穌會會員立即承襲了他的衣缽，先是西班牙人傑若尼莫·納戴爾（Jerónimo Nadal），後有德國「第二門徒」之稱的伯鐸·賈宜修（Peter Canisius）。1540~60 年代間，賈宜修在奧地利、波西米亞、德國、瑞士與義大利，奔波了大約兩萬哩的旅程。除了傳教與有組織地重整教區生活外，他也不斷出版廣受歡迎的書籍，指導教士以及他們的教眾正確的天主教教條與習俗。他與其他耶穌會會員的努力結果，用戲劇化三個字來形容也不為過。以維也納耶穌會的教士為例，他們在 1560 年的復活節，傾聽了七百次告解，九年後，告解數成長到三千。同樣地，1567 年的科隆有一萬五千名信徒在耶穌會教堂中領受聖餐，短短五年後，這個數字翻了三倍，變成四萬五千人。這都是耶穌會會員在各個新教盛行地區，讓天主教復興的本事。

除此之外，耶穌會的會員也以其他身分推動天主教的復興。方濟·蘇亞雷茲等耶穌會員，是傑出的專業神學家，他們不但制訂教會的教條，

---

23 慈運理派認為聖體並非實質存在，拜領聖體只是一種紀念儀式。
24 作者註：法伯爾的信，引自班格特的《耶穌會歷史》第75頁。

也在與新教批評者辯論時攻城掠地；迪亞哥‧雷內茲（Diego Laynez）和安東尼奧‧波賽維諾（Antonio Possevino）等，在重要的外交任務上，擔任教宗的私人特使；羅柏‧貝拉明等人結合了教宗的神學家與顧問角色。另外如切茲的方濟（Francois de la Chaise）是路易十四的私人告解神父，也是歐洲皇室的道德指引與精神慰藉，巴黎著名的拉切茲公墓（Pere Lachaise cemetery）就是以他為名。還有如英國人愛德蒙‧坎平恩（Edmund Campion）等會員，冒著極大的生命危險，身負祕密使命被派往已屬於新教領地的家鄉，孕育天主教的火苗。耶穌會會員扮演多樣的角色，證明自己是優秀的宗教戰士，不但學識淵博，大多聰明非凡、能力高超、活力充沛，而且能為教會與教宗熱情奉獻。

學習的帝國

儘管耶穌會在各方面的努力都很成功，但他們仍有一個特別傲視眾人且絕無敵手的領域，那就是教育。顯然，除了訓練新會員外，依納爵一開始並沒有考慮要把教育當成自己教團的主要重點。在他眼中，耶穌會會員就是遊歷各方的修士，當教宗或各級會長下令時，他們能在接到通知的那一刻，隨時收拾行囊旅行到世界任何角落，也因此這些人並不適合經營學校。然而當方濟‧博日亞於 1545 年在西班牙的甘地亞設立了第一所耶穌會學院時，耶穌會所在城鎮的市民領袖紛紛要求他同意讓他們的兒子入學就讀。博日亞轉請依納爵決定，依納爵覺得這是更進一步復甦天主教的機會。到了 1548 年，甘地亞的學院已經開放給當地年輕人入學。

甘地亞的經驗也為其他分會創造了潮流。1548 這一年，大家見證了西西里島梅西納（Messina）學院的啟用，這是耶穌會第一所致力於教育俗世學生的學院。為了監督這所學院的設立，依納爵派了納戴爾與賈宜修在內的多位他最信任的屬下前往該地，而這些人也讓梅西納成為後來學院的典範。遵照依納爵的指示，學院教學涵括了密集的拉丁文課程、古典作家課程，以及以亞里斯多德的著作為依據的哲學課程。學習階級的最頂端是神學這門「科學之后」，可以對所有真理知識下最後定論。由納戴爾領

軍的梅西納教職員，努力將這些範圍廣闊的教育計畫整理成一套井然有序的系統化課程，並擬定好幾份「學習體制」的提案，亦即大家更熟習其拉丁名稱的《教學大全》。經過多次修改與數次草案後，《教學大全》正式於1599年由耶穌會會員大會核准，成為耶穌會各處教學的藍圖。

隨著這些初期的成功，歐洲各天主教區對耶穌會學院的需求暴增。無論大城小鎮、治國諸侯、地區主教，以及顯赫市民，全都懇請耶穌會在他們的區域創設學院。依納爵體認到教育對傳播教會教旨的價值，決定將教育納為新的耶穌會使命，指示在歐洲各地設立耶穌會機構。到1556年他去世時，耶穌會已成立了33所學院，而需求依然繼續成長：1579年144所，1629年444所學院外加100所神學院與學校，在1749年，耶穌會已經成立了669所學院與176所神學院和學校。這些機構大多在歐洲，但也不全然。日本長崎以及遠至秘魯的利馬都有耶穌會的學院。耶穌會學院是真正的全球性教育系統，世上前所未有的規模，或再進一步說，連現在也看不到這樣的規模。

羅馬學院是這個偉大教育網絡的中心。羅馬學院創立於1551年，一開始坐落於羅馬各個不顯眼的地點。身為耶穌會崇拜者與支持者的教宗格里高里十三世（1572~85）決定給予耶穌會學院總部一個更適合的陣地。他徵收了科索大道（Via del Corso）主要通道附近的兩條城街，委請知名建築師巴爾托羅梅歐・阿曼納提托（Bartolommeo Ammannatito）為這個耶穌會的教育系統設計一座符合身分的總部。結果就出現了一座令人印象深刻卻毫不張揚的堂皇巨大建築，不但反映出耶穌會的權勢與聲望，也流露出耶穌會使命的嚴肅性與質樸的實用主義。羅馬學院在1584年移進新址，半個世紀後，總校訂也是在這裡聚會，決定無限小的命運。無限小的問題在接下來三個世紀裡，幾乎未間斷地一直在這座建築物中縈繞不去。

與其他城市的耶穌會學院一樣，羅馬學院也有個簡潔的名字，因此會讓人以為這所學院主要是為羅馬的年輕人服務，一如「科隆學院」的創立是為了教育科隆市的年輕人。不過這樣的理解卻是錯誤的。雖然教育羅馬菁英的確是羅馬學院的部分使命，但從一開始，羅馬學院就是耶穌會教

育體系中其他學院的典範與知識燈塔，只有成就最高的耶穌會學者才會被召至羅馬擔任羅馬學院的教授，因此這座屋頂下也聚集了教團中最著名的人物。數學家克里斯多佛‧克拉維烏斯（Christopher Clavius）與克里斯多夫‧格恩柏格（Christoph Grienberger）、自然哲學家阿沙納修斯‧科契（Athanasius Kircher）與羅傑‧波斯柯維奇（Roger Boscovich）、神學家方濟‧蘇亞雷茲與羅柏‧貝拉明，以及許多其他大家，事實上，幾乎所有耶穌會的一流知識分子，全都在羅馬學院教過書。學院運作也遵照耶穌會的階級體制，羅馬的教師有權制訂各教區學院的課程，並決定耶穌會學校內應該以及不應該教授的科目。一如總會長掌管每一位耶穌會員，羅馬學院也統治著全世界數百所耶穌會學院。

　　歐洲天主教世界各地的貴族與財力雄厚的平民，為何吵著在自己的城鎮上建立耶穌會書院，原因並不難猜。傳統教區學校的教學品質令人質疑，知名大學的學生生活據說墮落而放蕩，學校也不關心學生的實際學習狀況。耶穌會卻提供了全然不同的教育機構：嚴格與高要求的課程，教授者都是高水準的教師，並且由羅馬學院的大師定期更新課程內容。一般大學生可以自由耽溺於酒色放蕩的生活，耶穌會的學生卻有師長嚴密監督，讓學習與祈禱佔據了所有的時間。將兒子送入耶穌會學校的貴族或商賈都堅信這些孩子不論在智能或品德上，都會有立即的進步。

　　耶穌會學院那張長長的傑出校友名單，完全證明了貴族與商賈家長的判斷。除了一流的耶穌會員外，學院的畢業生還有神聖羅馬帝國皇帝費迪南二世（在位期間 1620~37）等皇族、黎胥留（Richelieu）主教等政治家、朱斯特斯‧李普修斯（Justus Lipsius）這類的人文主義者，以及如勒內‧笛卡兒與馬林‧梅森（Marin Mersenne）這樣的哲人與科學家。即使是耶穌會的敵人，也承認耶穌會的教育是所有基督教國度中最好的。連根本不是耶穌會友人的英國大法官法蘭西斯‧培根都惋惜地說，「你們這麼好，如果是我們這麼好，該有多好！」[25]

---

25 作者註：此句引自法蘭西斯‧培根的《學術的進展》第一冊第三部第三章，而培根這句話則是引自普魯塔克（Plutarch）的《希臘羅馬名人傳》中的〈斯巴達國王阿格西勞斯傳〉（Life of the Spartan King Agesilaus）。

40246 · ROMA · Palazzo del Collegio Romano · B. Ammannati · (Stab. D. Anderson).

巴爾托羅梅歐·阿曼納提設計的羅馬學院今日風采。此建築物目前為一所公立高中。
照片來源：紐約藝術資源中心（Art Resource）／攝影者阿里納里（Alinari）

　　針對耶穌會的卓越教育，培根的確有抱憾的理由，因為與新教爭鬥期間，耶穌會提供給教宗的所有協助中，學院的力量最大，也是最有效。耶穌會不論在何處設立學院，都會成為天主教生活的中心，而且還是羅馬天主教會可以成就非凡結果的鮮活證明。單從教育品質或吸引俗世菁英子嗣的角度來看，路德教派或喀爾文教派的學校幾乎不堪一比。而且這些菁英的公子一旦在耶穌會下受教，耶穌會就會用多年的時間傳授他們天主教學說，同時也以權威教授反新教教條的課程。無可避免地，這些學生全被灌輸了耶穌會效忠教宗、為了教會與其體制奉獻犧牲的思想。歐洲各地有數百所這樣的學院，每個學院又有數百甚至數千名的就讀學生，耶穌會的教育系統就這樣製造出好幾代受過良好教育且忠於天主教的學生，最後都在自己的家鄉成為領導人物。事實上，身為天主教菁英的主要教育者，耶穌會確保了羅馬教會在歐洲大多數地區的生存與復興。

　　耶穌會學院的影響非常明顯。神聖羅馬帝國的第一座耶穌會學院1556 年在科隆成立，當時整個帝國似乎都處在向路德巨浪屈服的邊緣。但是隨著學院的成立，科隆不但成了天主教要塞，也成為後來耶穌會活動拓展的基地。後續幾十年間，在掌權的維特斯巴赫（Wittelsbach）與哈布斯堡家族大力支持下，耶穌會不但在巴伐利亞與奧地利設立了幾十所學院，接收了當時既有大學的行政權，甚至更進一步地在羅馬設立特別學校，專門訓練有潛力的年輕德國人接任教會中的高官顯位。在「德國學院」（Collegium Germanicum）完成學習的畢業生返家後，會成為主教、大主教，以及德國天主教復興的骨幹。耶穌會在低地國家也一樣極其活躍，當北方省分都皈依新教，並武裝起義反抗當地的哈布斯堡政權時，南方省分在耶穌會的協助下，變成了天主教的堡壘。南方省分之所以繼續為天主教會轄區，並獲得認同，最終獨立成現代化的國家比利時，耶穌會功不可沒。

　　十六世紀的波蘭，狀況與德國非常相似，似乎正朝著接納不同形式的新教路上走，然後 1560 年代，天主教的貴族邀請耶穌會設立學院。耶穌會成員很快就得到了波蘭皇族的信任與支持，在皇族協助下，1576

年的五所學院，到了 1648 年，已擴展到 32 所。耶穌會會員成了波蘭統治階層的教育者，不分鄉間的貴族或城市菁英。同時，耶穌會另外在羅馬教育忠貞的教士幹部，再讓他們回到波蘭，接手教會的領導職位。耶穌會修士與波蘭國王亦十分親近，波蘭國王席格斯蒙三世（Sigismund III，1566~1632）又稱為「耶穌會國王」，而他的兒子約翰二世卡濟米爾茲（Jan II Kazimierz，1609~1672）是耶穌會的會員，在繼位前也擔任過樞機主教。曾經以大度的宗教寬容而自豪，並對改革者開放教堂與教區的波蘭，蛻變成了直至今天都還是虔誠天主教的國家。波蘭與其他地方的變化，都證明了耶穌會的介入有決定性的影響。[26]

依納爵的高潔門徒，做到了文藝復興期間追逐名利的教宗所做不到的事情，他們在歐洲各地阻止了看起來擋不住的新教推進，讓羅馬教會的權勢與聲望得以復興。不論耶穌會在哪裡樹立標準與設立學院，都會為老邁的教會注入一股新的力量，讓精神皈依、行動目的明確，同時也會激勵信徒建立抵禦異教徒的防線。心懷感激的格里高里十三世清楚認知到這一點，因此在耶穌會 1581 年的會員大會致詞時這麼說：

「你們聖潔的教團……已拓展至世界各地。抬眼所見之處，都有你們的學院與修院。你們指引王國、省域，甚至整個世界。簡言之，上帝今天所舉起對抗異教徒的工具中，沒有比你們教團更重要的了。新錯誤開始擴展蔓延的重要時刻，這個教團出現了。因此最重要的是……這個教團能日益更加成長與苗壯。」[27]

亂中之序

今天掛在維也納藝術史博物館（Kunsthistorisches Museum）的那幅

---

26 作者註：有關於耶穌會在德國、比利時與波蘭的努力，請參見夏伯嘉的《天主教的復興世界》第四章〈教會戰士〉（The Church Militant）。
27 作者註：格里高里十三世針對耶穌會的發言，請參見班格特《耶穌會歷史》第97頁。

巨畫〈聖依納爵的奇蹟〉（the Miracles of St. Ignatius），本意是要榮耀安特衛普大教堂（Antwerp Cathedral）的聖壇，出自法蘭德斯畫家彼得・保羅・魯本斯（Peter Paul Rubens，1577~1640）之手。魯本斯流傳至今的聲名，主要來自他對豐腴女子的煽情描畫，挑戰我們理想中的女性美。然而魯本斯也是位虔誠的天主教徒[28]，每天早上參加彌撒，與家鄉安特衛普的耶穌會往來密切。1605 年，耶穌會動員，希望能讓創辦人依納爵封聖，魯本斯為此提供了八十份雕版給耶穌會，雕版內容全是這位未來聖人的故事，也就是〈依納爵的生平〉（the Life of Ignatius）。四年後，被美化了的依納爵離聖人之列只差一小步，於是耶穌會又委請魯本斯為這位未來的聖人，在耶穌會的羅馬發源教堂耶穌教堂（Chiesa del Gesù）以及安特衛普大教堂創作幾幅大型畫像。令人印象深刻的〈聖依納爵的奇蹟〉，或許就是魯本斯為耶穌會創作的最佳代表作。

　　這幅畫把我們帶到一個高度戲劇化的大廳場景中。地點很可能屬於一座教堂，從拱形屋頂的天花板到石材地板都有刻畫。在上，接近一個光線明亮的圓頂之處，一群嬉戲的守護天使與普智天使飄懸於空中，他們似乎完全沒有注意到身下人群的騷動。的確，教堂地上是一片痛苦、恐懼與驚慌，一大群男男女女，還有幾個孩子都陷入痛苦的狂暴中。一個男人背部著地，像在痙攣，由另一個背上有數道血痕的男人在照顧。一個緊攥著拳、五官瘋狂扭曲、眼神呆滯、衣髮凌亂的女人，正試圖掙脫身邊兩個想要支撐她的男人。一個只出現頭部的白髮男人，絕望地仰視，臉上因恐懼而扭曲。其他無法克制自己的人，全帶著懇求與希望所交揉的痛苦向上仰望：他們可以從折磨的痛苦中得到救贖嗎？

　　這些人的注視焦點，就是依納爵，身著神職長袍挺直站立，耀眼奪目。站在講台上的依納爵，離地僅有幾階之高，卻處於完全不同的領域中。他沉靜又威嚴，右手舉起作祝福狀，正在進行驅魔儀式，將惡靈從人群中逐離，為受到折磨與混亂所苦的人類帶來和平與秩序。畫作左邊的惡

28 作者註：有關魯本斯與耶穌會，請參見夏伯嘉《天主教的復興世界》第128與154頁。

彼得‧保羅‧魯本斯的〈聖依納爵的奇蹟〉，1617 年。
照片來源：紐約藝術資源中心（Art Resource）／攝影者艾瑞克‧雷辛（Erich Lessing）

鬼自人群中出現，在依納爵聖潔的面前奪命而逃，一位天堂的天使在向這些魔鬼諷刺地道再見。依納爵雖然是這幅畫作中不可質疑的焦點，但他並不孤單，講台上站在他後面的是他的追隨者，一長排的黑袍耶穌會會員，隊伍延伸到遠方。這些耶穌會成員跟他一樣，沉靜而嚴肅，研究著面前眾人的痛苦。他們是依納爵的大軍，站在那兒跟著他們的導師學習，遵從導師的指令，最後接手他的使命，轉混亂為秩序，並為受苦的眾人帶來和平。

　　這的確是聖依納爵和他追隨者的「奇蹟」。他們跟其他人不一樣，在因宗教改革的挑戰而四分五裂的大陸上，他們設法讓和平與秩序重新歸位。他們為異端邪說與困惑之地，帶來了統一與正統的信仰；當神聖的教會統治遭到破壞、教士與主教們紛紛脫離教會時，他們重建了偉大的舊有體系，也重新穩定了階級組織的控制；在混亂主導一切的時候，他們重新毫不妥協地肯定羅馬教會的真理與正當性。聖依納爵和他追隨者成功完成這些事情，的確與奇蹟無異。在耶穌會的眼中，這個奇蹟的關鍵其實很簡單，就是真理、階級制度與秩序。

　　耶穌會不相信意見的多樣性，真理是絕對的。他們也不相信權勢的多樣性，真理一旦廣為人知，所有的勢力就必須從已知並承認真理的人那兒，強壓在尚未接受真理的人身上。當然，耶穌會更不相信民主這種允許不同看法與反對意見自由表達，且在熱烈討論中蓬勃發展與爭取權力的制度。真理沒有這類分歧意見或挑戰的空間。只有上帝絕對權威[29]的特使，以及他們擔負與相信的神聖真理，才能讓和平與和諧普及。這就是耶穌會的世界觀，也是他們在自己的組織中、在整體基督教會中，以及全球世界中，努力落實的觀念。〈聖依納爵的奇蹟〉以明確的階級制度為結構，將這個完整的故事化為視覺形式。畫作上方是神聖之光與真理的領域，下方

---

29 作者註：有關耶穌會對於權威源於絕對真理，且以教會階級制度呈現的概念，請參見《社會研究》（Social Research）2006年第73期4號第1065~92頁，瑞夫卡・菲爾德黑（Rivka Feldhay）的〈天主教教義從中古時代到早期現代的權威、政治理論與知識政治演變〉（Authority, Political Theology, and the Politics of Knowledge in the Transition from Medieval to Early Modern Catholicism）。

第二章
數學秩序

教學秩序

耶穌會的創立之父羅耀拉的依納爵對數學並不痴迷。早期是貴族大臣與打扮入時的護花騎士，他學會鄙視學者與數學家賣弄學問。後期忘我的啟發，說起來，甚至引導他愈加遠離數字與圖形的冰冷邏輯世界。他在巴塞隆納、阿卡拉、薩拉曼加與巴黎各大學學習時，顯然也沒有包括任何數學科目。在他的領導下，耶穌會到 1553 年已著手開始推出一個全世界的學院網，這時他才看到數學教育的一些價值，因此寫下學院應該教授「一位神學家應該知道的數學部分。」[1] 我們必須承認，這樣的分量也沒多少。

數學在早期耶穌會的教育體系中不受重視，事實上這並不令人驚訝，畢竟耶穌會學院有非常明確與急迫的目標，那就是阻止新教的擴散，重新建立起天主教教會的名譽與威望，這與當今耶穌會繼承者的企圖非常不一樣。依納爵的一位副手約翰・德・波蘭柯（Juan de Polanco）在一封 1655 年的信件中有過這樣的解釋，在耶穌會學院中，真理信仰受到威脅的「那些國家之人」，「要授以實例與正確的教條……，以維繫基督教保存下來的部分，並恢復已失去的部分。」[2] 像數學這種冷門又抽象的學科，對這個

---

1 作者註：依納爵對於數學教學的意見，引自斐德烈克・賀門（Frederick J. Homann）編輯翻譯的《教會文化與課程》（*Church Culture and Curriculum*，費城聖約翰大學出版社出版，1999年）55頁中，吉烏塞普・康森提諾（Giuseppe Cosentino）的〈耶穌會《教學大全》中的數學〉（Mathematics in the Jesuit *Ratio Studiorum*）。

2 作者註：波蘭柯信中的句子，引自康森提諾（Giuseppe Cosentino）〈耶穌會《教學大全》中的數學〉57頁。

使命幾乎毫無貢獻。

　　然而扭轉宗教改革行進方向的目標，並不代表耶穌會學院只把焦點放在宗教學科的教授上。依納爵堅信適切的宗教教育，必須扎根於哲學、文典、古典語言與及其他人文學科等更廣泛的教學之上，除此之外，學院遵守承諾提供廣泛且最新式的教育也很重要，否則，各處的地區菁英就會讓兒子去他處就學，而這樣的情況會為耶穌會的宗教使命帶來災難。就像傑若尼莫・納戴爾 1567 年所說，「對我們來說，課程與學術練習不過是一種釣靈魂的魚鉤罷了。」[3]

　　依納爵推薦的「魚鉤」，包括閱讀古代大師所需要的語言，亦即拉丁、希臘與希伯來文，除此，某些學院中，還增加了阿拉姆、阿拉伯與印度文。哲學部分，他規定學院必須遵循古希臘哲學家亞里斯多德的學說。自從作品在十二世紀被翻譯成拉丁文後，直到當時，亞里斯多德一直都是西方最具影響力的哲學家，著作全集包羅萬象，有邏輯、生物、倫理、政治、物理以及天文，在當時是人類已知的最全面學問，而且廣為歐洲大多數學者接受。因此，曾在大學修習過亞里斯多德的依納爵，很容易就倚仗亞里斯多德來制訂耶穌會學院的課程。神學方面，依納爵決定師法十三世紀將亞里斯多德與教會學說融合為一的道明會會員聖湯瑪斯・阿奎納斯（St. Thomas Aquinas）[4]。被稱為「天使聖師」（the Angelic Doctor）的阿奎納斯，在去世後成為西方最具權威的神學家，而依納爵也幾乎將他視為完人[5]。既然湯瑪斯學說（Thomism，大家對阿奎納神學的稱呼）大量倚賴亞里斯多德的哲學，因此讓耶穌會的學生在開始接觸宗教學習前，浸

---

3 作者註：納戴爾的這種說法引自費恩高德（M. Feingold）編輯之《耶穌會科學與文壇共和國》（*Jesuit Science and the Republic of Letters*，麻省理工學院出版社出版，2003 年）第6頁，費恩高德撰寫的〈耶穌會：博學之士〉（Jesuits: Savants）。

4 約1225~1274，是歐洲中世紀經院派哲學家和神學家。他是自然神學最早的提倡者之一，也是湯瑪斯學派的創立者，成為天主教長期以來研究哲學的重要根據。他所撰寫的最知名著作是《神學大全》（*Summa Theologica*）。

5 作者註：依納爵與耶穌會學院的課程訂定，請參見康森提諾的〈耶穌會《教學大全》中的數學〉54頁。

淫在亞里斯多德的學說當中,至關重要。

　　儘管耶穌會學院的學科多樣且範圍廣泛,但課程依然嚴格、井然有序,且具階級性。不同學科之間的關連價值從未遭到質疑,那就是神學位於最上層,內容是無懈可擊的天主教教會學說。第二階是哲學,倫理與自然兩個領域均涵蓋其中,教授自然界與人類世界的真理,這也是了解宗教課程前的必要學科。哲學之下是輔助學科,包括語言、數學這些本身並不涉及真理,但證明有助於了解更高等學科的課程。與耶穌會的其他架構都一樣,這也是階級至上。在宏大的課程結構中,每個領域都有自身的定位。神學的真理最高級,任何哲學教旨都不可與之牴觸,即使有亞里斯多德本人的權威支持也一樣。數學仍屬較低階學科,而其結果甚至不具真理的資格,只能稱為假設。這是一套無縫的知識階級制度,以湯瑪斯神學為最高統治。

　　耶穌會學院階級分明的學科,與當時的大學教育形成了強烈對比。當時的大學大多很隨便,學生一般也都是去聽不相關的講課,許多學生在這樣毫無組織性的迷宮中失去了方向。相反的,耶穌會提供了順序清楚的學習,以語言和許多亞里斯多德的哲學支脈為濫觴,再進修學習神學。期間,再輔以學院限制與規律的生活,以及耶穌會指導者公正的道德模範。這樣嚴格的漸進式教學,讓學生不但能不離本題,還可以遠離令其他同儕頭痛不已的誘惑。

　　然而對耶穌會來說,真理的階級不僅是教育方式,也反映出耶穌會不妥協的信仰,那就是在宗教改革期間消失的那種清楚且毫無爭議的階級制度,對重建神的體制極為重要。這個秩序治理著社會本身,也治理著教會,從教宗到世俗教眾,無一例外。耶穌會相信若要擊敗邪說、讓真理戰勝錯誤,階級就必須在世界普及。畢竟,宗教改革這個天譴,不就是正確知識階級崩壞的結果嗎?不然路德這個小小的修士怎敢挑戰教宗本人的權威?不然路德、後來的慈運理、喀爾文以及其他人怎會假設出與教會權威教旨對立的新神學?結果呢?結果造成混亂與困惑,而羅馬教會唯一的權威聲音,也就此淹沒於彼此競爭的刺耳雜音下。在耶穌會的眼中,

古老基督教國度的一統性之所以崩潰,混沌之所以接踵而至,很明顯是直接歸因於正確知識體制的崩解。只有維持這種嚴格的知識階級,真理才能普及,邪說才能被擊退。

對耶穌會而言,真理不變、真理永恆、真理建立在教會的權威之上,新奇與創新都會帶來無法讓人接受的風險,因此必須強烈抵禦。羅馬學院的神學家本篤·培雷拉(Benito Pereira)在 1564 年曾提出警告,「人不應該受到新主張的吸引,換言之,不應該受到那些人所領悟的想法所吸引。」相反的,一個人必須「堅持一般人都接受的舊有見解……遵循真正且健全的學說。」二十年後,阿瓜維瓦總會長也力勸他的大軍不但要避開創新,也要防範「所有我們懷疑試圖創新的人」[6]。現代世界重視的創新,是耶穌會極度猜忌的東西。

「把規定加在學科上」(Legem impone subactis)[7]是羅馬學院的帕森尼亞研究院(Accademia Parthenia)座右銘,這所研究院開放給學院中特別專注於耶穌會理想與生活方式的學生。與這個座右銘同時呈現的還有一個被稱為「印記」的盾徽,同樣淺顯易懂。盾徽的最上方,坐在王座上的是神學的女性化身,斜倚在神學兩側但位置稍低的是她的僕從哲學與數學,隨時等候差遣。耶穌會的學校也是這樣,神學以「科學之后」的身分稱霸,將規定強加在從屬的學科之上。今天我們或許會認為這樣的知識系統很異類,甚至令人窒息,因為其設計的目的就是為了建立絕對的真理,以及鎮壓異議。然而耶穌會相信教育的目的並不是鼓勵想法的自由交流,而是要灌輸某種真理。就這一點,耶穌會無疑非常成功。

懷才不遇

就這樣,在耶穌會成立的第一個十年裡,相關規定就都定了下來。

---

6 作者註:培雷拉與阿瓜維瓦對於創新的看法,都引自費恩高德的〈耶穌會:博學之士〉18頁。

7 作者註:帕森尼亞研究院的座右銘,在烏果·巴迪尼(Ugo Baldini)的《制訂應用之法:耶穌會在義大利的哲學與科學研究》(*Legem impone subactis: Studi su filosofia e scienza dei Gesuiti in Italia* 1540-1632,羅馬Bulzoni出版,1992年)第19~20頁中有討論。

數學的傳授，若真有人提到這門學科的話，也只需要教導到有益於了解其他更高等學科的程度即可。若不是因為一個畢生職志就是要把數學帶入耶穌會核心課程的人，數學的地位應該會一直在原地踏步。由於這個人的努力，到了十七世紀開始之際，耶穌會會員不但已是精通數學的老師，還是數學領域的一流學者，而且在數學圈子中，還有些盛名橫跨整個歐洲的最傑出數學家。這個人名叫克里斯多佛‧克拉維烏斯。

　　幾乎沒有人知道克拉維烏斯早年的事情——連他出生時的真正名字都一直未能確定，但我們確實知他在 1538 年 3 月 25 日出生於德國南部法蘭科尼亞省（Franconia）的龐伯格市（Bamberg）。龐伯格是一座天主教采邑主教（prince-bishop）所在的城市，但周遭的紐倫堡、赫塞、薩克森卻全是新教版圖，處於為了神聖羅馬帝國精神而戰的最前線。像龐伯格這樣的城市，正是耶穌會會員彼得‧賈宜修的重點地區，他周遊帝國各地，就是為了拯救忠實信徒日益衰退的虔誠，以及力勸他們確定立場，抵禦入侵的新教潮流。想像年輕的賈宜修參加某場龐伯格大教堂的大型彌撒，然後被自己激昂的傳教內容所感動，並不難，只不過我們無法確定想像是否為實。我們只知道當他的家鄉在 1555 年成功擊退新教侯爵亞伯特‧艾西畢亞迪斯（Albert Alcibiades）時，克拉維烏斯人在羅馬。4 月 12 日，羅耀拉的依納爵親自同意克拉維烏斯成為耶穌會的新入教者。[8]

　　克拉維烏斯加入耶穌會時才十七歲，到他宣示入會正式誓約時，已經三十七歲。即使耶穌會的訓練修行漫長又嚴格，但讓一個聰明的年輕人花二十年才從新入教者成為正式耶穌會會員，時間也的確是罕見的長，特別是這個人從小就被認定有潛質，而且後來還成為當代最出名的耶穌會會員之一。但是這麼長的修行時間，或許跟克拉維烏斯花很多時間在耶穌會內部遊說一件不受歡迎的事情有關。他想提升數學在耶穌會知識階級系統中

---

8 作者註：克拉維烏斯的早期耶穌會經歷，請參見詹姆斯‧拉提斯（James M. Lattis）的《哥白尼與伽利略之間：克里斯多佛‧克拉維烏斯與托勒密天文學的崩解》（*Between Copernicus and Galileo: Christoph Clavius and the Collapse of Ptolemaic Astronomy*，芝加哥大學出版社出版，1994 年）第 1 章。

的地位，並加強耶穌會學校教授數學的狀況。他在羅馬學院的同事，如本篤‧培雷拉等耶穌會員，都強烈反對他的遊說內容，不過當他 1575 年成為「宣誓會員」時，事情已經勝券在握了。

克拉維烏斯獲准成為耶穌會新入教者後，只在羅馬待了一年，就被送到葡萄牙孔布拉（Coimbra）的耶穌會修院。與本篤教會那類傳統教團的避世修道院不同，耶穌會的這種「修院」（又稱為「駐地」）都設在城鎮中心，與當地社區緊密生活在一起，由一位指定的會長帶領，每天出現在範圍較廣的社區中，進行屬於教團的活動。克拉維烏斯從十八、九歲到二十出頭的那四年，在孔布拉做了什麼，幾乎無人知道，但那無疑是段發展塑形的時間。那時孔布拉以一座古老的大學所在地著稱，最廣為人知的名流是當代偉大的數學家與天文學家培德洛‧奴內茲（Pedro Nuñez）。沒有直接證據證明克拉維烏斯曾師從奴內茲，但數學家伯納迪諾‧巴地（Bernardino Baldi，1553~1617）曾為克拉維烏斯寫過一本短篇傳記，裡面確實提到兩人相識。的確，有鑑於德國人的興趣與孔布拉那所大學的規模，很難想像克拉維烏斯與奴內茲彼此不認識。但根據巴地的說法，克拉維烏斯大部分都是透過仔細研究古典數學教本而自修學習到自己的數學知識。[9]

1560 年教會將克拉維烏斯召回羅馬，一方面是希望他繼續哲學與神學的研究，一方面是要他教授數學。1563 年他已在羅馬學院講授數學，到了 1565 年左右，三十歲的他成了數學教授，而這個職務他一直或多或少地持續到四十七年後他去世為止。初任數學教授之時，克拉維烏斯的經歷雖然受到敬重，卻談不上卓越。雖然他的長官認可他的數學能力，但他也僅是一名年輕教員，在並不太尊重他專業領域的同事間默默耕耘。多年後，他甚至依然在為數學教授參與公開儀式以及和同事並肩參與爭辯的權利奮鬥，顯示他的這種不滿在當時並不常見。[10]克拉維烏斯在耶穌會的學院總部雖然佔有一席之位，但有好幾年他都被排除在「宣誓會員」的行列之外，

---

9 作者註：有關克拉維烏斯的數學教育，請參見拉提斯《哥白尼與伽利略之間》16~18 頁。

這件事告訴了我們所有他在耶穌會嚴格階級系統中地位的相關資訊[11]。

　　但在 1572 至 1575 年間，也就是從分會回來十年後，克拉維烏斯的事業有了戲劇性的改變。新上任的格里高里十三世召集了一次著名的大會，藉以處理已經困擾教會數百年的一件事：曆法改革。委員會的技術顧問一職，教宗選擇了這位在數學與天文學界闖出了專家之名的年輕羅馬學院教授。這次的任命對克拉維烏斯來說當然是極大的榮耀，因為這是教會有史以來接手的最具野心計畫之一，而他被置於這個計畫的中心。這項任命也讓他成為耶穌會在羅馬教會高階委員會的一位正式代表。這些委員的建議都會公告周知，並受到歐洲各地學者的詳細審視。耶穌會期待位於如此顯眼位置的克拉維烏斯，能為教團帶來榮耀與殊勳，強化耶穌會在教廷的聲望。然而對年輕且沒沒無名的數學教授而言，這個位置其實很麻煩，甚至有很大的風險。但克拉維烏一直都在等著這樣的機會來宣揚自己的主張。

整理宇宙秩序

　　召集委員會要處理的問題，已經醞釀了一千兩百年。西元 325 年，尼西亞大公會議（the Council of Nicea）將復活節定於春分後的第一個滿月日，而根據該大公會議，這一天應該落在 3 月 21 日。遺憾的是當時使用的羅馬儒略曆與太陽年（亦即太陽在天空回到原點所需時間）的真正時間並不太吻合。儒略曆一年有 365 天又六小時，但真正的太陽年卻比這短少了約十一分鐘。這樣小的差距從這一年到下一年，甚至在一個人的一生中都沒什麼重要性，但是當十一分鐘的誤差重複一千兩百多次以後，事情就嚴重了。到了 1570 年，春分日已經移到了 3 月 11 日，因此基督教行事曆

10 作者註：克拉維烏斯為數學教授爭取耶穌會認同的努力，請參見前山與索澤（Y. Maeyama and W. G. Saltzer）合編之《稜柱》（*Prismata*，威斯巴登Franz Steiner出版，1977年）63~94頁，克朗比（A. C. Crombie）論文〈十六世紀義大利大學與耶穌會教育政策中的數學與柏拉圖哲學〉（Mathematics and Platonism in the Sixteenth- Century Italian Universities and in the Jesuit Educational Policy），尤其65頁著墨最多。

11 作者註：克拉維烏斯在羅馬學院中的的事業發展，請參見康森提諾的〈耶穌會《教學大全》中的數學〉、克朗比的〈數學與柏拉圖哲學〉64~68頁，以及拉提斯的《哥白尼與伽利略之間》第1章。

上最重要的節日復活節，也隨之前移。如果不糾正這個問題，謬誤會繼續擴大，復活節會繼續前移。同時，用來計算滿月發生時間的太陰曆也有類似問題，每 310 年會往前挪一天。到十六世紀，滿月出現的時間，是曆法預測的四天後。

這些全都令人無法接受，不只復活節的日期錯亂，所有宗教的節慶與聖人紀念日問題也很大，遑論與季節和農業相關的日曆，一切都陷入混亂。其實英國哲學家羅傑・培根（Roger Bacon）早在十三世紀就抱怨過曆法是「所有聰明人無法忍受、所有天文學家覺得糟糕透頂，而所有的計算家都覺得荒謬」[12] 的東西。事實上，整個基督教國度深受這類時間認知與曆法規則的困擾，所以身為捍衛神聖生命時序的教會，因應要求採取了行動。從康士坦斯大公會議（the Council of Constance，1414~18）開始，好幾屆的大公會議都試圖解決這個問題，可惜全無功而返。最後一直到 1545 年至 1563 年間定期在義大利特倫托召開的特倫托大公會議（the Council of Trent），才專門為了曆法改革下令召集一個特別委員會。接著又過了約十年，新就任的教宗格里高里十三世終於依照大公會議的命令有所行動。

克拉維烏斯擔任委員的委員會，任務很複雜。首先他們必須決定儒略曆與太陰曆確實的誤差規模，接著必須製作出準確預測月亮未來盈虧的新太陰表。最後，這個委員會還必須糾正已經發生的累計差異日數，提出能夠避免重蹈覆轍的新曆法提案。1577 年，委員會送交了一份變更計畫的「概要」給當時重要的天主教學者，央求他們回饋意見與建議。委員會審量與歸納收到的回覆後，對卡拉布里雅（Calabria）醫生阿羅伊西亞斯・李利烏斯（Aloysius Lilius）簡潔又樸實的提案，印象特別深刻。1580 年 9 月，當委員會向教宗呈報結論，結論內容大部分就是以李利烏

---

12 作者註：此句引自柯以恩、賀斯金與派德森（G. V. Coyne, M. A. Hoskin, and O. Pedersen）合編之《格里高里的曆法改革：從梵諦岡會議議事錄到曆法改革四百年紀念，1582~1982》（*Gregorian Reform of the Calendar: Proceedings of the Vatican Conference to Commemorate its 400th Anniversary, 1582–1982*，梵諦岡教廷科學院出版，1983 年）75 頁諾斯（J. D. North）的〈西方曆法：無法忍受、糟糕透頂、荒謬至極〉（The Western Calendar: 'Intolerabilis, Horribilis, et Derisibilis'）。

斯的建議為基礎。[13]

　　李利烏斯的第一項建議是立即實施一次性的曆法修正，也就是刪減十天。為了避免問題在將來幾個世紀後再次出現，委員會也提出對儒略曆的永久性調整：如以前一樣，可被四除盡的那一年為閏年，閏年有 366 天而非 365 天。但是與舊曆不同的是，除了可被四百除盡的那一年仍維持閏年外，可被 100 除盡的年份（如 1800、1900 等）繼續維持標準的一年 365 天。這些作法結合在一起的結果，就是一年平均減去了十分又四十八秒，有效地讓曆法上的一年與太陽年同步。從此之後，春分永遠都將落在 3 月 21 日。1582 年 2 月，在教宗飭令《宗座公報》（Inter gravissimas）中，教宗正式宣布接受委員會的建議，並頒布當年十月四日星期四的第二天為十月十五日星期五，讓 1582 年成為歷史上唯一只有 355 天的一年。他另外下令使用克拉維烏斯與他同僚所設計出來的曆法制度，也就是我們到今天都還在使用的這套名符其實被稱為格里高里曆的曆制。

　　克拉維烏斯的天文學與數學專業在整個改曆過程中不可或缺。向委員會中那些比較不擅長技術面的同僚說明最新的天文計算方式，一直是他負責的工作。在重新計算月亮的盈虧，以及仔細檢算不同學者對曆法改革的提案上，他也無疑扮演了領導者的角色。在整個過程中，他證明了自己不僅是優秀的數學家與天文學家，也能在教廷錯綜複雜的政治環境中，游刃有餘的行事。後來，當委員會的其他成員重返原來的工作崗位時，克拉維烏斯脫穎而出，成為新曆制體系的公開發言人[14]，出版了一本長達六百頁的新曆法「解釋」，並迎戰針對新曆而發的眾多嚴厲批評。這位羅馬學院默默無名且未受重視的教授，此時已成為一位卓越的數學家、一位重要性

13 作者註：有關李利烏斯與曆法改革委員會的相關事件，請參見柯以恩、賀斯金與派德森合編之《格里高里的曆法改革》137頁烏果・巴迪尼的〈克里斯多佛・克拉維烏斯與羅馬的科學〉（Christoph Clavius and the Scientific Scene in Rome）。
14 作者註：克拉維烏斯針對曆法改革委員會發表的報告，以《說明格里高里曆》（Romani calendarii a Gregorio XIII restituti explication）之名於1603年初版。除此之外，克拉維烏斯還撰寫了多份解說小冊子駁斥如約瑟夫・傑斯特斯・斯卡利傑、麥可・梅斯特林，以及法蘭斯柯・維塔的批評。

正在上揚的數學發聲的發言人,一位耶穌會「宣誓」會員,以及耶穌會中的一位公眾人物。他再也沒有回過頭。

一場數學勝仗

在與新教「邪說」對抗的那個黑暗年代中,格里高里的曆法改革是場卓越的勝利。教宗執行了他的普世權威,導正了一個困擾所有基督教徒上千年的問題。他展現出幾近上帝般的力量,為全球各地數百萬人民改變了年、宗教節慶以及四季的時間。羅馬聖伯多祿大殿中紀念碑上由雕刻家卡米羅·盧斯康尼(Camillo Rusconi)操刀,獻給格里高里十三世的一幅淺浮雕上,刻畫的就是曆法改革委員會的成員,其中克拉維烏斯(依照耶穌會傳統)跪在中間,向坐在寶座上教宗呈遞新曆法。雙臂大張的教宗,一手指向一個地球儀,就像地球又重新歸屬於他,而不屬於其他人。儘管教宗的新教敵人必定認為自己旗下的許多學者,在學識和成就上,都和克拉維烏斯與他的委員會同僚不分軒輊,然而新教諸侯或神職人員卻無人能如教宗一樣,成為時間的主宰。

新教別無選擇,只能承認教宗宣告書的效力,以及他無可匹敵的重整宇宙秩序能力。這件事讓新教多麼頭痛,從英國詩人兼牧師鄧約翰(John Donne)1611 年的反耶穌會諷刺散文〈依納爵的祕密會議〉(Ignatius His Conclave)中即可見一斑。在鄧約翰的故事中,依納爵和他的夥伴都住在地獄裡,克拉維烏斯也在其中。「我們的克拉維烏斯,」依納爵宣布,「應受人尊崇,

因為經歷了極度的辛勞……他煞費苦心的制定格里高里曆……,而這套曆法讓教會與人民的作息從此永無寧日:連天堂都躲不開他的暴行,只能從此服膺他的指令:於是聖史帝芬(S. Stephen)、施洗約翰(John Baptist)以及其他所有人,全都奉命在指定的日子製造奇蹟……不到那天不出現,現在不能再依循以往的習慣,而是要提早十天被喚醒,被他強迫下凡履行職務。[15]

　　這篇尖刻的諷刺散文出自反天主教的鄧約翰，毫不掩飾他對必須屈服於教宗重整宗教與民間時令的由衷驚惶。新教諸侯被迫陷入令人不快的抉擇中：他們可以接受格里高里曆，但也隱晦地承認教宗普世的威權，或者他們可以拒絕接受，刻意保留一套令人尷尬的謬誤曆法。進退維谷的他們，帶著大家可以理解的驚慌回應這件事。英國的伊麗莎白一世率先宣布她會配合改革，但後來她面臨到與英國國教的對立時，又打了退堂鼓。格里高里曆一直到 1752 年才進入英國諸島。荷蘭共和國為此分裂，有些省分立即採納了改革的曆法，其他省分則繼續使用儒略曆，直到 1700 年。瑞典在兩套曆法間搖擺不定，最後直到 1753 年才決定採用格里高里曆。往東看，比路德早七百年就與教宗不合的俄國東正教會，繼續堅持使用儒略曆，直到 1918 年，才由絕不可能讓人錯認成教宗間諜的布爾什維克黨（Bolshevik）強行採納改革的曆法。歐洲最後一個採用格里高里曆的國家是希臘，於 1923 年正式改用，比克拉維烏斯和他同僚完成曆法改革的時間，幾乎晚了三個半世紀。羅馬教會藉由一套曆法有效地接管了全世界，展現出高高在上的權威，同時，他的對手只顯露出軟弱、混亂，以及他們國教的原有缺陷。

　　曆法改革正是耶穌會所需要的那種歷經辛苦才得到的勝利。這是天主教會在難以管束的世界上，強行置入真理、秩序與規定的完美範例。就像魯本斯代表作中的聖依納爵，教宗格里高里為長期飽受黑暗與混亂所苦的人們，帶來了宇宙真理的光明。大家對於曆法改革的反應也確認了這一點。將教宗命令當成律法之處，秩序、和平與真理就會普及，而邪說與宗教分裂統治之處，謬誤、混亂與糾紛就會持續。再也沒有比耶穌會的世界觀核心更能闡述這種看法的正當性了。耶穌會相信曆法的改革就是羅馬教會終將獲得最後勝利的模式。

　　相較於其他神學領域的爭議僵局，羅馬教會在曆法改革這件事情上的絕對勝利，似乎更顯醒目。舉例而言，天主教相信只有透過神聖的教會，

---

15 作者註：鄧約翰這部諷刺之作以〈羅耀拉的祕密會議〉之名發表（倫敦Richard Moore出版，1611年）。此句引自拉提斯的《哥白尼與伽利略之間》第8頁。

以及經由教會任命的神職人員執行教會的聖禮，罪人才能得到上帝的恩典。反之，新教相信「所有信徒都是神職人員」，也就是說，上帝會將恩寵直接賜予信徒。天主教相信基督真實存在於彌撒聖禮上的麵包與酒中，但新教則認為基督無所不在（路德教派），或彌撒其實只是一種紀念基督受難的儀式（慈運理教派）。天主教相信上帝會考慮一個人在世所做的好事，作為決定這個人最終得到救贖或永墜地獄的參考。新教卻相信只有信仰與聖寵才重要。天主教相信聖經需要經過教會的階級與傳統詮釋，但新教相信聖經分明就是人人都可理解的正當行為指引。還有其他更多的差異。這些爭執（直到今天皆然）的共通點，就是都無法讓人完全信服。從路德時代到現在，天主教與新教均未曾退讓一步，雙方也沒有看到任何應該退讓的理由。

的確，兩邊的擁護者全積極投入激烈的辯論，程度甚至常常可稱為狂暴。他們發行彼此的粗魯諷刺畫作，不是把路德描繪成魔鬼的間諜，就是將教宗刻畫成反基督分子，並在新印刷技術可及的範圍內，盡可能廣泛散布這些圖畫與言論。他們還出版受歡迎的小冊子，指責對方的教條為異端邪說，另外用教義問答的方式詳述各自信仰的根本原則。他們撰著學術論文，如喀爾文的《基督教要義》（*Institutes of the Christian Religion*）以及耶穌會會員蘇亞雷茲的《形上學辯論》（*Disputationes Metaphysicae*），偶爾還以正式的辯論方式交鋒，如 1519 年路德與愛克的辯論。然而儘管雙方在這些筆戰與舌戰中投入了努力、時間與資源，卻都無法讓自己的立場強壓在對方身上。相較於這一團缺乏決定性的爛泥沼，羅馬教會的曆法改革是多麼光榮又乾淨俐落的勝利啊！只要曆法勝利的祕密可以注入其他的戰場，必能確保教宗與教會的最後勝利。

克拉維烏斯相信自己知道這個祕密就是數學。[16] 他認為神學與哲學

---

16 作者註：有關克拉維烏斯認定曆法改革的成功歸因於數學一事，請參見《科學與教育》期刊第15期（2006年出版）235~36頁，羅瑪諾・嘎托（Romano Gatto）的〈克里斯多佛・克拉維烏斯的「為了學習數學科學」與現代初始時耶穌會學院中的數學〉（Christoph Clavius' 'Ordo Servandus in Addiscendis Disciplinis Mathematicis' and the Teaching of Mathematics in Jesuit Colleges at the Beginning of the Modern Era）。

的爭辯可以永遠延續，因為沒有任何普世接受的方法能夠決定對錯。即
使其中一方擁有絕對的真理（就像克拉維烏斯相信天主教是擁有真理的
一方），另外一方除了謬誤什麼都沒有，錯誤的信徒也依然會拒絕接受真
理。但是數學不一樣，在數學領域中，不論周遭人群喜歡與否，真理都能
強勢壓制。大家可以爭論天主教的聖禮教義，卻無法否認畢氏定理。沒有
人可以挑戰新曆法的正確，而新曆法的根據正是詳盡的數學計算。克拉維
烏斯相信，數學就是教會最終勝利的關鍵。

數學的確實性

　　克拉維烏斯在他 1574 年首次出版的歐幾里得教科書版本中，附加了
一篇詳述他數學觀點的短文，當時正值曆法委員會開始工作之際。簡單以
〈數學入門序文〉（In Disciplinas Mathematicas Prolegomena）為名的這篇短
文，實際上是一份請大家承認數學力量以及數學優於其他學科的熱情激昂
申訴書。如果「一門科學的崇高與優異，需由該科使用的驗證方式確實性
來評斷」，克拉維烏斯這麼寫，「那麼數學相關學科在所有學科中，絕對獨
占鼇頭。」、「在驗證每件事物時，數學都能以強大的推論提出懷疑，並以
能在聽眾心理產生真正知識並徹底移除所有疑慮的方式來證明。」[17] 換言
之，數學能強迫所有聽眾從心裡接受它的真理，甚至可以強迫最固執的聽
眾接受這些真理。

　　「畢氏定理，」他又繼續寫，「以及其他數學家的定律，

　　時至今日，在學校中都繼續維持著它們真正的純粹性、真正的確實
性，以及強而有力的不變論證，多年後亦然……因此數學這門學科希冀、
尊重，且培育的真理，不僅排斥所有謬誤，甚至否定所有僅具可能性之事
物，亦不承認任何無法通過最可靠驗證的事物。

---

17 作者註：請參見克拉維烏斯編輯之《歐幾里得幾何原本十五輯》（*Euclidis
　　elementorum libri XV*，羅馬Bartholemaeum出版，1589年）第5頁。包括了〈數學入門
　　序文〉的克拉維烏斯《歐幾里得》，初版於1574年。

　　然而數學的這些特質，卻與其他所謂的「科學」迥異。就這一點，克拉維烏斯認為，當知識分子探討「各種見解」以及「對於已認可的真理結論上的各類觀點」時，所會得到的結論就是，數學能夠導引出終結所有爭論的確定性，而其他領域的學問只會讓心靈變得混亂且不確定。甚至，克拉維烏斯接著就對非數學領域本質上的不確定性進行評論，「這與數學的差距有多大，我想沒有人會承認。」他的結論說，「無疑地，其他科學中的第一名，理所當然應該讓位予數學。」[18]

　　縝密、有秩序且令人無法抗拒的數學，對克拉維烏斯而言，就是耶穌會綱領的具體呈現。數學可以強行讓人接受真理並擊潰謬誤，建立起取代混亂與困惑的穩固秩序與確定性。不過大家要記得，當克拉維烏斯提到「數學」時，他心中有相當特定的目標。商賈使用的算數，和那時剛剛竄起教人解開二次、三次與四次方程式的代數，在當時確定已有一定的地位。但對克拉維烏斯來說，完美數學的真正典範是歐幾里得巨著《幾何原本》中的幾何學。他認定這是唯一可以捕捉住這門學科的力量與真理之最精華領域。因為克拉維烏斯想強調數學的永恆真理，於是以「歐幾里得的驗證」為引證，也因此當他在自己眾多數學領域的各類教科書中，選擇在自己的歐幾里得版本裡檢附自己的〈序文〉，絕非巧合。[19]

　　完成於大約西元前300年的《幾何原本》，大概是史上最具影響力的數學教本，但原因並非這本書呈現了原創的新想法。事實上《幾何原本》是根據好幾代更早期的幾何學家研究成果編著而成，研習不輟的數學家可能對書中大部分結果全都耳熟能詳。歐幾里得這部作品的革命性在於其嚴格而系統化的方式。這本書從一連串的定義以及簡單到不證自明即知是真理的基本原理開始。舉例來說，定義如「圖形為一個或多個邊界包圍之範圍」，以及「所有直角都相等」的基本原理。從這些看起來不重要的細節開始，歐幾里得一步步證明愈來愈複雜的結果：等邊三角形的兩個底角相

---

18 作者註：請參見克拉維烏斯的〈數學入門序文〉，拉提斯翻譯並收錄於其《哥白尼與伽利略之間》書中35頁。

19 作者註：同前註，同書同處。

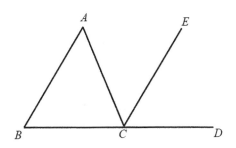

圖 2.1. 三角形內角總和

等；在直角三角形中，直角兩邊的平方總和等於斜邊平方（畢氏定理）；圓內同弧的圓周角相等 [20]，以及等等。每一步，歐幾里得不只是得出可能的結果，還驗證這些結論不可能有其他結果的絕對確切性。歐幾里得就是用這樣的態度，一層層用彼此相關且無可動搖的正確定理，建構出一套數學真理的體系，每一個定理都依賴之前的定理。一如克拉維烏斯在「序文」中指出，數學是知識王國中最堅固的體系。

若要領略歐幾里得的方式，可以用《幾何原本》第一卷第三十二道命題為例 [21]：任一三角形的角度總和等於兩個直角——或者一百八十度。在這裡，歐幾里得已先證明，當一條直線與兩條平行直線相交時，形成的內錯角相等（第一卷，第二十九道命題）。他善用了這個定律：

第三十二道命題：任一三角形，若任一邊長延長，則此延長線之外角等於兩個內對角和，而三內角則等於兩個直角和。

證明：

若 ABC 為一三角形，一邊線延長為 D，則 ACD 外角等於 CAB 與

---

20 作者註：這些定理請參見歐幾里得的《幾何原本》中第一卷第5道題、第47道命題，以及第三卷第21道命題。

21 作者註：請參見唐娜・丹斯摩爾（Dana Densmore）編輯之《歐幾里得的幾何原本，湯瑪斯・希斯翻譯版》（*Euclid's Elements, the Thomas L. Heath Translation*，聖塔非綠獅出版社出版，2002年）24~25頁的引證。

ABC 兩內角和，且 ABC、BCA 與 CAB 的三內角總和等於兩直角和。

CE 為 C 點延長，與 AB 平行（從 C 點畫一條與 AB 平行的直線 CE）。那麼因為 AB 與 CE 平行，且兩線與 AC 相交，則 BAC 與 ACE 兩錯角相等。

同理，因為 AB 與 CE 平行，直線 BD 與兩平行線相交，則 ECD 外角等於內對角 ABC。

且經證明，角 ACE 也等於 BAC，而整個角 ACD（由 ACE 與 ECD 構成）則等於 BAC 與 ABC 兩個內對角和。

若再加上角 ACB，則 ACB 與 ACD 兩角和等於三角形三內角 ABC、BCA 與 CAB 的總和。

但是因為角 ACB 與 ACD 等於兩個直角，因此三角形的三個角 ABC、BCA 與 CAB 也等於兩直角。

證明完畢。

歐幾里得此處的證明，基本上很簡單：他將三角形 BC 的邊線延長到 D 點，然後把從對角 C 拉出一條 AB 的平行線。利用他已經證明的平行線屬性，他將三角形的 A、B 兩個角，變成 C 角旁邊的 BD 線，這樣證明三個角度合起來，就形成了一條直線——換言之，一百八十度。然而即使在這樣簡單的證明中，所有讓歐幾里得如此受人讚揚的要素卻全都清楚呈現。每一題的證明都來自於前面的證明，而在這個例子中，應用的是來自於平行線的獨特性，然後整個驗證過程再從這一點，有系統地推進，一步一步地清楚展現每一小步在邏輯上的正確與必要性，最後得出絕對真理與普世接受的結論。不僅 ABC 這個特定的三角形內角和一百八十度，所有過去、現在、未來的每一個三角形，永遠都會呈現出這個完全相同的特質。最後第三十二道命題的證明，與其他每一次歐幾里得的證明一樣，都是歐幾里得幾何學整體的一個小宇宙。一如每一個證明都由許多合乎邏輯的小步驟構成，這些證明本身也是歐幾里得幾何學這個完整體系的小步驟。同樣的，猶如每一次單獨的證明，幾何總而言之就是普世且永遠的真

理，不論何時何地，都指揮著全世界，而且管理著世界的架構。

克拉維烏斯很清楚歐幾里得的方法成功做到的結果，正是耶穌會辛苦努力希望能達成的目標，也就是將一個真理的、永恆的、不變的秩序，強行加諸一個看起來混亂的現實之上。周遭這個似乎由無限多的形體、顏色、成分所組成的繽紛世界，在我們眼中或許混亂又難以管束，但是幸好有歐幾里得，讓我們有了更深的認識，那就是所有的這些變化與表面的混亂，事實上都由幾何的永恆與普世的真理嚴格指揮。身為耶穌會會員以及教廷大使，也是克拉維烏斯友人與共同編著者的安東尼奧·波塞維諾（Antonio Possevino），在他 1591 年的《叢書選輯》（*Bibliotheca Selecta*）中闡述自己的論點，他認為：

若有人把上帝想成是所有人當中最聰明的人以及幾何建築師……那麼他就會了解上帝存在於這個世界上的所有基本物質以及所有完整物體中，但是因為祂不想留下任何不協調與無規律之物，因此用比例、度量與數字妝點……於是這個世界的巨匠仿效了最美麗的永恆範本。[22]

上帝已強行將幾何學置於難以駕馭的事物之上，自此幾何學的永恆定律永遠盛行於各處。

數學，特別是幾何學，對克拉維烏斯而言，不但是耶穌會最高理想的表現，也為想要打造全新天主教教團卻陷入困境的耶穌會，提供了一張清楚的路線圖。在某些情況下，數學可以直接用來強化教會的力量，就像曆法改革的例子。另外一些情況下，數學可以當成真正知識的一種理想範本，供其他學科急起效法。不論哪一種，在克拉維烏斯眼中，有一件事是非常清楚的，那就是數學再也不能是耶穌會學習帝國中錦上添花的柔弱學科，而必須成為學程中的核心學科，以及耶穌會關鍵的結構要素。

---

22 作者註：此句源於安東尼奧·波塞維諾的《叢書選輯》，引自克朗比的〈數學與柏拉圖哲學〉71~72頁。

克拉維烏斯與神學家的對立

　　將數學制訂為耶穌會課程的核心學科之路很難走。首先，克拉維烏斯必須應付他的部分同僚，這些人全然不相信數學值得擁有他所寄望的崇高地位。他們指出依納爵從未在數學上著力太多，而他指定的掌權人士也沒有特別偏好數學，而且阿奎納斯這位依納爵選出來的神學權威，只是有限地使用簡單數學。再說耶穌會的哲學標竿人物亞里斯多德，賦予數學的角色重要性，也遠遠不及他的老師與哲學對手柏拉圖。除此之外，數學在亞里斯多德的物理學與生物學中完全沒有作用。

　　克拉維烏斯在羅馬學院中最直言無諱的對手，似乎一直都是神學家本篤‧培雷拉，也就是宣稱一個人必須「堅持一般人都接受的舊有見解」的那位。就在克拉維烏斯開始進行曆法改革計畫的 1576 年，培雷拉曾這樣聲明，「我認為，數學學科並不是妥當的科學。」[23] 根據培雷拉的說法，數學的問題在於其論證薄弱，因此無法產生真正的知識，而他所謂的知識，指的是當時哲學語言中的學識（scientia）。因為根據亞里斯多德的說法，妥當的驗證要出於真實的緣由——也就是那些根植於討論主題必要本質中的東西。舉例來說，經典的三段論法：

　　所有人都會死
　　蘇格拉底是人
　　所以蘇格拉底會死

　　是從死亡為人類本質的事實出發。然而，培雷拉認為，數學領域中卻

---

23 作者註：培雷拉接著繼續說，「擁有科學，亦即藉由一件事物本身的成因，取得有關該件事物的知識；科學（學識）是論證的結果：但是論證……必定建立在那些『本質』的事物上，並與論證內容相符，然而數學家不考慮量的本質、無視這些本質所引發的影響、不承認這些量的本質成因，論證也並非出自真正的『本質』，相反的，他們的論證源於平常即偶然的命題闡述。」請參見本篤‧培雷拉的《所有的一般自然原則》（*De communibus omnium rerum naturalium principiis*，羅馬Franciscus Zanettus出版，1576年）24頁I.12，此句引自克朗比的〈數學與柏拉圖哲學〉67頁。

不存在著這樣的要素,因為數學驗證並不考慮事物的本質。相反的,數學
驗證指向數字、線條、圖形以及其他種種的複雜關係——這些關係本身無
庸置疑地很有趣,但是缺乏來自於真實緣由的論證邏輯力。舉例來說,平
行線的應用也許向我們透露了一個三角形的內角總和相等於兩個直角,但
是平行線並不是這個論證之所以真實的**緣由**。培雷拉覺得不論從那個角度
來看,數學甚至沒有一個真實的主題物,它只是在不同的屬性之間畫出關
連性。如果要追求強而有力的論證,應該把焦點轉到亞里斯多德物理學的
三段論法論證,但數學幾乎完全欠缺這個部分[24]。

　　並非如此,克拉維烏斯在〈序文〉中如此反駁。數學這門科目本身就
是主題[25],因為所有的數學都「浸」在物中。他認為,這個特質讓數學在知
識的秩序中,佔據了一個很獨特的位置,數學既浸於物中又抽離於物外,
數學的位置,是在只討論實物的物理學與只討論非物的形而上學中間。根
據克拉維烏斯的說法,數學不應該追求與形而上的神學平等的位置,神學
討論的是靈魂與救贖這類的事情,地位顯然應該比培雷拉所偏好的亞里斯
多德物理學更崇高。克拉維烏斯究竟有沒有贏得這場爭論,見仁見智。當
時的人認為他至少堅守住了自己的崗位,而他真正需要的,其實也就是這

---

24 作者註:有關培雷拉以及「數學確定性的問題」,請參見《歷史與科學哲學研究》
　　學刊(Studies in History and Philosophy of Science)1992年第23輯第2期241~65頁,帕
　　羅・曼科素(Paolo Mancosu)的〈亞里斯多德邏輯與歐幾里得數學:十七世紀的數
　　學確定性問題〉(Aristotelian Logic and Euclidean Mathematics: Seventeenth- Century
　　Developments in the Quaestio de Certitudine Mathematicarum)、帕羅・曼科素的《十七
　　世紀的數學哲學與數學應用》(*Philosophy of Mathematics and Mathematical Practice in
　　the Seventeenth Century*,牛津出版社出版,1996年)、嘎托的〈克里斯多佛・克拉維
　　烏斯的『為了學習數學科學』〉,特別是239~42頁著墨最多,以及拉提斯的《哥白尼
　　與伽利略之間》34~36頁。
25 作者註:完整的說法為「正是因為數學這門學科,討論的是與所有感官事物不同之事
　　物——儘管兩者全都屬於物質面——而且顯然在形而上之學與自然科學中間佔有一席
　　媒介地位。由於形而上學與所有的物質都不同,不論是事物或推理都不例外;物理
　　這門學科事實上則是與感官物質相連,不論是事物或推理均如此——即使在事物本
　　身可以找得到它(物質)——所以數學明顯立於其他這兩者之間。」請參見克拉維
　　烏斯〈數學入門序文〉第5頁。譯文出自彼得・迪爾(Peter Dear)的《學科與經驗》
　　(*Discipline and Experience*,芝加哥大學出版社出版,1995年)37頁。

樣的不退讓。相較於他的邏輯與修辭能力，他因為擔任耶穌會在曆法委
員會代表而日益揚升的名望，其實對他的爭辯論點助益更大，而且無論如
何，他對實際教育學改革的興趣，也要比抽象的哲學辯論大得多。因此他
選擇從教育學改革的論點打這場論戰，最後也在這一點上贏得勝利。

　　克拉維烏斯在一篇名為〈數學學科在耶穌會學校之提升方式〉（Modus
quo disciplinas mathematicas in scholis Societatis possent promoveri）的文件
中，詳列了提升數學在耶穌會中地位的計畫，他在 1582 年開始發行這篇
文章，當時曆法委員會才剛完成他們的任務。為了讓這個數學提升計畫成
功，克拉維烏斯主張首先必須提高數學在學生眼中的聲望。這樣做需要同
事的一些配合，於是他毫不猶豫地指出那些他懷疑在破壞自己努力的人。
克拉維烏斯抱怨，根據可靠消息指出，某些教師公開嘲弄數學，想必就是
培雷拉與其盟友。同事若肯配合，關於數學地位的提升，他寫道「這樣會
有很大的幫助，」[26]

　　如果哲學老師可以不要問那些不但無助於了解自然事物，還會嚴重貶
抑數學學科在學生眼中威信的問題，諸如在他們的課程中教導學生數學不
是科學（以及）沒有論證……

　　「經驗豐富的老師們，」他尖酸地補充說，「這些問題對學生是極大的
阻礙，毫無助益。」

　　除了細數這些懷抱敵意同事的有害影響外，克拉維烏斯也對提升數
學在耶穌會學校中的地位，提出了正面建議 [27]。第一，他認為，主要老
師（master teachers）必須「具備不凡的學識與威信」，若沒有這樣的條

26　作者註：此句出於克拉維烏斯的〈數學學科在耶穌會學校之提升方式〉（Modus quo
　　disciplinas mathematicas in scholis Societatis possent promoveri），引自克朗比〈數學與
　　柏拉圖哲學〉66頁。
27　作者註：有關這件事的討論與引用之語，請參見克拉維烏斯的〈數學學科在耶穌會學
　　校之提升方式〉65頁。

件，學生「似乎無法對數學學科產生注意力與興趣。」為了能推出這類能力堅強的核心教授，克拉維烏斯建議設立一所專門學校，將耶穌會學院中最有潛力的數學學生送去進行更高深的研習。當這些學校的畢業生之後接受了固定的教職時，就再也「不應該接手許多其他的工作，」而是讓他們專注於數學教學。為了導正反數學的偏見，讓學校同僚對這些受到高度訓練的數學家抱持最尊敬的態度，且邀請他們和神學、哲學教授一起參與公共爭論，至關重要。克拉維烏斯解釋，數學的聲望，就是需要用這樣的方法提升。「截至目前為止，所有學生似乎都因為一個簡單的原因而鄙視這些科學，那就是他們認為數學相關學科沒有價值，甚至沒有用處，就是因為教導他們的人從未受召和其他教授一起參與公共活動。」

當時與現在一樣，學生會很快就會知道哪些學科與老師有價值，哪些沒有，而被低估了價值的學科老師，想要讓學生認真學習這門學科，幾乎是一項不可能的任務。只不過今天更可能是哲學或人文學科的老師，抱怨自己教授的領域不受名望卓著的數學這門學科老師的尊重。儘管大體來說各科受到的重視度與之前完全相反，彼此之間的互動情況沒有太大改變。

關鍵的歐幾里得

讓學院提供合格教師是一回事，然而提供他們教學內容卻是另外一回事。在這件事上，克拉維烏斯再度以一份提案介入。1581 年，他已經完成了一份他稱之為「數學學科之課程學習順序」（Ordo servandus in addiscendis disciplinis mathematicis）的詳細數學課程內容[28]。他的完整課程包括為期三年的二十二堂課，不過這個計畫最後證明過於好高騖遠，無法普遍執行。在耶穌會學院中，神學與哲學仍名列於前，但這並未阻擋克拉維烏斯盡力將自己的課程表引進學校內。

首先，克拉維烏斯課程內容中最重要、也是最關鍵的部分，無疑是歐幾里得的幾何學。每一位新生都要從探討平面幾何學的歐幾里得

---

28 作者註：克拉維烏斯的「學習順序」，請參見嘎托的〈克里斯多佛‧克拉維烏斯「為了學習數學科學」〉，特別是243~46頁著墨最多。

第一卷四本書開始學習起。接著是算數的基礎，然後開始學習天文學、地理學、透視法，以及音樂理論與許多其他科目，每一門科目都根據該科一般大眾接受的權威大師學說內容授課：算術是喬丹納斯・德・內摩（Jordanus de Nemore）、天文學是薩克羅柏斯科（Sacrobosco），地理是托勒密（Ptolemy）等等。在學習這些科目的同時，學生仍會不斷回頭研習最偉大的數學大師歐幾里得作品，直到徹底掌握了全部十三卷的《幾何原本》為止。這是一套符合邏輯順序的學習，在克拉維烏斯的眼中，也代表了更深層的思維信念。對耶穌會來說，嚴謹又具階級性的幾何學就是理想的科學。在數學之後學習的科學——天文學、地理學、透視法、音樂——不但全都衍自幾何學的真理，而且可以證明這些真理支配著這個世界。因此，克拉維烏斯的這套數學課程內容，不僅傳授學生特定的能力，更重要的是表現出了絕對永恆的真理是如何塑造以及支配這個世界。

克拉維烏斯把他生命中的最後三十年，大量用在貫徹這套教學課程的努力上。他一開始希望把這套課程與耶穌會已採用數十年的學院教育主要文件《教學大全》（Ratio studiorum）結合[29]。1586 年，羅馬學院忠實反應克拉維烏斯的建議，提出一份草案，文中的數學章節很可能就是由他親自執筆。舉例來說，這份草案提議，應該由一位「可以是克拉維烏斯神父」的數學教授，教授一門為期三年的數學高級課程，指導耶穌會這個領域的未來老師。1591 年又有一份草案，除了重複了大部分的內容外，甚至還像克拉維烏斯那樣警告破壞數學威信與重要性的老師。1599 年出版並獲正式核可的最後一版《教學大全》，較其好幾版炫麗的前身枯燥、簡短，卻同樣接受了克拉維烏斯提案的大致方向。每一位學生都要學習歐幾里得《幾何原本》的基礎，然後才能各自分別學習更高深的科目。除此之外，「那些適合或偏好學習數學的學生，應該於課後個別訓練。」最後克拉維烏斯雖然沒有得到屬於自己的數學學校，但大部分的希望都實現了。

克拉維烏斯對數學的執拗支持，從未局限於課程內容，他也投身令人

---

29 作者註：：有關《教學大全》中的數學相關內容，請參見康森提諾的〈耶穌會《教學大全》中的數學〉65~66頁。

畏怯的新教科書編寫計畫中，打算取代耶穌會使用的中古世紀版教本。當時大家雖然認為這些教科書的權威性十足，但畢竟是數百年前的著作，書中資料呈現的方式，也能無法引發十六世紀學生太高的興趣。1570 年，克拉維烏斯出版了他對薩克羅柏斯科《天球論》(*Tractatus de Sphaera*) 這本標準中古世紀天文學教科書的第一版評論。1574 年，克拉維烏斯的第一版歐幾里得評論問世，後來又陸續出了許多版本。之後出版的書包括 1581 年日晷儀的理論與實踐——日時計的縱部，以及星盤——用於測量星辰在海平面以上的高度，1604 年的實用幾何學，還有 1608 年的代數。這些教科書通常都沿用歐幾里得《幾何原本》以及薩克羅柏斯科《天球論》這類傳統教科書的評論樣式，事實上內容也的確保留了原著的核心學說（譬如薩克羅柏斯科認定太陽是繞著地球轉動）。然而克拉維烏斯的版本其實是新書，加入了最新、最現代的論題、強調應用面，而且用一種更清楚且更吸引人的方式呈現。克拉維烏斯編著的這些教科書在十六、十七世紀間出現許多版本[30]，一直到十八世紀，都還是耶穌會學校裡的標準教科書。

　　不過最接近克拉維烏斯內心的計畫，是在羅馬學院中設立一所數學研究所[31]。一開始，在 1570 與 1580 年代，本來是由挑選出來的少數學生所組成的非正式團體，聚集在克拉維烏斯身邊學習進階學科。到了 1590 年初，克拉維烏斯試圖說服了當時擔任學院院長，同時也是他朋友的神學家羅柏·貝拉明，正式將這個團體組織化。自此之後，研究所成員可以在學習期間免除一至兩年其他工作，專心研究數學。1593 年，阿瓜維瓦總會長以職權介入安排，公告耶穌會學會網脈中最優秀的數學學生，將送去羅

---

30 作者註：克拉維烏斯的教科書與出版，請參見嘎托的〈克里斯多佛·克拉維烏斯的「為了學習數學科學」〉，特別是243~44頁著墨最多，以及費恩高德（M. Feingold）編輯之《耶穌會科學與文壇共和國》附錄C 74~75頁烏果·巴迪尼的〈1553～1612年羅馬學院的數學研究院〉（The Academy of Mathematics of the Collegio Romano from 1553 to 1612）。

31 作者註：有關克拉維烏斯在羅馬學院的研究院，請參見巴迪尼的〈數學研究院〉。有關阿瓜維瓦的公告，請參見嘎托的〈克里斯多佛·克拉維烏斯的「為了學習數學科學」〉248頁。

馬向克拉維烏斯神父學習。結果克拉維烏斯很快成了團體的領袖，領導那些身兼能力卓越教師與出色數學家的年輕學者們。這個團體成員包括具政治家氣質，後來成為克拉維烏斯羅馬學院繼任者的克里斯多夫・格恩柏格神父、與伽利略因彗星的本質而糾纏不休著稱的火爆神父歐拉濟歐・格拉奇（Orazio Grassi，1583~1654）、格雷格里・聖文生神父（1584~1667）、保羅・古爾丁神父（1577~1643）等，全都是當代歐洲的主流數學家。1581 年，克拉維烏斯曾抱怨耶穌會漠視數學，只不過當大家討論這個議題時，他卻保持沉默。不過短短數十年後，耶穌會能建立出歐洲數學研究的標準規範，都要歸功於他執拗與不屈不撓的領導。

自始至終，即使在自己最先進的研究中，耶穌會也從未悖離他們對歐幾里得幾何學的承諾[32]。這是他們數學實踐的教育核心與根本。歐幾里得幾何學並非時髦的選擇，而是深深堅持的思維信念，那就是學習與教授數學的重點，完全在於數學展現了耶穌會普世真理如何理性、階級性地與絕對必要地加諸這個世界之上。就理想來說，耶穌會相信宗教真理會如幾何原則般強行加諸在世界之上，沒有任何新教或其他異端邪說可以閃避或否定的空間，而這些真理也將帶來教會必然的勝利。所有的耶穌會會員都必須依照歐幾里得的原則與步驟學習數學，否則就不應該學這門學科。任何與這種實踐方式有所衝突的數學，不僅對耶穌會的目的毫無用處，還會對耶穌會真理永存的這份不變信仰形成挑戰，這可是從天主教會依照階級傳遞下來的普世真理。

愚笨的畜生

1612 年 2 月 12 日，權勢與聲望如日中天的克里斯多佛・克拉維烏斯在羅馬去世。他早年的艱困處境已不再，就如同耶穌會文件對他的慣稱「我們的克拉維烏斯」一樣，他也成了耶穌會最珍惜的寶藏之一。毫無疑

---

32 作者註：有關耶穌會將其數學承諾既當成了解物質現實的關鍵，也視為一種熱情學習的模範科學，請參見瑞夫卡・菲爾德黑的《伽利略與教會：政治裁判抑或重要對話？》（*Political Inquisition or Critical Dialogue?* 劍橋大學出版社出版，1995 年）222頁。

問地，他是那所優秀數學學校的創立者與領袖，那所學校不但為耶穌會帶來了榮耀，也在他們試圖建立天主教會知識權威的名聲時，增加了會裡的政治凝聚力。即使耶穌會最大的對手道明會，也沒有可與之匹敵的成就可以吹噓[33]。早在 1610 年，克拉維烏斯就被召喚去確認伽利略令人震驚的望遠鏡觀察結果是否屬實，其中包括伽利略提出月亮上有山、木星由四顆月亮繞著轉的論點。克拉維烏斯的仲裁具決定性的效果，因為他支持伽利略，所以保證了幾乎全世界都把這些發現當成事實接受。

　　耶穌會敬重日益年邁的克拉維烏斯程度，可從耶穌會天文學家吉亞姆巴提斯塔・雷塞奧立（Giambattista Riccioli）的話中窺見一斑。雷塞奧立在 1651 年說「有些人寧可遭到克拉維烏斯的譴責，也不願得到他人的讚揚。」[34]克拉維烏斯眾多的非耶穌會仰慕者中，包括了丹麥天文學家第谷・布拉赫（Tycho Brahe）、義大利數學家菲德雷哥・科曼迪諾（Federico Commandino）和吉烏度巴爾多・德爾・蒙帝（Guidobaldo del Monte），以及顯赫如科隆大主教這類的人物。科隆大主教於 1597 年所寫的一封信中，稱克拉維烏斯為「數學之父」，說他受到「西班牙人民、法國人民、義大利人民，以及大多數的德國人民所尊崇。」[35]但是惡意中傷克拉維烏斯的人也始終沒少過。一如大家所料，這些人當中有新教徒，如以克卜勒之師著稱的德國天文學家與數學家麥可・梅斯特林（Michael Maestlin），就曾毫不留情地批評過曆法改革。鄙視所有耶穌會會員的法國人文主義者

---

33 作者註：有關耶穌會與道明會在學識與神學領域稱霸的齟齬，請參見菲爾德黑的《伽利略與教會》。

34 作者註：雷塞奧立的這個說法，引自《科學歷史期刊》（*Revue d'histoire des sciences*）第41輯3~4集（1998年出版）335頁，艾伯哈特・納布拉克（Eberhard Knobloch）之〈克里斯多佛・克拉維烏斯（1538~1612）的生平與作品〉（Sur la vie et l'oeuvre de Christophore Clavius〔1538–1612〕）。

35 作者註：有關第谷・布拉赫與科隆大主教對於克拉維烏斯的看法，請參見前註同書335~36頁。有關科曼迪諾和吉烏度巴爾多對於克拉維烏斯的看法，請參見《科學歷史》（History of Science）第25期（1989年出版）63~64頁瑪里歐・比阿吉歐里（Mario Biagioli）的〈1450~1600年間義大利數學家的社會地位〉（The Social Status of Italian Mathematicians, 1450-1600）。

約瑟夫‧傑斯特斯‧斯卡利傑（Joseph Justus Scaliger），也批評過克拉維烏斯，稱他是「一頭大肚子、笨腦袋但耐性十足的德國畜生」[36]。

還有一些誹謗者是天主教徒。樞機主教賈克斯‧大維‧杜佩榮（Jacques Davy Duperron）認為斯卡利傑的畜生比喻很恰當，他稱克拉維烏斯是「德國的肥馬」。法國數學家法蘭斯柯‧維塔（François Viète）也針對新曆法的優缺點問題，與克拉維烏斯陷入了激烈的爭辯，公開譴責克拉維烏斯為「假數學家與假神學家」。

這些尖刻的譴責，今天或許會被認為超出了學術論述的範疇，但在十六、七世紀並非什麼罕見的事情，再說以腰圍著稱的克拉維烏斯，笨腦袋的「畜生」或「馬」這類的指稱，也並非無的放矢的侮辱。這些渾稱，代表的是對於克拉維烏斯更深入的批判，這是任何人都無法漠視的。賈克斯－奧古斯特‧德‧梭（Jacques-Auguste de Thou）在他《一六二二年的歷史》（History of 1622）中引用維塔看待耶穌會的觀點時，就清楚表達了這一點。他寫道，克拉維烏斯是一位解說大師，對解釋其他人的研究成果有極高的解說天分，但在他自己主導的學科上，卻沒有原創性貢獻。在這樣的看法中，克拉維烏斯的價值也不過是一頭負載重物的動物，可以為了自己的目的付出無盡的精力，卻沒有能力提出任何具獨創性的深刻見解。

大家必須承認，這個批評並非全然不公允。克拉維烏斯無疑是偉大的數學推動者，提升了數學在耶穌會內、外的地位。他是一位效率很高的組織者，加足馬力跨越了政治與組織障礙，在羅馬學院內建立起他的數學研究院。他也是教學大師，受到好幾代的學生愛戴、尊敬，而且這些學生中，有相當多人都憑藉實力成為一流的數學家。他也是當代主要的教育家之一，仔細規畫的數學課程，徹底為歐洲後來的數學教學方式塑了形，而且他最具影響力的部分，或許就是撰寫教科書，他的幾何、代數以及天文學教本不斷再版。

克拉維烏斯是有創意的數學家嗎？至少在他的教科書中找不出什麼

---

36 作者註：克拉維烏斯的特徵引自納布拉克的〈克里斯多佛‧克拉維烏斯的生平與作品〉333~35頁。

CHRISTOPHORVS · CLAVIVS

「德國的肥馬」，1606 年左右的克里斯多佛・克拉維烏斯。
由德・波朗諾伊斯（E. de Boulonois）根據法蘭斯柯・維拉梅納（Francisco Villamena）的畫作雕刻而成。
出自伊薩克・布洛圖（I. Bullart）著作《科學學術院》
（1682 年由丹尼爾・艾吉維爾〔Daniel Elzevier〕於阿姆斯特丹出版）
照片提供：杭汀頓圖書館

證據。雖然有人指出他的《歐幾里得》納入了一些混合理論的新結果，但基本上也不過就是古代教本的翻新[37]。至於薩克羅柏斯科的《天球論》，克拉維烏斯在他的版本中，的確應用了一些在中古世紀原版教科書之後出現的觀察結果與理論，但有鑑於地球為世界中心的傳統宇宙觀，當時正承受著尼可拉斯‧哥白尼、第谷‧布拉赫以及約翰‧克卜勒的挑戰之際，克拉維烏斯的教科書其實是古老正統理論的絕對護衛者[38]。另外，他明知維塔的創新成果[39]，也就是後來成為現代代數基礎的研究，卻沒有在自己的代數教本中提及一言半語，相反地，他概述的是較早期義大利與德國代數學家的概念，與維塔的成就相比，相形見絀。這些都說明德‧梭將克拉維烏斯描述成一位沒有創意的數學家，從未遠離先人留下的常軌，是有證據支持的說法。毫無疑問地，諸如此類的描述，目的就是要侮辱這位年邁的耶穌會會員，以現代幾乎只以原創性與創造力評斷數學家的標準來看，這樣的說法更顯嚴厲。

然而用這樣的標準評斷克拉維烏斯並不公平。克拉維烏斯從未想過要為數學做出原創性的貢獻，而且如果其他人也沒有這方面的貢獻，他只會更開心。「歐幾里得和其他數學家的定理，」他在〈序文〉中這樣解釋，「在今天一如往昔，依然保持……它們真正的純淨、十足的確實性，以及強而有力又堅固不變的論證。」[40]在克拉維烏斯眼中，數學之所以值得學習，並不是因為它如現代數學那般提供了一個自由探討或新發現的領域，而是因為數學正是永遠不會變的科目：今天正確的數學結果，在遠古以前或久遠之後，仍一樣正確。數學比任何其他領域提供了更多安定、秩序與不變的永恆真理。新發現不僅與這個目的無關，還具有潛在的破壞性，因

---

37 作者註：一些混合理論的新結果：有關克拉維烏斯在這個領域的創新，請參見前註同書343~51頁。

38 作者註：有關克拉維烏斯身為正統理論護衛者的相關資料，請參見拉提斯的《哥白尼與伽利略之間》，以及納布拉克之〈克里斯多佛‧克拉維烏斯的生平與作品〉。

39 作者註：有關克拉維烏斯的代數雙字未提關維塔的分析一事，請參見巴迪尼的〈數學研究院〉63頁。

40 作者註：請參見拉提斯翻譯並收錄於其《哥白尼與伽利略之間》35頁的克拉維烏斯〈數學入門序文〉。

此無論如何都不應該鼓勵。從這個角度來看，克拉維烏斯或許的確是他那個時代的偉大數學家之一，但他這樣的數學家卻與我們今天所知道的數學家相去甚遠。

在緊貼並堅持古老且確立的數學真理這方面，克拉維烏斯對於自己所屬教團的知識傳統以及教團領袖的命令，始終忠心耿耿。阿瓜維瓦總會長曾警告所有人甚至不應質疑耶穌會跟革新有任何關連[41]，而當這種根深柢固的保守主義應用在知識領域上時，特別是在數學領域，就備受質疑了。克拉維烏斯提升數學在耶穌會學校地位的整件事情，都奠基於一個事實之上，那就是相較於許多其他科學領域，數學是不變、有秩序以及永恆的真理。其他領域的研究或許歸因於其他理由，譬如學習神學，是因為神學是上帝旨意的研究；學習哲學，是因為哲學是對世界的研究，也是了解神學的基本知識。但為什麼要學習數學？唯一的理由就是數學不但提供了一個完美的理性秩序與確實事物的模型，也提供了宇宙真理如何統治世界的範例。如果數學成為一門高深的創新學科，大家可以提出新的真理，並讓這些新真理接受挑戰與辯論，那麼數學會變得比毫無用處的學科更棘手，變得危險，因為本來應該支撐真理的數學，會危及真理的根基。

克拉維烏斯的印記在耶穌會的數學傳統中一直存在。數百年來，耶穌會的數學家堅持使用經得起考驗的方式，盡可能遵循歐幾里得的學說，避免危險的新領域。然而在克拉維烏斯建立起耶穌會強勢數學學校的那些年間，一種與他的原則極其不同的數學方法卻正在攻城掠地，後來甚至一一檢核他所珍視的原理。在耶穌會堅持簡潔清楚的基本原理之時，新數學家依賴的是本體內在結構的模糊直觀；在耶穌會讚頌絕對正確的同時，新數學家提出了一個充斥矛盾卻又似乎樂在其中的方式；當耶穌會不計代價避開歧見之際，新數學方式似乎從一開始就陷入頑強的爭論困境。新的數學方式是耶穌會認定數學永遠不應該存在的形式，但新數學方式卻蓬勃發展，取得了牢固的地位與新的擁護者。大家稱這種新數學方式為不可分量之法。

---

41 作者註：阿瓜維瓦的警告，引自〈耶穌會：博學之士〉18頁。

第三章

數學失序

科學家與樞機主教

　　1621 年 12 月，托斯卡尼大公費迪南多二世（Grand Duke Ferdinando II）的宮廷數學家與哲學家伽利略・伽利萊收到一封仰慕者的來信，這位仰慕者是二十三歲的米蘭修士柏納文圖拉・卡瓦列里（Bonaventura Cavalieri）。數月前，伽利略曾在佛羅倫斯見過卡瓦列里，他對這位年輕修士的數學敏銳度印象深刻，並邀請他繼續透過信件彼此交換意見。卡瓦列里從善如流。卡瓦列里在信裡不吝表達對這位佛羅倫斯賢者滿滿的讚揚與欽慕，也報告了自己最近的數學研究，還請伽利略賜教自己革命性的新方向。

　　伽利略當時正處於權勢與聲望的頂點，對於有抱負的年輕人向他尋求意見或照顧已經習以為常。當時他已在帕度亞大學（University of Padua）任職數學教授屆滿十二年，也建立了一座望向天空的望遠鏡，從望遠鏡中看到的景象，永遠改變了人類對於宇宙的看法。他藉由這座人工眼睛，看到了無數的星星，看到了月球本應是球盤的表面有山有谷，也看到了據說完美的太陽表面有黑色的斑點。最不可思議的，是他觀察到四顆繞著木星旋轉的小點，他推斷應該是繞著那顆星球的月亮，一如我們的月亮環著地球。伽利略很快將自己的發現收集編著成一本他命名為《星際信使》（Sidereus nuncius）的小冊子，並送去給當時的一流學者與天文學家。這本小冊子立刻引起極大的衝擊，而這位沒沒無名的教授，也似乎在一夜之間就以開啟天堂者的名號，成為歐洲無人不曉的人物。伽利略 1611 年拜訪羅馬時，說了些跟自己的發現有關的故事，教宗大悅，邀請

他出席一場親近者的私下聚會，耶穌會樞機主教貝拉明也在其中。始終質疑創新的克拉維烏斯神父，一開始就在羅馬學院中對這些發現表示異議，他挖苦著說要從望遠鏡中看到這些東西，必須先把這些東西放進望遠鏡裡。然而當耶穌會的天文學家確認這位佛羅倫斯人的發現確實為真，且給予伽利略祝福時，克拉維烏斯也從善如流。此時已走入生命最後階段的這位備受敬重的數學家，甚至參加了耶穌會在羅馬學院內為讚揚伽利略而舉行整整一天的豪華儀式。[1]

伽利略和當時以及現在許多教授一樣，並不喜歡自己在大學的教學工作。因此當他發現有個可能永遠擺脫這個包袱的機會時，他立即將《星際信使》獻給了佛羅倫斯家鄉的統治者，亦即托斯卡尼麥迪奇家族的大公科西摩二世（Cosimo II），且露骨地暗示他只想為王室效命。為了進一步討好統治者，他還把新發現繞著木星轉的四顆衛星，以大公和他的家族為名，稱為「麥迪奇之星」，藉以將麥迪奇的名字永留天堂。這步棋發揮效用，1611 年，伽利略已離開帕度亞，進入佛羅倫斯的麥迪奇宮廷，並被任命為大公的首席數學家與哲學家。伽利略很開心，因為儘管他仍被正式指派為比薩大學（University of Pisa）的首席數學家，但新的職務並沒有任何教學義務。此外，新工作的薪資是他低階教授時的好幾倍。

然而已經揚名的伽利略並沒有因為自己的桂冠而停滯不前。頭腦靈活、下筆犀利、性格誇張的他，很喜歡科學爭辯的喧鬧，在搬到佛羅倫斯後不久，就寫下《浮體論》（*Discourse on Floating Bodies*）[2]。事實上，這篇論文就是直接攻擊亞里斯多德物理學的原理。到了 1613 年，他出版了《關於太陽黑子的信札》（*Letters on Sunspots*）[3]，以故事的型態，闡述自己與名字神祕的阿派里茲（Apelles）針對太陽黑子現象的觀察與性質的辯論。伽利略在書中自認是第一個觀察到太陽黑子的人（雖然他可能由

---

1 作者註：伽利略天文領域的發現事件，以及他風光無限地參訪羅馬與羅馬學院相關資料，摘述於史迪門·德瑞克（Stillman Drake）編輯之《伽利略的發現與見解》（*Discoveries and Opinions of Galileo*，紐約 Anchor Books 出版，1957 年）中。

2 作者註：此理論之討論，請參見前註同書 29~81 頁。

3 作者註：相關信札之討論與絕大部分的翻譯，請參見前註同書 59~144 頁。

衷地這麼認定，但這個認知是錯誤的）。除此之外，他正確地認為黑子位於太陽表面或非常接近太陽表面，而且這些黑子顯示太陽繞著自己的中軸自轉。最後，他直接跳開眼前的爭論議題，逕自宣稱太陽黑子提供了重要的證據，證明哥白尼以太陽而非地球為宇宙中心的系統。伽利略很清楚，這些主張必會激怒傳統的亞里斯多德學者，後者堅信天體是完美的，而黑子一定是接近地球時的大氣影響所致。當有人揭露「阿派里茲」原來指的是耶穌會學者英戈爾斯達特的克里斯多夫‧辛納（Christoph Scheiner of Ingolstadt），而辛納本人對伽利略在書中的嘲弄也深感受到嚴重冒犯時，事情就變得更熱鬧了。這件事是伽利略和耶穌會摩擦的第一個跡象，距離羅馬學院公開尊崇他只有短短的兩年。但是這件事與雙方摩擦的落幕，中間還有極長的過程，因為兩方的關係愈來愈緊張。將近二十年後，當這位佛羅倫斯的科學家在宗教裁判所遭控、受審，且最終因異端邪說而被問罪時，帶頭舉發的就是耶穌會。

伽利略踏上的是危險之地。他不僅挑戰教會神學家極為重視的亞里斯多德權威，還反對聖經中數處暗示太陽是繞著地球轉的明白意圖。個性稍微謹慎的人或許會遠遠避開這樣一個可能的爆炸議題，但伽利略的個性完全與此背道而馳。相反地，他在等待對手攻擊時，決定出版自己的神學論文，把戰事轉移到家鄉。「致大公夫人克麗絲汀娜的信」（Letter to the Grand Duchess Christina）[4] 是伽利略寫給洛林的克麗絲汀娜的信，她是統治托斯卡尼的大公之母，曾向伽利略表達過她擔心他的學說體系與上帝的啟示之言不符。這封伽利略的回函，於 1615 年就在坊間傳閱，但多年後才正式公開，內容演變為後來大家稱的「兩本書」理論（the two books doctrine）。伽利略說自然之書與聖經之書永遠不可能出現衝突。雖然一本書的內容是世界上我們所看到身邊的一切，另一本書的內容則是神的啟示，但兩本書都出於同一個源頭，也就是上帝。因此，這兩本書若看起來有衝突，唯一可能的解釋就是我們並沒有完全了解其中一本。

伽利略承認，只要沒有來自某篇論文的科學「證據」，我們永遠都應

---

4 作者註：相關之討論與翻譯，請參見前註同書145~216頁。

聲名鼎盛時期的伽利略。歐塔維歐‧雷歐尼（Ottavio Leoni，1678~1630）繪。
照片來源：RMN－巴黎大皇宮博物館／紐約藝術資源中心

接受聖經的權威，以聖經中最精簡、最直接的意義去了解世界。然而我們若掌握了科學證據，那麼兩本書的角色就要對換，聖經必須根據自然之書重新詮釋。伽利略警告，否則我們等於被要求去相信明顯是謬誤的事情，為教會帶來荒謬與質疑。伽利略堅稱，這正是教會為什麼應該接受哥白尼學說的理由。他強調自己可以證明地球與其他星球確實是繞著太陽轉，教會若否認這個明顯的真理，只會破壞自己的信用。伽利略認為符合科學真理的詮釋必須取代傳統對聖經的了解，他另外附上了自己對聖經關鍵章節的解釋，顯示這些章節其實與哥白尼學說完全一致。

《致大公夫人克麗絲汀娜的信》文辭優美、說服力卓越，不僅對哥白尼學說進行強而有力的辯護，同樣也維護了信仰以及自由的科學研究這兩者的相容性。遺憾的是，十七世紀的宗教權威無意友善看待其他入侵領地的不速之客。教會承認伽利略是位才華橫溢的天文學家，但他無權在自己只是個完全業餘者的神學領域表示意見。至於提醒這位愛管閒事的傢伙何謂本分的重責大任，落到了克拉維烏斯的老友，也是備受敬重的耶穌會神學家以及樞機主教羅柏・貝拉明身上。

1615 年 4 月，貝拉明樞機主教針對伽利略熱忱的追隨者之一帕歐羅・佛斯卡里尼（Paolo Foscarini）的研究成果發表意見。名義上這份意見雖然是針對的是佛斯卡里尼，但明顯是要警告伽利略。貝拉明在信中承認，如果哥白尼學說確實有科學證據，那麼聖經的章節就應該重新檢討，因為「我們應該寧可說自己不了解這些章節，也不能說某些已經證明的事情是謬誤。」然而因為沒有證據「展現在我眼前，」他繼續說，我們就應該堅持「教宗們一致同意」以及聖經中清楚表明的意義，亦即太陽繞著地球轉。

貝拉明有一點絕對站得住腳。伽利略有能力而且也的確提出了許多強而有力的主張，支持哥白尼系統，然而儘管他有諸多大膽的聲明，卻無法確實證明哥白尼系統正確無誤。他根據潮汐所假定的「證據」，不但薄弱，而且一如當時有些人所指出，有重大瑕疵。在缺乏證據的情況下，貝拉明堅持大家信賴聖經，似乎再合理不過了。更有甚者，他並未禁止伽利

略把哥白尼系統視為符合觀察結果的假設來研究。事實上，貝拉明只堅持伽利略不要把哥白尼學說當成真理，也不要認定這個學說所描述的太陽與星球運轉模式是事實。

貝拉明寫這封信後不到一年，信中的見解就成了教會的正式立場，嚴格限制伽利略推動哥白尼學說的力量。不過 1616 年的教會，尚未打算放棄這位耶穌會過去的英雄，這不僅因為伽利略當時仍是歐洲最受讚揚的科學家，也因為他是一位虔誠的天主教徒。為了顯示伽利略在羅馬依然備受尊崇，他獲邀拜會教宗保祿五世和貝拉明，前者向他保證自己的善意，而後者則向他解釋禁令的條款，並以白紙黑字確認內容。十六年後，伽利略受到宗教裁判所的審判，據說就是違反了這些禁令。

後來的幾年，伽利略顯然把這件令自己難過的事情拋到了腦後。他依然出名，繼續受到科學家與外行人的敬重，在麥迪奇宮廷中的地位也穩如泰山。然而他與教會權威的小衝突卻讓某些圈子對他產生了猜忌，其中又以耶穌會為甚。不過這些猜忌卻也讓伽利略成了義大利社會中較自由團體的英雄，這些團體憎惡教會堅持自己是所有真理仲裁者的心態，更討厭耶穌會囂張跋扈的處事方式。這個「自由黨」的堡壘，就是羅馬的銳眼協會（the Accademia dei Lincei），而伽利略是會中最知名的會員。1603 年由貴族佛德瑞柯・卻西（Federico Cesi）創立的銳眼協會，是羅馬最著名的知識分子聚集處，參與者不分神職或俗世。1615 至 16 年伽利略飽受困擾的期間，協會會員始終團結地站在他身邊，他們的支持無疑也讓他最後以最輕的刑罰脫身。當伽利略在後來的幾年，再次開始發表自己對於天體相關的受禁看法時，銳眼會員也將再次證明他們的重要性。

矛盾與無限小

1621 年，有人請教當時仍謹慎行事的伽利略一個看起來安全的數學議題，這件事應該會讓他很開心。卡瓦列里認為，假設我們在一個平面中畫一條直線，再假設我們在這個平面內畫出所有與第一條直線平行的線。「那麼，」卡瓦列里這麼寫道，「我把這樣畫出來的線，稱為那個平面內的

『所有線條』。同樣的，在一個立體實體內，畫出所有可能與那個有著『所有線條』的某個平面平行的平面。」[5] 他問伽利略，那個平面是不是等同於「所有線條」組成的平面，而那個實體是不是也等同於「所有平面」組成的實體？又，若有兩個平面，可否將有著「所有線條」的這個平面與有著「所有線條」的另外那個平面相比較，或把有著「所有平面」的這個實體與有著「所有平面」的另外那個實體加以比較？

　　卡瓦列里的問題看起來簡單，卻直指無限小的矛盾核心。直覺判斷，平面似乎的確由平行線條構成，而實體似乎又由平行面構成。但若如卡瓦列里在信中所提，我們可以在任何平面上畫出無限條貫穿其中的平行線，或在任何實體中畫出無限個貫穿其中的平行面，這表示「所有線條」與「所有平面」的數值都是無限大。既然如此，若每一條線條都有固定寬度，那麼不論寬度多小，無限條線加在一起，就會變成一個無限大的平面——而不是我們原來一開始的那個平面。但是若線條沒有寬度（或寬度為零），則所有線條的累計，無論線條數多大，仍是零寬度以及零大小，於是我們的結果就是根本沒有平面。同樣的道理也適用於一個立體實體的「所有平面」：如果平面有厚度，不論厚度多小，無可避免地就會加總成一個無限大體積的實體；但是平面若沒有厚度，那麼這些平面的任意加總，結果一定是零。

　　這是連續統結構的老問題，從畢達哥拉斯與芝諾的年代開始，就一直讓哲學家與數學家頭痛不已。現在卡瓦列里又在這個大家熟悉的麻煩問題上，再加上一個問題：是否可以比較這個有著「所有線條」的平面與那個有著「所有線條」的平面？他在信中寫道，這樣的比較，會牽扯到兩個無限大的比較，而此舉是傳統數學規則中嚴格禁止的。這是因為根據「阿基米德公設」（axiom of Archimedes），只有在兩量中較小的量增加一定倍數後，大於原來較大的量，兩量間才存在比例關係。然而這樣的原則卻不

5 作者註： 1621年12月15日卡瓦列里致伽利略之信。這封信可在帕羅·圭戴拉（Paolo Guidera）編輯之柏納文圖拉·卡瓦列里的《伽利略·伽利萊的來信》（*Cavalieri, Lettere a Galileo Galilei*，義大利Caribou出版，2009年）9~10頁中找到。

適用於無限大，因為不論無限大增加多少倍，得到的結果都是不變的無限大。

　　遺憾的是，我們並沒有伽利略回覆這位年輕同行的內容，因為只有一方的信件留存了下來。卡瓦列里接下來幾個月的信，顯示出伽利略至少鼓勵他繼續研究。這很可能是卡瓦列里期待的結果，畢竟伽利略在連續統構造這個議題上的非正統看法，已是眾所周知。早在 1604 年，伽利略研究自由落體定律時，就曾針對代表物體移動距離的三角形表面積，是由無限數量的平行線所構成，而每一條線都代表該落體在某一特定瞬間速度的這個概念做過實驗[6]。之後在 1610 年，他依然念念不忘連續統的矛盾[7]，也宣布他計畫寫一本只跟此有關的書。這本書始終沒有寫成，或許是因為戲劇化的事件重塑了他那些年的生活，但三十年後，他在最後一本偉大作品《兩門新科學的對話與數學證明》（*the Discourses and Mathematical Demonstrations Relating to Two New Sciences*）中，相當詳盡地揭露了自己的看法。現在許多人都認為這本書涵蓋了伽利略最重要的科學貢獻。後來大家稱之為《對話錄》（*Discourse*）的這本書，是伽利略在 1633 年被宗教裁判所宣判有罪後，於多年軟禁期間，在位於佛羅倫斯郊外阿切特里（Arcetri）的自家宅邸中所完成的作品。1638 年於荷蘭出版的《對話錄》，內容出自他擔任比薩與帕度亞大學教授期間的數十年研究成果。

　　《對話錄》以薩維亞提（Salviati）、沙格雷多（Sagredo）與辛普里西歐（Simplicio）三個朋友之間的對話形式寫成，讀者對這三個人應該很熟悉。短短幾年以前，同樣的三人組也在《關於托勒密和哥白尼兩大世界體系的對話》（*The Dialogue on the Two Chief World Systems*，簡稱《對話》）[8] 中擔綱演出，這本伽利略談論哥白尼系統並大受歡迎的書，

6　作者註：伽利略早期無限小的相關研究，引證於費斯塔（Festa）的〈原子論的爭議〉（La querrelle de l'atomisme）1042頁，以及費斯塔的〈不可分量的某些爭議角度〉（Quelques aspects de la controverse sur les indivisibles）196頁。

7　作者註：請參見費斯塔的〈原子論的爭議〉1043頁。

8　作者註：標準英文版為史迪門‧德瑞克翻譯之伽利略的《關於托勒密和哥白尼兩大世界體系的對話》（加州大學出版社出版，1962年），佛羅倫斯初版發行於1632年。

也是後來讓他受到宗教裁判所審判問罪的原因。雖然在《對話》中展現光芒與智慧的這三個朋友，在《對話錄》中收斂低調了很多，卻仍保留了原先的角色，亦即薩維亞提是伽利略的代言者，辛普里西歐是伽利略的批評者，也是過時的亞里斯多德學派代表，而通常都贊同薩維亞提觀點的沙格雷多，則是睿智的仲裁者。三個朋友在最初四天的對話裡，討論的是凝聚力的問題：是什麼東西讓物體結合在一起？阻止物體因外力解體的東西又是什麼？薩維亞提以討論繩索為濫觴，證明繩索的力量源於它們是由數量龐大的線纏繞在一起的事實。他接著延伸自己的討論內容到木頭，認為木頭的內在力量也是由緊密集結在一起的纖維構成。但是，他又問，諸如大理石或金屬等其他物體呢？是什麼力量讓它們能用如此不可思議的力量結合在一起？

根據薩維亞提的說法，答案是「對虛無的恐懼」（horror vacui）——也就是自然界厭惡虛無。他主張，我們從經驗得知對**虛無的恐懼**是一種極為強大的力量。我們幾乎無法分開由大理石或金屬製成的兩個完全平滑表面，那是因為將兩者扯開會造成暫時的虛無狀態。他繼續說道，這股強大的力量，不僅活躍於兩個物體之間，也活躍於個體內，讓物體緊密凝聚在一起。就像一根繩索是由個別的線構成、木頭是由個別的纖維構成，一塊大理石或一片金屬板也是由無數並排的原子所構成。然而這些物體間存在著差異：一根繩索由數量龐大但有限的線構成，一塊木頭是由數量更龐大但也是有限數量的纖維組成，但一塊大理石或一片金屬板卻是由數量**無限**的無限小原子，也就是「不可分量」所構成。將這些構成分子分開就會有無限數量的無限小虛無空間。這些無限空間中的虛無，正是讓物體結合在一起的膠著劑，也是物體內部力量的來源。

這是薩維亞提（伽利略）的物體原理，他本人也承認，這個原理很難懂。「我們懵懂無知地滑進了什麼樣的海洋啊！」薩維亞提曾一度如此感嘆。「有了虛無、無限大與不可分量……就算經過上千次討論，我們真的有機會抵達乾爽的陸地嗎？」的確，一個有限量的物體，可能由無限大數量的原子與無限大數量的虛無空間構成嗎？為了證明這樣的可能性，薩

維亞提求助於數學。

　　薩維亞提藉由人稱亞里斯多德輪（Aristotle's wheel）的中古世紀矛盾問題研究連續統的問題。儘管名為亞里斯多德輪，卻與那位古哲學家無關，這個矛盾所揭露的議題，更是與亞里斯多德風馬牛不相及。薩維亞提對朋友說，假設一個六邊形 ABCEDF 內含一個小六邊形 HIJKLM，兩者同心 G。再假設我們將大六邊形的 AB 邊延長為線 AS，將小六邊形與邊 AB 平行的邊延長為線 HT。接下來，我們讓大六邊形繞著 B 點滾動，讓線 BC 落在線 AS 上的 BQ 線段。大六邊形滾動時，小六邊形也會跟著滾動，直到邊 IK 落在線 HT 上的 OP 線段。薩維亞提指出，大小兩個六邊形因滾動形成的兩條線會出現差異：大六邊形製造出了一個連續的線條，因為線段 BQ 剛好與線段 AB 連接，然而小六邊形卻出現間隙，因為線段 HI 與線段 HP 中間存在著空間 IO，也就是說滾動的小六邊形在 IO 這一段並沒有接觸到線。如果我們讓大六邊形在 AS 線滾完一圈，就會製造出一

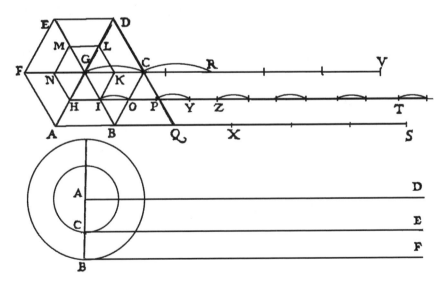

圖 3.1 亞里斯多德輪矛盾。
出自伽利略《對話錄》第一天（《伽利略全集》〔*Le Opere di Galileo Galilei*〕第八卷，
國家修訂版，佛羅倫斯巴貝拉出版〔G. Barbera〕，1898 年，p.68）。

條長度等於六邊形邊長的連續線段。同時，小六邊形也會在線 HT 上滾出與大六邊形邊長大概相等的距離，但小六邊形卻無法製造出連續線，只能製造出包含了小六邊形六個邊長以及六個等長間隙。

因此，適用於大小六邊形的原理，根據薩維亞提的說法，也適用於任意多邊形，就算是十萬邊形也不例外。多邊形的滾動會製造出一條等於周長的直線，但內含的同數小多邊形也會留下一條同樣長度的直線，但這條直線卻是由十萬個線段配上十萬個空隙構成。如果把數量有限的多邊形換成無限多邊形呢——換言之，把多邊形換成圓？一如亞里斯多德輪的下方圖形所示，大圓滾完一圈會留下與圓周相等的線 BF，同時其內圓滾動一圈會留下相同長度的線 CE，在這一點上，多邊形與圈並沒有差異。問題是小圈滾出來的線 CE 等於大圈滾出來的線 BF。但是小圈怎麼可能製造出長度大於自己圓周的直線？根據薩維亞提的意見，答案是這條看起來連續的線 CE，其實跟滾動的多邊形線一樣，線中加綴了許多空隙。十萬邊形製造出來的直線是由十萬個空隙間隔出來的十萬個線段構成，因此小圓所留下的直線，是由無限數量的虛無空間所間隔出來的無限數量線段所構成。

將亞里斯多德輪推展至不合邏輯的極限處，伽利略得出一個革命性且矛盾的結論：一條連續的線是由無限數量的極小虛無空間所隔開的無限數量不可再細分的小點所構成。這個論點不但支持了他的物體結構理論，也支撐了他認為物體是藉由遍布於內部的虛無所聚集而成的觀點。這個論點提供了物質世界一個新的思考模式，同時也指出了數學的一個全新視野。在這片新的視野中，薩維亞提認為其中一個新觀念就是，任何「連續量都是由絕對不能再分割的原子所構成」。數學連續統的內部構造，與繩索的線、木頭的纖維，或形成平滑表面的原子無異：連續統是由緊密壓縮的不可分量以及其間的虛無空間構成。對伽利略來說，這種數學連續統就是物質的真相 [9]。

伽利略採用的方式令當代數學家困擾不已，因為自古來對以連續統問題就是視為矛盾來看待，而他的方式完全與此相悖。不過伽利略至少

還有一位聲名顯赫的擁護者，那是他的銳眼同伴路卡‧瓦列里歐（Luca Valerio，1553~1618），當初因伽利略的堅持而加入銳眼協會。瓦列里歐是羅馬智慧大學（the Sapienza University）的修辭學與哲學教授，被公認為是義大利的重要數學家之一。他在自己 1603 年的《重心》（*Decentro Gravitatis*）以及 1606 年的《拋物線求積》（*Quadratura Parabola*）中，大範圍使用不可分量法嘗試[10]，最後算出了平面圖形與立體的重心位置。

　　不過瓦列里歐是在羅馬學院中和其他的耶穌會會員一起學習數學，由克拉維烏斯親自教導，伽利略的數學原子論在如此優秀的一群人中找不到同好。在耶穌會眼中，不可分量代表的是與正規數學方法完全相反的東西。事後回想，耶穌會之所以重視數學，正是因為它在一個似乎亂無章法的宇宙上，強加了嚴整的理性秩序。數學，特別是歐幾里得的幾何學，代表的是心靈戰勝物質，理性征服野性的物化世界，不僅反映出耶穌會對數學的理想，還有對宗教，甚至政治議題的理念。但是伽利略捨棄不證自明的歐幾里得原理不用，反而以對物質結構的直觀，鞏固了他對數學的臆測，徹底顛覆了數學秩序。數學連續統的結構，根據伽利略的說法，可以從繩索的構成物與木頭的內部結構得知，也可以藉由想像輪子在平直的表面上滾動找出來。伽利略認為幾何物體，如平面與立體等，其實與我們身邊所看到的實質物體並沒有什麼不同，他提議用這樣的想法取代耶穌會的

9 作者註：伽利略除了在《對話》中討論這個議題外，1633年他對安東尼奧‧羅可（Antonio Rocco）的《哲學練習》（*Filosofiche esercitazioni*）提出看法時，也對連續統表達過類似的見解。請參見《科學與科技展望》期刊（Sciences et techniques en perspective）1984~85年第9期（南特大學〔Universite de Nantes〕出版）197頁，法蘭柯斯‧德‧甘特（Francois de Gandt）的〈數學理論的出現與蛻變：義大利的不可分量幾何學〉（Naissance et metamorphose d'une theorie mathematique: La geometrie des indivisibles en Italie）。

10 作者註：瓦列里歐有關不可分量的研究，請參見卡爾‧波以耳（Carl B. Boyer）的《微積分及其概念的發展歷史》（*The History of the Calculus and Its Conceptual Development*，紐約Dover Publications出版，1949年）104~106頁，以及麥克家教的數學歷史人物傳記文獻檔案區（The MacTutor History of Mathematics archive mathematical biographies，網址http:// www-history.mcs.st-andrews .ac.uk /Biographies /Valerio .html）「路卡‧瓦列里歐」的介紹內容。

觀點。我們不應該讓數學推論在物質世界上強行置入秩序，而是要讓依照實際物體創造出來的純數學物體，將所有不連貫之處串接起來。無庸置疑地，克拉維烏斯絕對不樂見這樣的說法。

　　儘管伽利略的支持讓無限小概念的能見度與威望，達到了其他支持者只能仰望興嘆的高度，但是他在自己實際的數學研究中，卻幾乎沒有用到不可分量的概念。罕見的例外之一，出現在他對由自由落體移動距離的著名論證中。薩維亞提在《對話錄》中的第三天提到，一個靜置於 C 點的物體，以等加速度自由掉落至 D 點。若線 AB 代表該物體從 C 點落至 D 點所需時間，而與線 AB 垂直之線 BE，代表該物落至 D 點的最大速度。

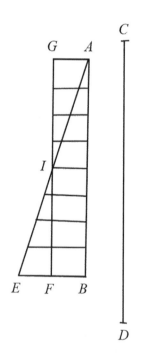

圖 3.2　伽利略的等加速度物體。
出自《對話錄》第三天（國家修訂版，第八卷，p.208）。

自 A 至 E 畫條直線，然後在線 AB 與 AE 之間以等距畫出數條與 BE 平行的直線。根據薩維亞提的論點，每一條平行線都代表該物體在穩定加速度期間，某個特定瞬間的速度。由於線 AB 之間存在著代表瞬間的無數個點，因此也存在著無數條這樣的平行線，這些平行線合起來，可以填滿三角形 ABE。更有甚者，每一點的速度加總起來，等於該物在時間 AB 內移動的總距離。

薩維亞提接著說，若我們在 B 點與 E 點之間取中點 F，然後畫一條通過 F 與線 AB 平行的直線，再畫一條線 AG，讓它與通過 F 的線 BE 平行，則長方形 ABFG 的面積與三角形 ABE 相等。因為三角形的面積代表物體以等加速度移動的距離，因此長方形的面積也代表物體以等速度移動所涵蓋的距離。所以薩維亞提總結[11]，物體在固定時間內從靜止到以等加速度移動的距離，等於物體在同樣時間內，以加速後所達最大速度的一半等速移動的距離。

這個大家稱之為自由落體定律的原理，是任何一個現代中學生物理課首先學習的知識之一，然而在當時，這樣的理論與革命相去不多。這是現代科學對於運動的第一個量化數學描述，為現代力學——事實上還有現代物理——奠下了基礎。伽利略很清楚這項定律的重要性，他在 1632 年的《對話》與 1638 年的《對話錄》這兩部最受歡迎的作品中，都納入了這個理論。儘管這個理論大部分還是仰賴了歐幾里得的幾何關係，卻也顯示了伽利略樂於假設一條線是由無數個點所構成。這正是卡瓦列里在 1621 年向他提出來的問題，不過不論伽利略當時的答案為何，這位年輕修士都沒有放棄。1620 年代，卡瓦列里把無限小的概念轉變成了一個強有力的數學工具，他稱之為不可分量法，而這個名字就此延續了下來。

---

11 作者註：薩維雅提有關自由落體的討論，可於亨利・克魯與艾爾方諾・德・薩維歐（Henry Crew and Alfonso de Salvio）合編的伽利略《關於兩門新科學的對話》（紐約 Prometheus Books 出版，1991 年）173~74 頁中找到。這段內容在義大利國家標準版本中，收錄於 208~209 頁。

負責的修士

　　卡瓦列里於 1598 年出生在一個可能備受敬重甚至是貴族的家庭中，不過這個家庭並不富有。他的雙親為他取名法蘭塞斯柯（Francesco），但他十五歲成為聖葉理諾使徒教團（the Apostolic Clerics of St. Jerome）新信徒，也就是大家所稱的耶穌教團時，自行選用了柏納文圖拉（Bonaventura）這個名字。耶穌教團與依納爵著名的耶穌會僅有兩字之差，卻稱得上南轅北轍。耶穌會是一個現代教團，經歷過宗教改革劇變的嚴厲考驗淬鍊，但耶穌教團卻可追溯到十四世紀，是黑死病後數十年間集結了強大虔誠信仰所創造出來的教團。耶穌會是一股動態的力量，他們的學校與宗旨涵蓋了全世界，而耶穌教團只是一個義大利當地的教團，因照顧病患與瀕死之人而受到敬重，完全沒有依納爵追隨者的野心。一如之前所提，一位耶穌會會員的形成，也許要耗時數十年，耶穌教團會員的訓練時間就短多了。1615 年，十七歲的卡瓦列里已是教團第二年的新生，他立下入會誓約，穿戴起了代表教團正式會員的白色修士服與暗色皮帶。數月後，他離開家鄉米蘭，前往耶穌教團的比薩修院。

　　我們並不清楚他前往比薩是自己的想法還是修道院長的意思，不過此行卻成為這位年輕耶穌教團會員以及數學的幸運一步。「我很驕傲，而且永遠都很驕傲，」[12] 卡瓦列里多年後在一封寫給同僑數學家艾凡傑里斯塔·托里切利（Evangelista Torricelli，1608~47）的信中這麼說，「能在那片天空的寧靜中，接受數學賜給我的第一次食糧與基本要素。」引發他對數學痴迷的始作俑者是班內疊多·卡斯帖里（Benedetto Castelli，1578~1643）。卡斯帖里曾是伽利略的學生，也是伽利略終生的朋友與支持者，當時是比薩大學的幾何學教授。他同時介紹卡瓦列里認識了伽利略的物理與數學研究，然後在適當時機，又介紹他認識了這位偉大的佛羅倫斯大師。卡瓦列里在 1617 年移居佛羅倫斯，在那兒藉由米蘭贊助人樞機主

---

12 作者註：引自安立柯·吉烏斯地（Enrico Giusti）的《柏納文圖拉·卡瓦列里與不可分量理論》（*Bonaventura Cavalieri and the Theory of Indivisibles*，波隆那Edizioni Cremonese出版，1980年）第3頁n9。

教腓德里柯・柏羅梅歐（Federico Borromeo）的影響力，打入了麥迪奇宮廷中伽利略身邊的學生與擁護者圈子。「有了您的協助，」這位樞機主教在寫給伽利略的信中這麼說，卡瓦列里「將臻至我們從他罕見的熱情與能力即可預見的專業高度。」[13]

第二年，卡瓦列里轉往比薩，開始教授數學，代替被選入科西摩大公家擔任大公公子們家教的卡斯帖里。卡瓦列里此時已是職業數學家了，只是沒有正式的頭銜，接下來的十年，他一直為兼顧自己選擇的領域與耶穌教團應盡的責任而辛苦。1619 年，他向波隆那大學申請數學教授的職位。自從紀凡尼・安東尼奧・馬基尼（Giovanni Antonio Magini）兩年前去世後，這個職位就一直懸而未定。像卡瓦列里這樣年輕的申請者，只有伽利略的主動支持，才拿得到如此具威望的職位，可惜伽利略似乎並不願意介入，於是機會就這樣溜走。1620 年，卡瓦列里被召回耶穌教團的米蘭修院，成為伯羅梅歐樞機主教的副主祭。遠離了顯赫麥迪奇宮廷的卡瓦列里，發現自己的才能始終未獲賞識。「現在我在自己的家鄉，」他在寫給伽利略的信中這麼說，「這些老傢伙期待我在神學與傳教上有長足的長進。您可以想像他們多麼不想看到我如此熱愛數學。」[14]

儘管他愈來愈沉迷於數學，但卡瓦列里對自己的宗教職志仍嚴肅以對。他開始研習神學，並且很快就「大出眾人意料之外」[15]地彌補了之前失去的時間。結果，再次感謝樞機主教的支持，卡瓦列里在教團中階級快速攀升。1623 年，他已被任命為就在米蘭附近的洛迪市（Lodi）的聖彼得耶穌教團修道院院長。三年後他又晉升為規模較大的帕馬市聖本篤修道院院長。然而在這段時間內，他始終不懈地在尋找職業數學家的工作。1623年，他重新努力，想要獲得波隆那的教授工作。波隆那議會雖然沒有直接拒絕他的申請，卻不斷要求他提供更多的研究成果。1626 年，當老師卡斯

---

13 作者註：引自前註同書第3頁n10。

14 作者註：1621年7月18日卡瓦列里致伽利略之信，引自前註同書第18頁6n。

15 作者註：此句源於為卡瓦列里作傳的吉羅拉莫・吉里尼（Girolamo Ghilini）之言，引自前註同書第7頁n19。

帖里被任命為智慧大學的數學教授時，卡瓦列里發現了一個機會。遺憾的是，儘管他請假離開了工作崗位去促銷自己，在羅馬待了六個月，與銳眼會員紀凡尼·西安波里（Giovanni Ciampoli，1589~1643）這位伽利略具有影響力的朋友混在一起，卻終究徒勞無功。回到帕馬後，卡瓦列里與負責管理帕馬大學的耶穌會神父接觸[16]，但是一如他在事後寫給伽利略的信中所提，那些耶穌會神父絕對不會同意一個小小耶穌教團會員在這所大學內教書，遑論還是伽利略的學生。

一直到 1629 年，風水才轉向卡瓦列里有利的方向。伽利略在長期持續關注這個學生的動態後，終於表示「阿基米德之後，鮮少或甚至根本沒有人對幾何學有如此深刻與完全的了解」[17]如卡瓦列里。這番話當然會讓波隆那議會印象深刻，因此議會在 8 月 25 日，就把波隆那大學的數學教授空缺，留給了這位耶穌教團的會員。整整花了十年期待得到這份工作的卡瓦列里，毫不猶豫地接受。他很快就搬到耶穌教團在波隆那的修院中，同年十月開始在大學授課。後來的十九年生命，他一直住在波隆那的修道院中，在大學教書。雖然以現代的標準來看，那時的卡瓦列里還是個年輕人，但他的健康狀況卻每下愈況，不斷發作的痛風讓他飽受折磨，以致出外旅行成了極困難的事情。那些年間，他僅離開過一次這座他已視為家鄉的城市，外出冒險。能夠勾引他離開例行安逸生活的原因，也只有一個。1636 年，他去探訪舊日的恩師伽利略，當時伽利略正過著長久寂寞的軟禁生活。

從待在比薩到受聘為波隆那教授的十年間，是這位年輕修士一段困窘的時光，然而卻也是他在數學領域中最具生產力的一段時間。事實上，他後來之所以成名的所有獨創性證明，甚至著作中許多實際的內容，都出自那段他到處奔波的歲月。在波隆那落腳後，教職的責任，加上議會要求校內數學教授持續不斷地製作天文表與占星表，他肩上的擔子很

16 作者註：1626年8月7日卡瓦列里致伽利略之信，引自前註上述同書第9頁n26。

17 作者註：1629年3月10日伽利略致希薩·馬西里（Cesare Marsili）之信，此句引自前註同書第11頁n30。

重。儘管如此，這位孜孜不倦的修士仍設法出版了 1632 年的《燃燒之鏡》（*Lo specchio ustorio*）、1635 年的《不可分量的幾何學》（*Geometria indivisibilibus*） 以 及 1647 年 的 《 六 道 幾 何 練 習 題 》（*Exercitationes geometricae sex*）。構思以及大部分撰寫時間都在 1620 年代的這些著作，建立起了卡瓦列里數學家以及無限小推動領導者的名聲。

線與書

　　一如伽利略開始藉由繩索與木塊內部構造討論並建立起自己的連續統數學理論，卡瓦列里也透過我們對於實際物體的直觀，創立了他的數學方式。「顯然，」他這麼寫，「我們應該把平面圖形想像成平行細線所編織而成的布；把立體圖形想像成平行書頁所構成的書籍。」[18] 任何表面，不論多平滑，事實上都是由非常細小的平行線並排而成，而任何立體圖形，無論看起來多麼堅實，也不過是一堆如刀片般薄的平面疊積而成。這些最薄的平面，就像是又可以稱為原子的物體最小構成要素，卡瓦列里稱之為不可分量。

　　一如他敏銳地指出，實際物體與其數學表親之間，存在著重要的差異。一塊布或一本書，卡瓦列里說，是由有限數量的細線或書頁構成，但平面或立體卻是由無限數量的不可分量構成。連續統的矛盾核心有一個很簡單的特性，伽利略在《對話錄》中對這個矛盾核心搪塞而過，但較為謹慎的卡瓦列里卻將它攤開於陽光之下。即使如此，卡瓦列里的數學推測顯然也與伽利略一樣，並非始於抽象的普遍通則，而是濫觴於平凡的事物。他從細線和書頁開始往深處探進，歸納我們對物質世界的直觀，然後轉化成普遍的數學方式。

　　若想見識一下卡瓦列里的方式，可以想一想《六道幾何練習題》中第一道習題的第十九道命題[19]：

---

18 作者註：卡瓦列里將不可分量比喻成布疋上的線和書本的書頁，以及他對這些比喻的討論，都可於《六道幾何練習題》（波隆那Iacob Monti出版，1647年）第3~4頁中找到。

　　若在一平行四邊形內畫一對角線，則該平行四邊形為對角線形成之任
一三角形的兩倍。

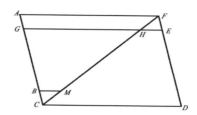

圖 3.3　卡瓦列里，《六道幾何練習題》第三十五頁第十九道命題。
1647 年由雅各・蒙提〔Iacob Monti〕於波隆那出版。

　　這表示若在平行四邊行 AFDC 內畫出一條對角線 FC，則平行四邊形
面積為三角形 FAC 或 CDF 的兩倍。若我們以傳統的歐幾里得方式證明，
那麼過程幾乎可謂平凡：三角形 FAC 與 CDF 完全相合，因為，第一，兩
個三角形共用邊 CF；第二，角 ACF 等於角 CFD（因為 AC 與 FD 平行）；
第三，角 AFC 等於角 DCF（因為 AF 與 CD 平行）。因為兩個三角形的結
合構成這個平行四邊形，又因為兩個三角形完全相合，兩者的面積因此也
相同，所以平行四邊形的面積等於任一三角形的兩倍。證明完畢。

　　卡瓦列里對這樣的證明方式當然知之甚詳，他應該也不會在自己的書
中浪費一套原理來證明如此基本的東西。但是他要追求其他的效果，於是
用不同的方式著手：

　　若沿著 FD 邊與 CA 邊，各自從 F 點與 C 點標出等長的線段 FE 與
CB，再自 E 點和 B 點畫出與對角線 FC 分別於 H 點與 M 點相交的線段
EH 和 BM 與線 CD 平行。

19 作者註：卡瓦列里的《不可分量的幾何學》第六卷437~39頁第十九道命題。有關
　　這道論證的討論，請參見德・甘特的〈數學理論的出現與蛻變〉216~7頁，以及瑪
　　格麗特・拜倫（Margaret E. Baron）的《無限小的微積分起源》（The Origins of the
　　Infinitesimal Calculus，紐約Dover Publications出版，1969年）131~32頁。

　　卡瓦列里證明小三角形 FEH 與 CBM 完全相合，因為 BC 邊與 FE 邊等長，角 BCM 與角 EFH 相等，且角 MBC 與角 FEH 相等。因此線 EH 與 BM 等長。

　　同理，我們證明其他與線 CD 平行的線條，也就是所有沿著 FD 邊與 AC 邊，從 F 點和 C 點等距畫出的線條，也都彼此相等，一如最大的兩條邊線 AF 與 CD 彼此相等。因此三角形 CAF 內的所有線條，等於三角形 FDC 內的所有線條。

　　因為一個三角形內的「所有線條」等於另外一個三角形的「所有線條」，卡瓦列里證明這兩個三角形的面積相等，而此平行四邊形面積為任一三角形面積的兩倍。證明完畢。

　　卡瓦列里的證明與傳統歐幾里得的證明方式明顯不同。歐幾里得的證明從平行四邊形的共通特性開始，而這些特性出自歐幾里得不辯自明的公理。從這個普世接受的公理開始，歐幾里得的證明一步步邏輯性推定，直至建立出本題的關係——亦即平行四邊形分成兩個三角形。在本質上，這套證明方式指出，普世的推論定理**規定**兩個三角形相等。然而卡瓦列里拒絕使用這樣抽象的共通原理論證，相反的，他從實際物體的直觀出發。他問，每一個三角形的面積是什麼構成的？他的答案，根據一塊布的類推法，三角形乃由平整並排的平行線構成。為了找出每一個三角形的總面積，他開始「計算」那些構成三角形的線條。因為每一個平面有無數條線，因此事實上計算根本是件不可能的工作，但卡瓦列里證明任一個三角形的線條數以及長度都跟另一個三角形相同，因此兩個三角形的面積相等。

　　卡瓦列里的證明要點，並不是要指出這個定理是真理——這個定理顯然是真理，而是要弄清楚這個定理**為什麼**是真理。兩個三角形相等因為它們都是由同樣數量的相同不可分量線條並排而成。這種將實際物體的直觀應用在幾何圖案的證明，正是彰顯卡瓦列里的方式與古典歐幾里得方法不同的地方。歐幾里得的證明方式，藉由其普世的首要原則與邏輯方式，

掌握了幾何物體，最終也掌理了世界。相反的，卡瓦列里的方式，一如我們所知，始於對這個世界的直觀，然後發展論證，推及到更廣泛也更抽象的數學概論。這樣的方式可謂「由下往上」的數學。

卡瓦列里的平行四邊形論證，雖然顯示他的不可分量法奏效，卻無法證明使用這種方式有任何好處。其實結果正好相反，因為他提出的公理論證方式冗長而複雜，用歐幾里得方式，只需一兩條線就可證明。如果卡瓦列里的所有證明都要耗費這麼大陣仗，才能完成這麼一點點成果，他就不太可能找到太多願意採納他方式的追隨者。當然事實並非如此。平行四邊形的證明，只是清楚說明了不可分量的可靠性。為了展現不可分量的力量，卡瓦列里轉向挑戰更困難的問題。

自古即廣為人知的「阿基米德螺線」（the Archimedian spiral），是由一定點以定速沿著原點直線而行，同時直線本身又繞著原點，以等角速旋轉。在圖中，可以看到曲線穩定地由 A 點移向 E 點，而直線 AE 本身以一個固定的比例繞著中心點 A 旋轉。一次完整的旋轉後，螺線抵達 E 點位置，在半徑為 AE 的大圓 MSE 中，圍出一條「蝸牛狀」的區域 AIE。卡瓦列里要著手證明的是螺線 AIE 所圍出來的面積是大圓 MSE 面積的三分之一。阿基米德曾用自己的獨特方式證明了這一點。[20] 然而卡瓦列里卻要以一種新穎且直觀的方式處理這個問題，他用不可分量把複雜的螺線變成大家熟悉且非常了解的拋物線。

卡瓦列里假設有一長方形 OQRZ，其邊 OQ 與圓 MSE 的半徑 AE 相等，而邊 QR 與圓周相等。回到螺線的問題，他接下來沿著線 AE 任意選一點 V，然後沿著中心點 A 畫出圓 IVT。圓 IVT 有兩個部分，一個是螺線外圍的 VTI，另一部分為螺線內圍的 IV。他將 VTI（螺線外）的長度，置入長方形內當成線 KG，與線 QR 平行，K 為線 OQ 上一點，而 OK（即 K 至 O 的距離）等於半徑 AV。然後他以同樣方式處理線 AE 上的每一點，將形成的每一個圓之螺線外長度，切合地從 OQ 邊上置於長方

---

20 作者註：有關阿基米德計算螺線內面積的方式，請參見拜倫的《起源》43~44頁。

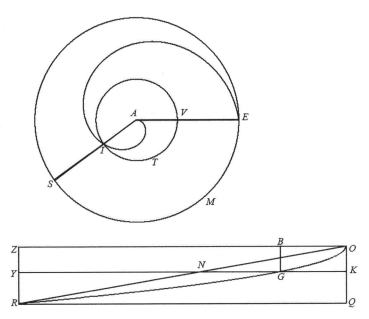

圖 3.4 卡瓦列里對螺線內圍面積的計算。
出自卡瓦列里，《不可分量的幾何學》第六卷第 19 道命題。
（1635 年由克雷曼提斯・費榮尼〔Clementis Ferroni〕於波隆那出版。）

形內。螺線 AE 上的每一點，都可在邊 OQ 上找到相對應的一點，且自該點畫出一條直線，代表其所對應之圓內的螺線外部。最後，圓內螺線外所有曲線形成的 AES 的面積，等於長方形內所有直線形成的 OGRQ 面積。因此，根據卡瓦列里，OGRQ 的面積就等於圓 MSE 內部未含括在螺線內的面積。

　　剩下就要證明圖形 OGRQ 的面積（與圓中螺線外部面積相等），並將這個面積與完整的圓相比較。卡瓦列里用兩階段證明：第一，他利用古典幾何方式，證明曲線 OGR 是條拋物線。接著他用不可分量證明三角形 ORQ 的面積與整個圓的面積相等。如果我們認為圓面積是由從中心點（半徑為「零」）開始，到以圓框為止（半徑為 AE）的連續同心圓周長構成，這一點就很清楚了。將所有這些周長的長度並列，卡瓦列里認為，就形成了三角形 ORQ。他之前已證明半拋物線（OGRQ）所定義的

面積是平行四邊形內三角形 ORQ 面積的三分之二。因為 ORQ 與圓面積相等，OGRQ 與圓內螺線外部的面積相等，因此螺線內的圓面積為剩下的面積，即三角形 ORQ 面積的三分之一。證明完畢。[21]

卡瓦列里對於螺線內面積的證明，顯示出他的方式可以處理幾何圖形的面積與體積這些當代數學研究的中心議題。的確，他的方式展現出不可分量走入了歐幾里得證明無法達到的幾何問題核心，也就是不可分量不只證明了某些關係的確為真，而且還論證出這些關係**為何**為真。構成平行四邊形的兩個三角形彼此相等，因為它們是由同樣的不可分量線條構成；阿基米德螺線涵蓋其外圍圓三分之一面積，是因為其不可分量的曲線能夠重新排列成一條拋物線。歐幾里得的證明推斷出幾何圖形的必要真理，但不可分量卻允許數學家窺探到幾何圖形的內部聖堂，觀察到幾何圖形的隱藏結構。

謹慎的不可分量學家

儘管卡瓦列里的方式激進，但他在性情與信念上，其實是個保守且相當傳統的數學家。他深深領悟到無限小產生的邏輯難題，因此盡可能以貼近傳統歐幾里得的方式表現，試圖強化自己的正統資格。除此之外，為了規避這些矛盾，他還在自己的方法中結合了一些掣肘的限制。

卡瓦列里 1639 年 6 月寫給伽利略的一封信中，透露了自己研究的內部隔閡現象。當時他剛收到伽利略的《對話錄》，所以致信感謝這位年邁的大師對不可分量的勇敢認可。卡瓦列里引用羅馬詩人賀瑞斯（Horace）的詩句，把伽利略比喻成「膽敢在無垠的海洋中掌舵並衝進海中的第一人，」他接著這麼寫：

可以這麼說吧，拜您至高天賦意志之所賜以及完善幾何條件的護衛，讓您面對不可分量與上千種困難遙遠事務的光亮虛無汪洋，也就是那片足以徹底摧毀任何人、甚至瓦解最強大精神的浩瀚汪洋時，得以行有餘力地

---

21 作者註：卡瓦列里對螺線內圍面積的計算出現於卡瓦列里《不可分量的幾何學》第六卷238頁第19道命題中。

向前航行。噢，您在這條路上鋪設了如此新穎又優雅的東西，世界實在虧欠您太多！……至於我，我要感謝您的何止一點，因為我自己《幾何學》中的不可分量，將從您高貴又明確的不可分量中，得到不可分量的光芒。[22]

截至目前為止，一切都還好──卡瓦列里大力讚揚他的老恩師，並浸淫在老師肯定的幸福感中。然而毫無預警地，卡瓦列里向後退了一步，譴責他才剛剛大力讚揚伽利略的那個理論。「我不敢確定連續統是由不可分量構成，」他這麼寫，堅持自己的行為，只是在證明「連續統之間，就像不可分量的集合體之間，存在著同樣的成分。」

卡瓦列里這麼做，幾乎等於否定了自己的不可分量。他曾在書中大膽比較幾何平面與一塊由線織成的布，或立體與一本由書頁構成的書，但現在卻暗指自己其實並沒有那個意思。他認為自己在數學連續統的真正構成要素這件事上，並沒有立場做出選擇。他所做的，只不過是介紹了一種新的狀況，而這個狀況稱為平面圖形上的「所有線條」以及立體上的「所有平面」。如果某個成分存在於一個圖形的「所有線條」與另外一個圖形的「所有線條」之間，那麼，他聲稱，同樣的成分也存在於兩個圖形的面積之間，同理也適用於立體的「所有平面」[23]。

受到批評者嚴厲抨擊的卡瓦列里，堅持自己在連續統構成物的棘手問題上，採取的是不可知的態度。他也堅持，不論連續量是否由不可分量構成，他的方法正當合理。他甚至避開了使用不可分量這個會觸怒他人的

22　作者註：請參見伽利略之《伽利略全集》第十八卷67頁信件編號3889號1639年6月21日卡瓦列里致伽利略之信。此句引自阿米爾‧亞歷山大的《幾何風光》（*Geometrical Landscapes*，史丹佛大學出版社出版，2002年）184頁。

23　作者註：有關卡瓦列里研究中「所有線條」以及「所有平面」概念的重要性，請參見德‧甘特的〈數學理論的出現與蛻變〉、彼得‧巴克與羅傑‧艾瑞（Peter Barker and Roger Ariew）合編的《革命與連續：早期現代科學的歷史與哲學論文》（*Revolution and Continuity: Essays in the History and Philosophy of Early Modern Science*，美國天主教大學出版，1991年）157~82頁中德‧甘特的〈卡瓦列里的不可分量與歐幾里得的規範〉（Cavalieri's Indivisibles and Euclid's Canons），以及吉烏斯地的《柏納文圖拉‧卡瓦列里》。

詞彙。非常明顯地，儘管他最著名的大作名為《不可分量的幾何學》，儘管他在自己的著作中，以方法論與哲學章節討論不可分量，但他從未在數學驗證中真正提到這個詞彙，他的見解始終都以「所有線條」或「所有平面」呈現。他對自己使用的那類不可分量嚴格設限，並採迂迴方式，利用傳統的歐幾里得命題、驗證與推論模式呈現自己的理論，讓著作看起來傳統而正規。至於前所未知的新結果，卡瓦列里全都閃避開了。

可惜這一切都徒勞無功。與卡瓦列里同時代的人，不論對他懷抱的是敵意或憐憫之情，都不相信他在連續統構成物這個議題上沒有定見。他們認為他使用的方式不言而明，而且這種方法明顯依賴了連續量是由無限小要素構成的概念。若不是暗自假設平面是由線條構成，我們為什麼要對一個被稱為「所有線條」的量感興趣？如果我們不認為兩個立體是由各自的體積所構成，我們為什麼要把一個立體的「所有平面」拿來跟另一個立體的「所有平面」做比較？卡瓦列里那個布與書的大膽隱喻，是對不可分量的公開支持，這些隱喻饒具創意、令人振奮，並進而導致了新發現不斷出現。接踵而至的謹慎否認，只不過製造了一個麻煩的專門用語問題，以及一個大力否定不可分量的力量與未來發展的棘手方法而已。

在後來的幾年中，諸如耶穌會的保羅・古爾丁與安德烈・塔凱等不喜歡卡瓦列里方式的數學家，因為他違背了傳統規範而對他強力譴責；義大利的艾凡傑里斯塔・托里切利與英國人約翰・瓦里斯這些歡迎他驗證方式的人，則一面聲稱是卡瓦列里的追隨者，一面自由運用無限小，完全無視卡瓦列里周全考慮定出來的限制。但是沒有人，真的一個人都沒有，真正遵循卡瓦列里的限制系統。

數學家遭受無限小批評者的攻擊時，經常引用卡瓦列里的大名與他的著作。這些內容難懂又笨重的冊卷，加上書中被扭曲了的拉丁文、歐幾里得架構，以及嚴肅權威的氣氛，為後來的無限小方式支持者提供了一些掩護。這些支持者認為，把自己的理論系統源頭指向這位在自己學富五車的著作中，解決了所有相關難題的耶穌教團大師，應該是個安全的作法。畢竟，他們都很清楚，幾乎沒有人真的讀過卡瓦列里的書。

伽利略的關門弟子

　　最後，把無限小引領到這位耶穌教團會員所不願前往之處的人，是與卡瓦列里同期，但比他年輕的出色艾凡傑里斯塔·托里切利[24]。托里切利 1608 年出生於一個小康家庭，出生地點很可能是義大利北部的法恩札（Faenza）。年輕的托里切利在十六、七歲時搬到羅馬，並在那兒愛上了數學。如他在 1632 年寫給伽利略的信中提及，他沒有接受過正式的數學教育，只是「在耶穌會的神父指導下自己研究。」然而影響這位年輕人職業選擇最大的人，卻是本篤教會的修道士班內疊多·卡斯帖里——亦即在比薩鼓勵卡瓦列里研習數學的同一個人。卡斯帖里與自己的老師伽利略不同，他似乎更喜歡教導，隨時注意有前途的年輕數學家。當時已是羅馬智慧大學教授的卡斯帖里，將托里切利納入羽翼之下，介紹他認識了伽利略和卡瓦列里的研究。

　　1632 年 9 月，托里切利無疑因為卡斯帖里的鼓勵而致信伽利略，他自我介紹為「專職數學家，雖然年輕，但過去六年一直師從卡斯帖里神父。」當時《關於托勒密和哥白尼兩大世界體系的對話》才出版幾個月，造成伽利略在隔年受到譴責與軟禁的一連串事件也在成形中。為避免自己看起來像是下了個「欠缺考慮的決定」，托里切利一開始就先向這位年邁的大師保證，卡斯帖里會掌握每個機會為《對話》辯護。他接著建立自己身為幾何學家、天文學家以及伽利略忠實追隨者的資格。「我是羅馬第一個，」[25] 他這麼寫：

　　孜孜不倦且鉅細靡遺地研究您大作的人……您可以想像對阿波羅尼奧斯（Apollonius）、阿基米德、狄奧多西（Theodosius）的幾何學有足夠經

---

24 作者註：托里切利的這段生平資訊源於德·甘特編輯之《托里切利作品集：伽利略的科學與新幾何學》（L'oeuvre de Torricelli: Science Galiléenne et nouvelle géométrie，法國國家科學研究院與尼斯大學出版，1987年）第8頁艾吉迪歐·費斯塔的〈傳記與書誌重要標的〉（Reperes biographique et bibliographique）。
25 作者註：引自前註同書，1632年9月11日托里切利致伽利略之信。

驗，且研讀過托勒密、幾乎看遍第谷（Tycho）[26]、克卜勒以及朗高蒙田納斯（Longomontanus）所有著作的我，研究您大作時是多麼喜悅，我最終信奉了哥白尼……宣示我對伽利略學派的忠心。

令托里切利遺憾的是，在《對話》及其作者遭公開譴責後不到一年，事實就證明「熱情的伽利略派」成了羅馬的一種危險身分。這可能也解釋了為什麼在那之後，托里切利銷聲匿跡了幾乎十年。其實這段時間他一直待在羅馬，繼續私下鑽研他的數學，並研讀伽利略 1638 年問世的《兩門新科學的對話與數學證明》，基本上始終保持低調。托里切利在 1641 年3月重現江湖。當時卡斯帖里獲准到阿切特里參訪，他寫信向伽利略報告這個好消息，並承諾將帶著已於十年前拜在門下的年輕托里切利的手稿一併前往。「您會看到，」他奉承著這位老人家，「您為人類心靈所開創的道路，有一個如此純潔的人承接。他讓我們知道您在運動這個議題上所播下的種子，成果有多麼豐碩充裕；您也將目睹他會為您的學派帶來榮耀。」[27]

在這位已經被困於家中八年之久的寂寞老人眼中，開創出成果豐碩的道路與領域這樣的觀點正合他的心意，不過卡斯帖里帶給伽利略最大的震撼，卻是托里切利的研究所展現的出色才華。卡斯帖里帶來的手稿讓他大受感動，他要求與這位年輕的數學家見面。至於卡斯帖里，則因為伽利略的虛弱與失明而難過，擔心老人家可能不久於世。就這樣，卡斯帖里和伽利略一起擬定了計畫，讓托里切利到阿切特里擔任伽利略的秘書，幫他編輯以及出版最近的作品。托里切利在四月初接到這份邀請，回信說這麼大的榮耀讓他不知所措與「困惑」。但是他似乎並不急著離開熙熙攘攘的羅馬，趕著加入年邁大師的孤獨隱居生活。他一再以藉口拖延，最後終於在 1641 年的秋天收拾行囊，往伽利略位於阿切特里的宅邸出發。繼 1638 年出版《對話錄》前四天對話之後，托里切利開始在阿切特里編輯《對話

---

26 指Tycho Brahe，1546~1601，丹麥天文學家兼占星術士和煉金術士。他最著名的助手是克卜勒。

27 作者註：引自註24同書，1641年3月2日卡斯帖里致伽利略之信。

錄》的「第五天」。

　　托里切利抵達三個月後，任務突然終止。1642 年年初，伽利略因心悸與發燒倒下，1 月 8 日，七十七歲的大師嚥下最後一口氣。因為「激烈的異端邪說」而飽受譴責的身分，他被葬在佛羅倫斯聖十字聖殿（Basilica of Santa Croce）的一個小偏間中，一百年後才被遷至中央聖殿的尊榮之處。這個時候的托里切利，正再次收拾包袱準備返回羅馬，卻接到了令人意外的職位安排：以伽利略繼承人的身分留在佛羅倫斯，擔任托斯卡尼大公的數學家以及比薩大學的數學教授。這個職位安排中並沒有包括伽利略的宮廷「哲學家」之職，很可能是因為當時伽利略堅持身為哲學家，他有權對世界的架構表達意見，而這卻讓他陷入與教會的糾紛中。不過即使沒有宮廷哲學家這份額外的榮譽，托里切利得到的職位安排也給了他一輩子的機會。他會有一個確定的職位、一份慷慨的薪資、不受打擾地繼續鑽研自己學問的機會，以及讓大家公開承認他是歐洲最偉大科學家繼承人的身分。他毫不猶豫地接受了這個安排。

　　接下來的六年是托里切利產量驚人的一段時期。之前他默默無名，伽利略幾乎沒聽過他的名字，所以卡斯帖里才必須藉由前學生的身分把他介紹給伽利略。但隨著伽利略的去世以及麥迪奇宮廷聘任他為數學家，托里切利突然成為歐洲最主要的科學家之一。他除了開始與法國的科學家與數學家，如馬林・梅森（1588~1648）與吉雷斯・波松內・德・羅貝瓦（Gilles Personne de Roberval，1602~75）等人，保持長時間且成果豐碩的通信往來[28]，也與義大利同儕加里雷恩斯・拉法葉羅・馬吉歐提（Galileans Raffaello Magiotti，1597~1656）、安東尼奧・納迪（Antonio Nardi，約於 1656 年去世）和卡瓦列里等人建立關係。另外，受到《對話

28　作者註：有關托里切利與他法國同僚的通信，請參見德・甘特編輯的《托里切利作品集》第39~51頁阿曼德・布依留（Armand Beaulieu）的〈托里切利與梅森〉（Torricelli et Mersenne）。有關他與義大利伽利略支持者的聯繫，請參見德・甘特編輯的《托里切利作品集》第29~38頁蘭法蘭科・貝羅尼（Lanfranco Belloni）的〈托里切利與他的時代〉（Torricelli et son epoque）。有關氣壓計，請參見費斯塔的〈標的〉15~18頁以及德・甘特《托里切利作品集》225~30頁，蘇佛林（P. Souffrin）的〈生命之信〉（Lettres sur la vie）。

錄》啟發的托里切利，還重新思考伽利略的物體凝聚是因為自然界對**虛無恐懼**的理論。對這個議題的深思讓他在 1643 年進行實驗，證實自然界真實存在有虛無現象，並於後來發明世界第一具氣壓計。

托里切利的研究成果與伽利略和卡瓦列里頻繁出版的研究成果不同，大多只能在他與其他人往來的信件，以及他在朋友和同僚間流傳的手稿中找到。唯一的例外是 1644 年出版的《幾何學著作》[29]，書中收集了多篇論文，主題從運動物理學到拋物線包圍的面積。其中有些論文，如托里切利對球狀體（spheroid）的討論，仰賴源於古人的傳統數學方式。然而名為〈拋物線面積〉（De dimensione parabolae）的第三篇論文，則與傳統完全背道而馳。這篇論文是托里切利對他自己的不可分量法做的戲劇性介紹。

二十一種證明

令人意外的是，雖然取名「拋物線面積」[30]，但這篇論文的目的卻不是計算拋物線內部的面積。拋物線的面積早在一千八百年前就由阿基米德計算與驗證過，托里切利與當時的人都對此知之甚詳，根本不需要進一步的證明。然而這篇論文卻對這個大家都熟知的結果，提出了不下二十一種的證明。托里切利連續二十一次提出「拋物線面積是同底同高之三角形面積的三分之四」的定理，而且每次證明的方式都不同。這本書可能是數學史上唯一一本為了單一結果，如此大規模提出這麼多種不同證明方式的書。這是托里切利展現自己精熟數學的證明，但這本書卻身負不同的目的。這本書要對比傳統古典的證明方法與不可分量的新證明方式，進而展

---

29 作者註：托里切利的《幾何學著作》可以在吉諾・羅利亞與吉烏塞佩・瓦蘇拉（Gino Loria and Giuseppe Vassura）合編的《艾凡傑里斯塔・托里切利作品集》（*Opere di Evangelista Torricelli*，法恩札G. Montanari出版，1919~44年）第一卷中找到。蘭法蘭科・貝羅尼編輯之《艾凡傑里斯塔・托里切利選集》（*Opere scelte di Evangelista Torricelli*，杜林Unione Tipografico-Editrice Torinese出版，1975年）53~483頁中可找到義大利文翻譯內容。

30 作者註：有關「拋物線面積」的討論，請參考德・甘特編輯的《托里切利作品集》152~53頁以及他〈數學理論的出現與蛻變〉218~19頁裡〈托里切利的不可分量〉（Les indivisibles de Torricelli）。

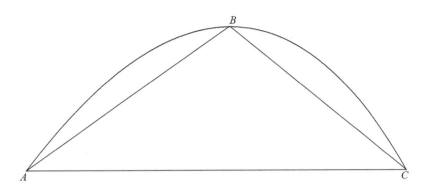

圖 3.5 托里切利的《拋物線面積》：拋物線 ABC 所涵蓋的面積是三角形 ABC 面積的三分之四。

現新方式的明顯優越性。

　　前十一種證明「拋物線面積」的方式，遵照歐幾里得高標準的嚴格規範。為了計算一條拋物線包圍的面積，這十一種證明利用了傳統的「窮盡法」（method of exhaustion）。窮盡法是西元前四世紀希臘數學家尼多斯的尤得塞斯（Eudoxus of Cnidus）所發明的方式。利用窮盡法，拋物線的曲線（或另外一條曲線）被一個內接多邊形與一個外接多邊形包圍，這兩個多邊形的面積很容易計算，而拋物線涵蓋的面積則介於兩個多邊形的面積之間。隨著兩個多邊形邊數的增加，兩者面積的差異會愈來愈小，也因此縮小了拋物線面積的可能範圍。

　　證明接著在矛盾中繼續進行。如果拋物線面積大於三分之四的同底同高三角形面積，那麼不斷增加外接多邊形的邊數，就可能讓多邊形面積小

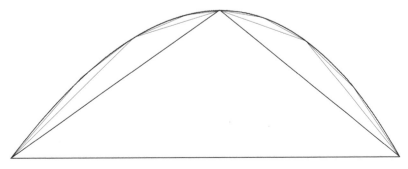

圖 3.6　窮盡法。隨著內接多邊形的邊數增加，該多邊形的面積也就愈來愈接近拋物線的面積。同理適用於拋物線的外接多邊形。

於拋物線面積。若拋物線面積小於三分之四的同底同高三角形面積，那麼一直增加內接多邊形的邊數，多邊形的面積就可能大於拋物線面積。這兩種可能性都與拋物線同時外接與內接一個多邊形時，拋物線的面積剛好等於三分之四的同底同高三角形面積的假設相違背。證明完畢。

托里切利指出，儘管這些傳統的證明完全正確，卻有些缺點，其中最明顯的缺點就是窮盡法的證明，需事先知道我們所希冀的結果——以此例來說，就是拋物線面積與三角形面積之間的關係。一旦知道結果，窮盡法就可以證明任何其他的關係都會導致矛盾，但這種方法卻沒有告訴大家這個關係為什麼成立，或者這層關係是如何發現。這個缺失讓托里切利以及許多當時的人士都相信，古人有發現這些關係的祕密法門[31]，只不過他們在發表研究結果時，謹慎刪除了這些祕密。（二十世紀發現的阿基米德討論自己尋找定理的非嚴格方法論文，出現在十世紀一份遭到抹消的羊皮紙上，這代表大家當時的猜測，也許並非完全無稽之談。）傳統方式的另外

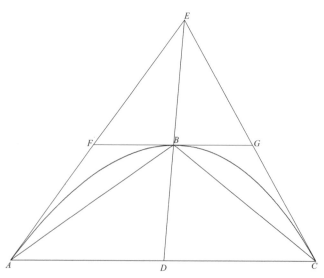

圖3.7 拋物線弧段 ABC 內接三角形 ABC，外接三角形 AEC。當多邊形的邊數增加，如梯形 AFGC，則其涵蓋的面積更接近拋物線弧段所涵蓋的面積。

一個重要缺點是太麻煩，需要許多輔助的幾何作圖，而且是以迂迴和反直觀的途徑得到結論。換言之，傳統的證明方式或許完全正確，但對於取得新見解卻是不怎麼好用的工具。

「拋物線面積」的後十種證明，揚棄了傳統的窮盡法模式，改採不可分量法。這些方法，一如托里切利指出，直接且具直觀性，不僅證明了這些結果為真，也證明了**為什麼**為真，因為這些驗證方式都是直接出自題目中的幾何圖形形狀與構成物。我們已經看過卡瓦列里藉由證明兩個相等的三角形如何由同樣的線條構成，進而證明兩個等量三角形構成一個平行四邊形，以及藉由如何將螺線的彎曲不可分量轉為拋物線的筆直不可分量，進而證明一條螺線與一條拋物線圈圍的面積相等。托里切利建議用同樣的方法計算拋物線面積。根據托里切利的說法，不可分量法是用「簡短、直接且明確的證明」驗證無數定理的一種「嶄新而值得讚賞的方式」。這種方式是「穿越數學叢林的皇家大道」[32]，與之相比，古人的幾何學「惹人同情」。

依照托里切利的說法，不可分量的「神奇發明」完全歸功於卡瓦列里，而他自己在《幾何學著作》中的貢獻，只不過是讓人更容易了解這個方法而已。他的書的確讓人更容易了解不可分量，因為卡瓦列里的《不可分量的幾何學》是出了名的難以理解，即使是結果最簡單的驗證，也要經過無數的定理與預設定理。相反的，托里切利直接切入他的數學問題，沒有華麗辭藻，也絕不浪費墨水贅述冗長的歐幾里得推論或其嚴格規範。「我們放棄了卡瓦列里無垠的《幾何學》海洋，」[33]托里切利在體認到卡瓦列里教科書惡名昭彰的困難度後這麼寫。他對自己與他的讀者繼續寫下了

31　作者註：托里切利曾在《幾何學著作》中討論過這個想法，特別是羅利亞與瓦蘇拉合編的《艾凡傑里斯塔‧托里切利作品集》第一卷139~40頁中著墨最多。該段內容的義大利文翻譯，請參見貝羅尼《艾凡傑里斯塔‧托里切利選集》381頁。

32　作者註：請參見羅利亞與瓦蘇拉合編的《艾凡傑里斯塔‧托里切利作品集》第一卷173頁。此句引自德‧甘特的〈托里切利的不可分量〉153頁。

33　作者註：請參見羅利亞與瓦蘇拉合編的《艾凡傑里斯塔‧托里切利作品集》第一卷141頁。

這樣的話,「因為我們膽子不大,所以會繼續待在海岸附近,」不會去煩惱複雜的演示過程,只會專注於得出的結果。

對使用者而言,相較於為後輩數學家製造了相當多混亂的卡瓦列里大作,托里切利的書友善太多了。英國的約翰·瓦里斯與艾塞克·巴羅(Isaac Barrow,1630~77)、德國的哥特佛瑞德·威爾翰·萊布尼茲(Gottfried Wilhelm Leibniz,1646~1716)都聲稱研究過卡瓦列里,也學習了他的方式,然而事實上,這些人的作品清楚證明,他們研究的是其實是托里切利版的卡瓦列里,因為他們相信托里切利的版本,只是比原著清楚的解說版而已。這樣的作法當然有其優點。因為托里切利並未在書中捍衛自己的方式,而是把卡瓦列里的《不可分量的幾何學》介紹給有興趣的讀者,而且向這些讀者保證,可以在書中找到他們所有問題的答案。後來的數學家就遵循著他的模式,在有人質疑不可分量假設上的問題時,也樂於請批評者去卡瓦列里沉悶的大部頭著作中尋找答案。

對矛盾的熱情

事實上,卡瓦列里與托里切利的不可分量法存在著重要的差異。最關鍵的差異在於托里切利的方式,確實把所有的不可分量線結合在一起,構成了一個平面,而所有的不可分量平面事實上也造就了一個立體的體積。回想一下卡瓦列里,他努力避免這樣的認知,當他提及「所有線條」時,這些線條就像是不同於平面的東西,而「所有平面」也與立體不一樣。托里切利沒有這樣的顧慮。在他的證明中,直接從「所有線條」進入「面積本身」、從「所有平面」移至「體積本身」,絲毫不把他前輩如此擔憂的邏輯細節放在眼裡。此舉讓托里切利受到批評,說他褻瀆古代對於連續統構成的矛盾之說,不過卡瓦列里儘管竭盡所能地謹慎,事實上一樣逃不開同樣的批評,再說托里切利的坦率,讓他的方式比卡瓦列里更具直觀性、更直接。[34]

兩人的差異還展現在他們對矛盾極其不同的態度上。傳統派的卡瓦列

---

34 作者註:請參見德·甘特的〈托里切利的不可分量〉219頁。

里不惜代價試著避開矛盾，當自己的方法面臨潛在矛盾時，選擇以令人痛苦的長篇大論解釋為什麼這些矛盾其實並不是矛盾來對應。反之，托里切利卻樂在這些矛盾之中。他的論文合集納入了三張不同的矛盾清單[35]，詳列了假設連續統是由不可分量構成，所引發的精巧矛盾問題。對於一位試圖明確根據這個假設來為某種方式建立起可信方式的數學家來說，這個作法似乎令人意外，但對托里切利而言，這些矛盾符合了一個清楚的目的。當我們從事嚴肅的數學研究時，這些矛盾就不只是讓人可以隨便置之不理的娛樂猜謎，相反的，它們成了揭開連續統真正本質與架構的探究工具。換言之，這些矛盾正是托里切利的數學實驗。在實驗中，我們創造出一個不自然的環境，把自然現象發揮至極致，藉此揭露正常狀態下所隱藏的真理。對托里切利而言，矛盾同樣可以達到這個目的。他們將邏輯發揮至極致，藉此揭開以正常數學方法無法取得的連續統真實本質。

　　托里切利列出了幾十種矛盾，許多難解又複雜，但即使是最簡單的矛盾也保留了基本的問題[36]：

　　在平行四邊形 ABCD 中，邊 AB 大於邊 BC，畫出一條對角線 BD，並在線上任意找一點 E，線 EF 與 EG 分別與線 AB 與 BC 平行，則線 EF 大於線 EG，同理適用於所有其他相似的平行線。因此三角形 ABD 內所有與線 EF 相似的直線，都大於三角形 CDB 內所有與 EG 相似的直線，因此三角形 ABD 大於三角形 CDB。這個推論結果是錯的，因為對角線 BD 是從中對分了平行四邊形。

　　長方形對分的兩個半邊大小相異的結論很荒謬，但這個結論似乎很容易就從不可分量的概念導出來。怎麼辦？古代數學家很清楚無限小會帶來這類的矛盾，於是把無限小完全摒除在數學之外。卡瓦列里重新引進了

---

35 作者註：托里切利的矛盾清單，請參見德·甘特的〈托里切利的不可分量〉163~64頁。
36 作者註：托里切利的基本矛盾發表在他名為〈遭到誤解的不可分量理論〉（De indivisibilium doctrina perperam usurpata）的論文中。請參見羅利亞與瓦蘇拉合編的《艾凡傑里斯塔·托里切利作品集》第一卷第二部417頁。

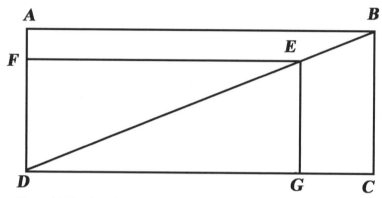

圖 3.8　托里切利，平行四邊形矛盾。
出自托里切利《幾何學著作》全集，第一卷第二部，p.417。

無限小，但他試圖處理這類矛盾的作法，卻是在過程中定下規則，確保這些矛盾不出現。譬如，他堅持若要比較這個圖形與另一個圖形中的「所有線條」，兩個圖形的線條都必須與他稱為「邊條」（regula）的這條絕無僅有的線平行。在托里切利的矛盾中，既然線 EF 與 EG 並不平行，卡瓦列里會聲明這兩條線根本不應該拿來比較，藉此避開矛盾。然而實際上，卡瓦列里的追隨者與批評者都漠視卡瓦列里的人為限制，他的追隨者把這些限制視為麻煩的阻礙，而他的批評者則是根本不相信這些限制解決了根本的問題。

　　托里切利採取了一種不同的方法。他並沒有試圖避開這個矛盾，反而花了很大的力氣去理解這個矛盾以及其在連續統架構中代表的意義。他的結論令人瞠目：所有與線 EG 平行的短線條所製造出來的面積，之所以與所有與線 EF 平行的較長線條製造出來的面積相等，是因為短線條比長線條「寬一些」。更概略地來說，根據托里切利的理論，「不可分量彼此相等，也就是說點等於點，線的寬度等於線的寬度，平面的厚度也都相等的這個想法，對我而言不但難以證明，而且事實上也是錯誤的。」[37] 這是個讓人啞口無言的觀念。如果某些不可分量線比其他的不可分量線「寬一些」，那不就表示這些線可以再分割，讓寬度與那些「細」線相等嗎？如

果不可分量的線有明確的寬度，那不就是說無限多的線條加起來，會是一個無限大的量——不會等於三角形 ADB 與 CDB 的有限面積嗎？同理也適用於大小明確的點，以及「厚度」明確的平面。這個假設聽起來荒謬，但托里切利卻堅持他的矛盾證明這個問題沒有其他解釋。不僅如此，他還把自己的整套數學方式，全建立在這個觀念之上。

　　若要把這個基本深入見解轉換成數學系統，單單只說原則上不可分量有大小上的差異是不夠的，建立系統的人必須精準地決定大小的差異為何。托里切利為了達到這個目的，再次把目標放在平行四邊形的矛盾之上。在這個圖裡，同樣數量的長線 EF 及短線 EG 製造出兩個完全相等的面積。若此為真，則所有的短線 EG「寬一些」的比例就等同於線 EF「長一些」的比例。結果就是此比例即為線 BC 對線 BA 的比例，換言之，就是對角線 BD 的斜度。托里切利一招就把連續統構成物的一個相當令人質疑的問題，轉換成了既可量化又有用處的數學量。

　　托里切利藉由一組曲線的切線斜度，也就是我們現在以 $y^m = kx^n$ 表示，而托里切利稱為「無限拋物線」的計算方式，精確展現了如何將不可分量的「寬度」做數學利用。在這個證明中，他應用的範疇遠遠超過卡瓦列里。卡瓦列里計算過幾何曲線涵蓋的面積與體積，但從未計算過曲線的切線。的確，因為卡瓦列里堅持只比較「所有線條」或「所有平面」的集合物，所以沒有留下任何空間給切線這種用不可分量點來計算斜度的棘手習題。但是托里切利用了更有彈性的方式，區別出不同不可分量的量，讓這種計算成為可能。他先把焦點放在平行四邊形矛盾中的圖 ABEF 與 CBEG 上。這兩個大家稱為「半磬折形」[38] 的圖形，面積相等，因為當它們各自加上相等的三角形 DFE 與 EGD 後，就等於面積相等的三角形 ADB 與 CDB。這一點永遠都為真。另外，不論對角線 DB 上的 E 點位於何處，即使移至 B 點的位置，前述也成立。因此線 BC 在面積上，或

<hr>

37　作者註：托里切利有關不等的不可分量討論，可於《艾凡傑里斯塔‧托里切利作品集》第一卷第二部320頁中找到。此句引自德‧甘特的〈托里切利的不可分量〉182頁。
38　作者註：此處的圖解源於自德‧甘特的〈托里切利的不可分量〉187頁。

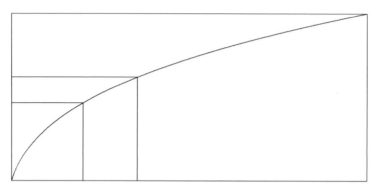

圖 3.9　半磬折形與一條「無限拋物線」的線段相交。
若該線段非常小，即不可分量，則半磬折形面積的比例為 $\frac{m}{n}$。

「數量」上，都等於線 AB，即使線 AB 較長。這個推論之所以成立，是因為，如半磬折形 CBEG，不可分量線 BC「寬一些」的比例，剛好與線 AB「長一些」的比例一樣。

　　現在，只要我們處理的是直線，如對角線 BD，半磬折形就永遠相等，不可分量的「寬度」也由單純的斜度決定。但如果我們的問題不是直線，而是一條現代術語為 $y^m = kx^n$ 的廣義拋物線，會怎麼樣呢？在這條「無限拋物線」中，半磬折形面積不再相等，但彼此有著固定的關係。托里切利用古典窮盡法證明，若曲線的線段非常小，兩個半磬折形的比例為 $\frac{m}{n}$。若半磬折形只有一個不可分量的寬度，則與曲線相交之兩條不可分量線的「大小」，比例就是 $\frac{m}{n}$。

　　這個結果讓托里切利可以計算出「無限拋物線」上每一點的切線斜度[39]，就如圖 3.10 的 AB 曲線。托里切利關鍵的見解在於：兩條不可分量線 BD 與 BG 與曲線在 B 點相交，也在此點與曲線的切線相交。因為兩條不可分量線的「面積」等於 $\frac{m}{n}$ 的曲線曲率，若切線延長成為長方形對角線，則兩條不可分量線的「面積」也等於 $\frac{m}{n}$ 的切線斜率。因此，在圖 3.10

---

39 作者註：有關托里切利切線計算方法的討論，請參見前註同文187~88頁，以及同作者的〈數學理論的出現與蛻變〉226~29頁。德・甘特的說明基礎源於羅利亞與瓦蘇拉合編的《艾凡傑里斯塔・托里切利作品集》第一卷第二部322~33頁。

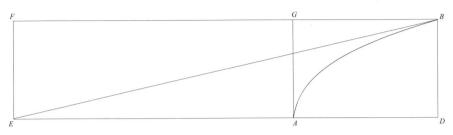

圖 3.10　托里切利的「無限拋物線」斜度計算。

中，線 BD 與 BG 的「面積」比例為 $\frac{m}{n}$，但線 BD 與線 BF 的「面積」比
則為 1。在托里切利的架構中，線 BF 與 BG「寬度」相同，因為它們都
與曲線 BF（或其切線）以完全相同的角度在 B 點相交，兩個線段的差異
只有長度，因此線 BF 與 BG 的長度比為 $\frac{m}{n}$。因為線 BF 等於線 ED，而線
BG 等於 AD，所以切線的橫座標 ED 與曲線橫座標 AD 的比例為 $\frac{m}{n}$，或
者更簡單的表示方法為 ED= $\frac{m.AD}{n}$。因此切線斜度 $\frac{BD}{ED}$ 在 B 點為 $\frac{n.BD}{m.AD}$。這
樣，根據「無限拋物線」上任何一點的橫座標與縱座標，都可以得知這條
「無限拋物線」的斜度。

　　托里切利這個驗證方式的重要性，遠超過驗證本身的精巧性（驗證
本身的確相當精妙）以及為數學傳統帶來的挑戰。數學家自古就一直閃避
矛盾，把矛盾視為無法克服的障礙，看成自己的計算方式走進死胡同的象
徵。但托里切利卻與這樣受到尊敬的古老傳統切割，不但不避開矛盾，還
找出矛盾，用來達成自己的目標。伽利略曾經思索過連續統的無限小架
構這個問題，但後來他限制了自己的說法，承認連續統是個偉大的「祕
密」。卡瓦列里不惜讓自己的方法複雜難用，也盡可能要避開矛盾，依循
傳統標準。托里切利卻毫無顧忌地利用矛盾，設計出精準且強而有力的數
學工具。他不但沒有將連續統的矛盾從數學領域中摒除，還將它放在這門
學問的核心位置。

　　姑且不論其明顯的邏輯危害性，托里切利的方式為當代數學家帶來
了極深遠的影響。儘管不斷在錯誤的邊緣打轉，但他的方法的確有彈性又

極其有效。這種方式若用在熟練與饒負想像力的數學家手上，會是個強而有力的工具，帶來全新甚至令人咋舌的結果。1640 年代，這個方式快速傳入法國，並在直接與托里切利通信的吉雷斯‧波松內‧德‧羅貝瓦與皮耶‧德‧費瑪（Pierre de Fermat，1601~65）等人手中發展。歐洲「文壇共和國」（Republic of Letters）的中心人物，亦即最小兄弟會（Minim）的神父馬林‧梅森，也與托里切利有書信往來，而他又接著將這個來自義大利的方法傳至英國，讓瓦里斯和巴羅誤以為這是卡瓦列里的功勞。托里切利的激進方法快速在歐洲大陸傳播，這個方法納入了新無限小數學的力量與前景，卻也納入了無限小數學的危險。

托里切利新建立起來的聲譽並沒有維持太久。1647 年 10 月 5 日，他生病了，短短三週後，三十九歲的他在 10 月 25 日長眠。托里切利在去世前頭腦清明的一個小時，指示遺囑執行者把他的手稿送至波隆那給卡瓦列里，讓他出版他覺得合適的部分。可惜一切都為時已晚。就在托里切利嚥氣一個多月後，卡瓦列里也在 11 月 30 日，因困擾多年的痛風辭世。短短幾年內，義大利數學界失去了引導之光伽利略與他的兩位重要數學弟子。這三個人在幾十年內改變了數學的面貌，開啟了歐洲各地數學家莫不熱切把握的新進展與可能性。一個世代後，這三個人的「不可分量法」將會轉變成為牛頓的「流數術和無窮級數」（method of fluxions）以及萊布尼茲的微分學與積分學。

遺憾的是，伽利略、卡瓦列里與托里切利在他們自己的家鄉並沒有任何繼承者。一如義大利數學界痛失伽利略與他弟子的領導，義大利的情勢也明顯不利於他們這一派的數學家。長久以來都以質疑態度看待不可分量法的耶穌會，迅速採取了行動。在長達十年的強烈宣傳下，耶穌會毫不留情地打壓無限小理論的可信度，並剝奪其支持者在數學圈的地位與聲音。他們的努力沒有白費。當 1647 年即將成為歷史之時，這個義大利數學的亮眼傳統也走到了終點。伽利略、卡瓦列里與托里切利的故鄉，一直要到好幾百年之後，才再一次成為饒負創意的最高等數學家之鄉。

第四章

「你死或我亡」：無限小的戰爭

無限小的危險

依據耶穌會數學家安德烈・塔凱（André Tacquet，1612~60）那個時代的標準，他算是位飽經世故之人。雖然從未踏足家鄉法蘭德斯以外之地，他的通信網卻跨越了歐洲的宗教分裂，抵達了義大利與法國，甚至還到了信奉新教的荷蘭與英國。塔凱在去世前幾個月，還招待過荷蘭的博學之士克里斯提安・惠更斯（Christiaan Huygens），而惠更斯之所以到安特衛普，也明白表示是為了見當時被視為耶穌會歷來最明亮的數學之星塔凱。兩人會面的時間雖然只有短短數天，但相處甚為愉快，連耶穌會都相信他已設法成功說服惠更斯改信天主教（事實並非如此）。超越十七世紀宗教偏見的，並非塔凱的個人魅力，而是他卓越的數學能力。在英國，非耶穌會友人的皇家學會秘書亨利・奧登柏格，於 1669 年 1 月的學會會議上，用了過多的時間敘述塔凱的《數學文集》（*Opera mathematica*），這考驗了學會夥伴們的耐性，他也特別為此道歉。儘管如此，他仍堅持那本書是「有史以來最好的數學書籍之一」[1]。

塔凱之所以有這樣的數學聲響，主要是因為他 1651 年的作品《圓柱與環四輯》。他在書中展現出對當時整個數學領域瞭若指掌，除此之外，他同時利用古典方式以及同儕與新近前輩所發展出來的新方法，計算幾何圖形的面積與體積。只不過一提到不可分量，這位態度通常溫和的耶穌會

---

1 作者註：引自芝加哥大學《伊希斯》學刊（Isis）第9期（1927年）66~82頁伯斯曼斯（H. Bosmans）的〈安德烈・塔凱對於理論與實際算數的處理方式〉（André Tacquet〔S. J.〕et son traite d'arithmetique theorique et pratique）。

會員，就會變得不太客氣：

> 我認為不可分量的證明方式既不正當也不幾何……許多幾何學家都
> 同意，一個點移動就會產生一條線、一條線移動就形成一個面、一個面移
> 動就會造成一個立體。但一個不可分量經過移動而形成一個數量這樣的說
> 法，與許多不可分量**構成**一個數量的說法大不相同。前者的真理經過了完
> 全確認，後者卻會引發幾何戰爭，且其規模將達到不是你死就是我亡的程
> 度。[2]

　　根據塔凱的說法，你死我亡就是無限小這個問題的賭注。這的確是很
嚴重的說法，但與這位法蘭德斯人同時代的人，卻不覺得這些話有什麼讓
他們特別意外之處。畢竟，塔凱是耶穌會會員，而耶穌會在當時為了完成
塔凱所鼓吹的事情，也就是讓連續統是由不可分量構成的這個理論徹底從
地球上消失，已經在持續且毫不妥協地運作著。耶穌會認為不可分量若盛
行，恐怕不僅數學這門學科會受到損害，支撐整個耶穌會事業生命力的理
想也會遭遇橫禍。

　　耶穌會所提及的數學，指的是歐幾里得的幾何學。一如克拉維烏斯神
父的教誨，歐幾里得幾何學是秩序的體現，其驗證始於宇宙不證自明的假
設，然後一步步邏輯化推演，說明幾何物體間的必要關係，譬如三角形的
三角和永遠都等於兩個直角和；直角三角形兩個短邊的平方和永遠等於第
三邊平方，以及等等。這些都是絕對的關係，任何有理性的人都不可能否
定。

　　因此，從克拉維烏斯開始，兩百年來，耶穌會的數學方式核心都是由
幾何學構成[3]。也因此，即使十八世紀的高等數學方向，已明顯偏離幾何
學，正朝代數與分析這些更新領域貼近，耶穌會數學家依然不動如山倒地
堅持著他們的幾何方式。幾何是耶穌會數學學派毫無疑問的標誌。如果神

---

2 作者註：安德烈・塔凱的《圓柱與環四輯》（安特衛普Iacobum Mersium出版，1651
　年）23~24頁。

學與其他知識領域能夠複製歐幾里得的確定性，耶穌會相信所有的紛爭都會結束，像宗教改革以及接踵而至的所有混亂與動盪，也永遠都不會在這樣的世界中生根。

對耶穌會而言，永恆秩序的願景，是人類應該研究數學的唯一理由。的確，就像克拉維烏斯不厭其煩地一再說服那些持懷疑看法的同僚般，數學就是耶穌會最高理想的體現。感謝克拉維烏斯的努力，耶穌會組織內開啟了這個領域的研究與培育之門。到了十六世紀後期，數學已經成為羅馬學院以及其他耶穌會學校最有威信的學科之一。

就像歐幾里得的幾何學對耶穌會而言是數學這門學問中最高級、最好的領域一樣，與幾何學完全相悖的「不可分量法」，則是伽利略與其追隨者最為倡導的領域。幾何學始於毫無疑慮的普世原則，但新的方法卻源於對基礎物體的不可信直觀。幾何學一步步從不可變的步驟，依據普世原則，導引出世上特定的驗證結果，但新的無限小方法卻走上相反的路，從直觀的物質世界是什麼樣子開始，推進到泛論，再從泛論進入一般性的數學原則。換言之，如果幾何學是從上到下的數學，不可分量法就是由下往上的數學。相較於歐幾里得數學嚴格、純粹且毫無疑慮的真理，新方法最具破壞力的就是充滿矛盾與衝突，而且一如可以讓人走向真理，這個新方法也很容易就引人誤入謬誤的歧途。

在耶穌會眼中，無限小若真的普及，無疑像是歐幾里得永恆且不容挑戰的幾何體系，被一個真實的巴別塔、一個建築在搖晃不穩基礎上，充斥著爭端與喧鬧，而且隨時可能傾覆的地方所取代。對克拉維烏斯而言，歐幾里得的幾何學若是宇宙階級與秩序的基礎，那麼新數學就是完全相反的東西，不但損害宇宙秩序的真正可能性，而且會帶來顛覆與爭端。塔凱寫

---

3 作者註：有關耶穌會數學家在十八世紀對於歐幾里得傳統的堅持，請參見伯斯曼斯的〈安德烈·塔凱〉77頁。另外當時一些最受歡迎的歐幾里得幾何學教科書，包括何諾雷·法比里（Honore Fabri）的《幾何概要》（*Synopsis geometrica*，里昂Antoine Molin出版，1669年），以及伊格納斯－賈斯頓·帕蒂斯（Ignace-Gaston Pardies）的《幾何要素》（*Elemens de géométrie*，巴黎Sebastien Maire-Cramoisy出版，1671年），也都是由耶穌會編成，絕非偶然。這兩本教科書在十七、八兩個世紀再版不斷。

下幾何學與無限小之間的爭鬥[4]，「不是你死就是我亡」的這些話，並非誇張之語。因此耶穌會開始下手進行毀滅。

審查官（上）

　　耶穌會初期的眾神父在為了歐洲靈魂之爭的戰役而與馬丁・路德和他的追隨者對立，幾乎從未把連續統結構的這個問題放在心上。第一個注意到連續統結構問題的耶穌會會員，除了克拉維烏斯在羅馬學院的老對手本篤・培雷拉外，不會有別人。1576 年，就在與克拉維烏斯因數學在耶穌會課程中的適當定位而吵得不可開交時，培雷拉出版了一本有關自然哲學的書，打算建立起耶穌會應該施行的正確原則。他遵循耶穌會創辦人所制訂的指導方針，在連續統這個議題上，嚴格堅持亞里斯多德的教旨。依據中古世紀經院主義的最高傳統，培雷拉首先提出線是由獨立點組成的問題，然後呈列出所有支持這個理論的古代與中古世紀大師論證，接著他再一一推翻這些論證，直到最後得出與亞里斯多德一樣的結論，也就是連續統可以無限分量下去，絕非由不可分量所構成[5]。顯然培雷拉並不關心數學創新或其顛覆的意涵，因為他寫下這些內容的時間，要比伽利略和其弟子建立起他們的激進數學方法早了數十年，所以培雷拉確實也沒有什麼理由去關心創新的問題。正因為他看不出任何的數學研究會對耶穌會有什麼價值，因此更不可能去關心應該教授哪種正確「種類」的數學決定。對他而言，連續統的問題只不過是亞里斯多德自然哲學討論中另一個需要處理的議題罷了。

　　整整二十年之後，才有另一位耶穌會會員提起連續統的問題，而這次的方濟・蘇亞雷茲神父，是耶穌會的首席神學家，權威比培雷拉高出太多。1597 年，蘇亞雷茲在他的著作《形上學辯論》中貢獻了十三頁，專

---

4 作者註：塔凱的《圓柱與環四輯》23~24 頁。

5 作者註：請參見本篤・培雷拉的《所有的一般自然原則》。培雷拉有關連續統構成的討論，請參見《信差》期刊（Nuncius）第 13 期第 2 冊（1998 年）392~94 頁，帕羅・羅西（Paolo Rossi）的〈芝諾觀點〉（I punti di Zenone）。

門談連續統構成的問題，他也和培雷拉一樣，把這個問題視為亞里斯多德物理廣義討論的一部分。與培雷拉不同的是，這位偉大的神學家並沒有專斷地排斥連續統是由不可分量構成的這個概念。他承認這個問題很麻煩，也放棄了所有得出必然結果的希望，只想找出一個「看起來為真」的答案。他先引用連續統由不可分量構成的理論，接著又引證完全否定不可分量的學說，議論兩者均為「極端」的立場。之後，他一方面提出一些他認為可能性較高的中庸立場，另一方面也承認這個問題不可能有明確的解答。蘇亞雷茲的立場與培雷拉相同，認為這個問題完全是技術性問題，也就是我們稱為「學術的」問題。除了亞里斯多德物理學的正確詮釋受到挑戰外，兩人都不認為這個問題會帶來什麼風險。

然而隨著查理五世、路德與依納爵存在的動盪世紀即將落幕，一股不容許出錯的緊迫性出現在耶穌會對於無限小這個議題的討論上。當時的總會長克勞蒂亞·阿瓜維瓦愈來愈關心耶穌會中日益分歧的意見。這種狀況無疑是成功的代價，因為那些年間，耶穌會在已知世界中，以數以千百計的學院和傳教團體型態快速擴張，組織活動納入了許多新生力軍。但阿瓜維瓦總會長並不認為這是基督軍隊脫離教會正確教旨的藉口。就耶穌會階級制度的角度來看，耶穌會人數與影響的增加，更應該是組織只存有單一清晰意見的理由。「除非將心靈圈錮在某種限制之內，」數年後，羅馬學院的學生級長里昂·山帝（Leone Santi）神父這樣警告，「否則這些心靈出走遊歷於新理論之境的次數將無窮無盡，」進而導致「為教會帶來極大的混亂與不安。」[6] 為了預防這一點，總會長於 1601 年在羅馬學院內設立了一個總校訂（Revisors General）的五人組織，賦予其審查世界所有耶穌會學校的課程內容，以及耶穌會支持出版的所有作品之權。阿瓜維瓦希望在總校訂的監督下，耶穌會學校只教授正確的教旨，只出版透過單一具權威性聲音發言的書籍，而且這些作品必須經過作者的頂頭會長核可。沒有多久，總校訂就開始發出禁止教授與提倡無限小的命令。

---

6 作者註：引自〈耶穌會：博學之士〉30頁。

　　總校訂對於連續統構成這個議題的第一道命令[7]，可以追溯到該組織創立僅五年的 1606 年。當時總校訂在回應一份比利時耶穌會學校送來的「連續統是由有限數量之不可分量構成」的提案時，快速且沒有任何評論地就判決該提案「哲學錯誤」。短短兩年後，另一封來自比利時的信函再度向總校訂提起同樣的理論。這一次總校訂提出了一些解釋，但態度強硬依然：「每個人都同意絕對不能教授這個理論，因為該理論不但不可信，哲學性不正確與謬誤，而且違背亞里斯多德學說。」短短十年前，蘇亞雷茲對連續統由不可分量構成這個問題在哲學上是否可行，僅表達了一些關切，並提出了一些替代提案，但總校訂與蘇亞雷茲大相逕庭，直接以「不正確與謬誤」的理由，禁止了這個理論的傳播。

　　這十年間有什麼改變嗎？總校訂沒有提供任何線索，而他們對這些連續統問題的提案概述，除了註明國別外，也沒有留下任何提案來源的詳細說明。只不過我們確實知道十七世紀初的那些年間，數學家對無限小的興趣明顯上揚。1604 年，羅馬智慧大學的路卡・瓦列里歐出版了一本計算幾何圖形重心的書[8]，並在書中利用到了無限小的基本方法。瓦列里歐在耶穌會中很出名，他曾追隨克拉維烏斯學習許多年，甚至在羅馬大學修到了哲學與神學的博士學位。耶穌會的神父不可能不注意他的作品，很可能因此覺得耶穌會需要在這種新方法上更完整地確立自己的立場。我們還知道 1604 年仍在帕度亞大學教書的伽利略，正在試驗用不可分量的方法定出自由落體定律的公式[9]。伽利略對瓦列里歐的評價非常高，多年後不但提名瓦列里歐進入銳眼協會成為會員，還在自己 1638 年的《對話錄》中，稱他為「我們這個時代的阿基米德」[10]。不論這兩人是互相欣賞還是

---

7 作者註：總校訂於1606與1608年頒布的判令，可以在存於羅馬的耶穌會文獻檔案處 ARSI（Archivum Romanum Societatis Iesu）手稿編號FG656 A I 318~19頁中找到。

8 作者註：這本書是路卡・瓦列里歐的《固體之重心》（De centro gravitatis solidorum libri tres，羅馬B. Bonfadini出版，1604年）。有關瓦列里歐利用無限小方法的相關資料，請參見卡爾・波以耳的《微積分歷史》104ff頁。

9 作者註：有關伽利略1604年利用不可分量試驗的相關資料，請參見費斯塔的〈不可分量的某些爭議角度〉196頁。

10 作者註：請參見伽利略的《關於兩門新科學的對話》148頁。

獨立發展出各自的想法，他們的研究為無限小的地位，標註了重要的轉變。自此之後，無限小再也不是亞里斯多德與其後代評論家有限討論的一個古老理論，而似乎是進入了現代數學的殿堂。

對耶穌會而言，這是個關鍵的轉變。克拉維烏斯不久前才贏得了一場戰爭，將數學建立成耶穌會的核心課程，大家也才剛開始承認會中數學家在數學圈的領導地位。十七世紀初，當無限小開始擴散到實用數學的領域時，耶穌會覺得有必要決定自己看待這些新方法的立場。這些新方法與耶穌會數學視為核心數學方式的歐幾里得數學相容嗎？總校訂的答案明顯為不。然而即使有如此堅定的聲明，問題似乎仍未解決。歐洲各地受過數學訓練的耶穌會會員，都密切注意數學最尖端研究接下來的發展，也都知道大家對於無限小的興趣正在成長。就是因為他們意識到這個議題的敏感性，所以不斷向總校訂提出這個理論的不同版本，而每一次的內容也都與其他已經遭到禁止的版本稍有不同。結果，當總校訂再次把注意力放到無限小這個議題時，導火線仍舊是數學領域的發展趨勢。

今天我們記得的約翰・克卜勒（1571~1630）是第一個標示出天體行星正確橢圓軌道的人。他在他那個年代，並非無人賞識。克卜勒雖然是新教教徒，但在十七世紀初，卻是世上唯一一位與伽利略齊名的科學家，擁有世上最令人嚮往的數學地位——布拉格神聖羅馬帝國的宮廷天文學家。1609 年，克卜勒出版了他的名著《新天文學》（*Astronomia Nova*），並在書中論證行星運行的軌道是橢圓形，而非圓形，還將自己的觀察，整理成行星運動的兩大定律。（克卜勒的第三定律在後來 1619 年出版的《世界的和諧》〔*Harmonices mundi*〕一書中發表。）為了計算行星以不同速度繞著軌道的精確運行，克卜勒概略地運用了無限小的概念，假設行星的橢圓軌道是由無限數量的點所形成。六年後，克卜勒在一本專門研究酒桶正確體積計算的書中，進一步發展出屬於他自己的數學理論，利用無限小的方法計算出幾何圖形的完整面積與體積。舉例來說，他為了計算圓形面積，假設圓形為一有無限多邊的多方形，而球體則是由無限多個錐體構成，每一個錐體的尖端都在球體中央，底部在球體的表面等等。名為《新酒桶體

積測量儀》（*Nova Stereometria Doliorum Vinariorum*）的這本書，是他精心完成的數學力作，內容中暗示了某種數學方法的威力，這種方法後來由卡瓦列里系統化並予以命名。耶穌會再次感覺到有必要對此做出回應，而這份工作也再次落在羅馬的總校訂身上。1613 年，總校訂公開否決連續統是由物理學上的微量（minim）或數學上的不可分量所組成的提案。1615 年，總校訂在幾個月間，先後否決「連續統是由不可分量構成」以及「連續統是由有限數量的不可分量組成」[11] 的提案，藉以重申他們對無限小見解的譴責。他們對這個理論的意見是：「也不允許在我們學校內教授……就算是無限數量的不可分量。」

總校訂的決定一經發布，運作順暢的執行體系就開始行動。全球眾多的耶穌會轄區都被告知審查者的判決，並將判決一層層地往轄下的區域傳遞。這一整條傳遞系統的終端是個別學院與學院中的教師，他們全都接到了指示什麼可以教授、什麼不准教授的新命令。當羅馬總校訂的決定，藉由耶穌會的階級體系下達給教授時，無論他之前對這個議題的看法為何，他都會自動自發地盡全力將這個命令貫徹到底。耶穌會體系構築在階級制度、訓練與信賴之上；或者引用一位不太友善的觀察者所說，耶穌會的體系是構築在教化之上。不論耶穌會是構築在什麼之上，這套體系無疑非常有效率。總校訂宣布的內容，成了全球千百所耶穌會學院的規定。

路卡・瓦列里歐的失勢

總校訂 1615 年做出不利於無限數量不可分量的判決，可能引發了這個組織與克卜勒欽慕者的對立。但不論總校訂的意圖為何，耶穌會之前的盟友路卡・瓦列里歐卻成了耶穌會較強硬新立場的受害者。判決的出爐距離伽利略提議瓦列里歐加入聲名卓著、等於是伽利略在羅馬的組織中心的銳眼協會，已過了三年。銳眼協會是一個會員制的組織，由一群經過挑選的頂尖科學家以及他們的貴族贊助人組成，而瓦列里歐似乎是量身打造的

---

11 作者註：1615年的第一道判令日期為4月4日，存於ARSI，手稿編號FG 656A II 456頁。
第二道判令日期為11月19日，存於ARSI，手稿編號FG 656A II 462頁。

會員，因為他不僅是以大膽想法著稱的數學家、古老的羅馬智慧大學教授，也是一位貴族，且與已故的教宗克雷芒八世（1592~1605）有私交。他曾是克雷芒八世的老師。閃閃耀人的社會聲望、個人的創造力，還有各組織對他的尊崇，都讓銳眼協會很快在 1612 年 6 月 7 日選擇了瓦列里歐入會，而且入選會員的那一刻起，他就成為銳眼的領導者之一，被賦予編輯協會所有出版品的責任。

瓦列里歐曾師從克拉維烏斯多年，一直與以前學院中的老師和同僚維持著良好關係，這一點也是銳眼協會中重視他的原因。在伽利略與羅馬學院的耶穌會會員關係愈加緊張時，瓦列里歐始終都擔負著兩個陣營的溝通，甚至可能妥協的工作。的確，瓦列里歐最想做的，也是修補兩個友人組織之間的鴻溝。可惜他做不到。伽利略不顧耶穌會敏感的議題，出版了攻擊亞里斯多德物理原則的《浮體論》，辯說太陽黑子的本質，並傳布他對聖經真正詮釋的看法。在羅馬學院的耶穌會會員眼中，伽利略對神學領域的干擾，是壓倒駱駝的最後一根稻草。於是他們決定對這個他們曾經用了一整天的儀式表示尊崇，但現在已被視為可恨敵人的人進行反擊。

耶穌會這次從過去的錯誤中學到了教訓。他們之前一次次被伽利略傑出的爭辯打敗，結果自己反而成了阻擋科學進步的腐儒，嚴苛又愛說教。因此這次他們不再進行公開辯論，把戰場移至他們擁有無可挑戰力量的競技場之上，也就是教會權威的階級制度。1615 年，樞機主教貝拉明發表意見反對哥白尼學說，而他的意見很快就成了教會的官方論點。他接著又向伽利略發出一封私人警告信，要他永遠停止相信或支持這個遭到禁止的理論。這是耶穌會為了自己的目的所展現出的教會統治力，令人印象深刻，也是對伽利略派支持者的一次重挫。至於無限小，耶穌會並沒有祭出比宣告反對哥白尼理論更公開的措施，但總校訂在 1615 年 4 月針對不可分量不利的裁定，與貝拉明發布反對伽利略看法的時間完全相同，或許並非巧合。

這時的瓦列里歐感覺進退維谷。他一直希望能達成和解的兩大知識團體現在公開對戰，他所處的中立區很快就消失不見，兩邊都在拉他入營。

總校訂 1615 年 4 月對連續統構成的判定，讓瓦列里歐驚覺自己身為認同無限小方法的數學家，已無法繼續置身事外。總校訂接著在 11 月又重申這個判定，還附加了該判決甚至適用於「就算是無限數量的不可分量」的情況，瓦列里歐可以直接判定這個附加的條件簡直就是針對自己而來。我們並不知道耶穌會或銳眼協會私下跟他說了什麼，但他的壓力想必重到難以承受。最後，情勢已明顯對伽利略派不利的 1616 年初，瓦列里歐做出了決定，他向銳眼協會請辭會員身分，公開支持耶穌會。

銳眼震驚。銳眼協會的會員資格是極高的榮耀，從未有人拋棄過這樣的身分。此事的發生，也可以看出面對耶穌會的猛烈攻擊，伽利略派人士的處境有多麼危險。不過銳眼依然毫無罣礙地果斷回應，他們立即拒絕了瓦列里歐的請辭，理由是此舉違背會員誓約，因此技術上，瓦列里歐仍是銳眼會員，不過那也只是在名義上而已。1616 年 3 月 24 日的一場會議中，瓦列里歐的協會夥伴指他背棄忠誠的誓言，不但冒犯了伽利略，也傷及「銳眼精神」，也就是互助團結的銳眼原則。會上，他們決定禁止瓦列里歐參加協會日後所有會議，並附加褫奪了他的投票權。

瓦列里歐誤判了情勢[12]。伽利略派人士也許處於被動，但他們仍有足夠的力量反擊過去的同伴。就這樣，曾經燦爛成功許久的生命與事業，最後變成一齣希臘悲劇。因為大眾之前認可瓦列里歐的數學本領，讓他攀上了義大利知名學者的高峰，同時受到保守派與創新派的推崇，但是當他再也無法為兩個愈離愈遠的陣營架起橋樑後，他做出了錯誤的選擇。孤立、蒙羞、遭到之前朋友摒棄的瓦列里歐退休了，在銳眼將他驅逐出會不到兩年，他與世長辭，成為耶穌會對無限小開戰的早期受害者。

---

12 作者註：有關瓦列里歐的成功與殞落，請參見大衛・費利伯格（David Freedberg）的《山貓的銳眼：伽利略、他的友人，以及現代自然史的濫觴》（*The Eye of the Lynx: Galileo, His Friends, and the Beginnings of Modern Natural History*，芝加哥大學出版社出版，2002 年），尤其在 132~34 頁著墨特別多。另外請參見麥克家教網站中，由歐康納與羅伯森撰寫的瓦列里歐生平（http://www.gap-system.org/~history/Biographies/Valerio.html）。有關瓦列里歐利用無限小的資料，請參見波以耳的《微積分歷史》104~106 頁。

耶穌會的葛萊格里·聖文生

　　瓦列里歐曾在羅馬學院學習與受訓多年，但他並非耶穌會會員。有時候耶穌會官方不止要應付外部人士，也要處理自己的會員，因為耶穌會的知識分子不但會抵抗上級加諸他們身上的抨擊，也會盡最大努力追求研究的自由，只不過這麼做的會員即使沒有貫徹耶穌會的精神，也會遵守組織的書面規定。遇到這種情況，耶穌會通常會採取比較溫和的手段，提醒任性的會員遵守耶穌會的共同盟誓以及自願服從的理想。耶穌會仰賴階級體制[13]與根深柢固的服從價值，對會員所產生的支配力，遠大於他們原先期待藉由實施紀律、強迫與威嚇所達到的控制。

　　儘管如此，挑戰耶穌會的判決仍要付出相對的代價，就像令布魯日數學家葛萊格里·聖文生驚惶的認知。法蘭德斯人聖文生（1584~1667）與塔凱這位同時期但比他年輕的同鄉一樣，是有史以來耶穌會中最具創意頭腦的數學家。1625 年，聖文生在魯汶的耶穌會學院教書時，開發出了一種計算幾何圖形面積與體積的方法，他稱之為「平面增生」（ductus plani in planum）。他相信自己最大的成功是解決了難倒歷代偉大幾何學家的古老問題：畫出一個與指定圓面積相等的方形，或者說得更簡單，就是「化圓為方」。聖文生決定發表這個結果，但身為忠實耶穌會員的他，先將手稿送到羅馬取得許可。聖文生是位著名的數學家，論文內容也是技術性與挑戰性兼具，因此他的申請一路送到了耶穌會的總會長穆提歐·維帖雷奇那兒。

　　維帖雷奇為此猶豫不決。那個時代大多數的數學家都相信化圓為方是不可能的事情（後來證明他們是正確的），或至少以古典歐幾里得的方式是不可能做到的。那些聲稱完成這項偉業的，通常都會被當成騙子打發，

13 作者註：耶穌會知識分子與控制他們研究成果的階級制度之間的緊張關係，請參見費恩高德的〈耶穌會：博學之士〉，以及《早期科學與醫學》雜誌第1期第3冊（1996年）319~54頁，馬可斯·海利爾（Marcus Hellyer）的〈因為長官命令的權威：審查制、物理學與德國耶穌會〉（Because the Authority of My Superiors Commands': Censorship, Physics, and the German Jesuits）。

所以當一位耶穌會的學者聲稱自己成功地化圓為方時，可能意味著玷污耶穌會聲譽的嚴重威脅。更麻煩的是聖文生的「平面增生」法，非常令人懷疑似乎是奠基於被禁止的無限小理論之上。

維帖雷奇不想自己決定技術問題，於是把這件事交給了格恩柏格神父。格恩柏格神父不但是克拉維烏斯的學生、他在羅馬學院的繼任者，同時也是耶穌會組織中地位最高的數學權威。格恩柏格仔細研讀了這篇論文，同樣沒有被說服，因此駁斥了這篇論文的發表。聖文生並未因此受挫，他要求去羅馬，也獲得了准許，接下來的兩年，他一直在羅馬試圖說服格恩柏格接受他的方法不但有效，而且並未違反耶穌會對無限小的非議。他的努力失敗。1627 年格恩柏格的一封信，告知維帖雷奇自己並不質疑聖文生研究結果的正確性，卻非常擔心聖文生使用的方法。於是這個法蘭德斯人徒勞無功地回到魯汶，二十年未發表過隻字片語，直到 1647 年，趁著維帖雷奇總會長去世，才終於將自己的研究付印。這一次，他繞過了羅馬的權威者，直接取得耶穌會法蘭德斯分會的核准 [14]。

聖文生的歷程，代表了 1615 年頒布禁令以及瓦列里歐名聲地位兩失之後那些年，耶穌會對不可分量的態度 [15]。在這段時間，不可分量的確遭到了禁止，但制訂不可分量的使用政策，卻不是耶穌會的首要之務。面對有人利用無限小的新數學方法時，耶穌會採取行動，提醒會員這些方法不會獲得核可，但除此之外，在防堵新方法擴散這件事上，他們卻幾乎毫無

---

14 作者註：相較之下，當塔凱四年後同樣在法蘭德斯出版他的《圓柱與環四輯》時，許可證上標明了他的作品已由耶穌會三位數學家審閱過，並獲得他們核准，但聖文生的作品並沒有這樣的背書。

15 作者註：有關葛萊格里・聖文生遭遇的困境，請參見費恩高德的〈耶穌會：博學之士〉20~21頁、《數學歷史》期刊（Historia Mathematica）第11期（1984年）58頁，賀曼・凡・路易（Herman Van Looey）的〈葛萊格里・聖文生（1584~1667）數學手稿的年表與歷史分析〉（A Chronology and Historical Analysis of the Mathematical Manuscripts of Gregorius a Sancto Vincentio〔1584~1667〕）、伯斯曼斯的〈安德烈・塔凱〉67~68頁，以及《傑納斯》（Janus）第56期（1969年）191~202頁的〈葛萊格里・聖文生致克里斯多夫・格恩柏格的四封信〉（Four Letters from Gregorius a S. Vincentio to Christopher Grienberger）。

作為。諸如聖文生這樣知名的耶穌會會員，因不可分量而激發出新的方法，並送呈羅馬長官核可的事實，證明他期待組織能夠給予他一些彈性空間。他申請出版研究成果的提議遭到否決，但也僅此而已，他本人並未因違反規定而受到懲處。聖文生在後來相當長的後半輩子裡，依然擁有耶穌會學院的顯赫地位，而且還能掌握機會，製造有利條件，最後甚至仍設法出版了自己的研究。可惜在未來，耶穌會斷然以嚴屬的態度對付無限小，那時他們的態度就沒有如此寬容了。

耶穌會失勢

結果證明原來是聖文生的機運好，因為那時正值耶穌會防堵無限小活動的休眠期。1615 年頒布禁令後的十七年間，總校訂的焦點始終沒有再回到這件事上，其中很大的原因是耶穌會本身的時運不同了。1616 年與伽利略派人士的戰爭勝利後，耶穌會就成了羅馬的最高支配者。與伽利略的戰爭中，教宗保祿五世公開支持耶穌會，壓制批評他們的人，將耶穌會塑造成真理的裁決者。哥白尼的擁護者確實因此沉寂下來，所有跟無限小有關的言論，似乎也隨之銷聲匿跡。瓦列里歐蒙羞，伽利略也已無立場挑戰羅馬學院權威。1619 年，教宗保祿五世藉由美化依納爵的輔祭方濟·沙勿略這位大膽傳教士的舉動，展現他對耶穌會的偏愛，一如十年前他對依納爵本人的作法一樣。1622 年，保祿的繼任者教宗格里高里十五世進一步完成了整個程序，讓聖依納爵與聖方濟·沙勿略成為天主教教會的第一批耶穌會聖人。在慶祝活動中，耶穌會計畫在羅馬學院的院址上建立一座堂皇的新聖依納爵教堂。

然而這個專制制度的中心是羅馬教廷，而左右教廷威權與權力的源頭之一，就是教宗的個人偏好。這件事幾乎從來不是耶穌會的問題，因為他們也擁護教宗的至高無上權力，而且耶穌會的菁英全都親自宣示效忠教宗。毫無意外的，大多數教宗都認為偏愛耶穌會對自己最有利，但仍有例外。舉例來說，耶穌會的對手修道會戴蒂尼會（Theatines）創辦人教宗保祿四世（1555~59）就對耶穌會不甚友善，耶穌會在他任內吃了很多苦。

七十年後的現在，歷史似乎又重演。1623 年 7 月，繼位僅兩年的教宗格里高里十五世辭世，把羅馬所有的政治算計攪成一團混亂。樞機團花了整整一個月的密集布署才決定教宗繼任者，但等一切塵埃落定時，羅馬顯然迎來了嶄新的日子。當選教宗的人是佛羅倫斯的樞機主教瑪菲歐·巴貝里尼（Maffeo Barberini），他選擇的名字是烏爾班八世。對耶穌會而言，不會再有比這個更糟的選擇了[16]。

對耶穌會而言，巴貝里尼的當選有許多令他們憂心的理由。首先，巴貝里尼出身於以獨立傳統自傲的佛羅倫斯，因為獨立，所以耶穌會在那兒的影響力相對不大。畢竟在伽利略與耶穌會 1616 年的糾纏中，拯救伽利略倖免於更嚴重後果的人，就是佛羅倫斯的統治者科西摩大公二世。除此之外，巴貝里尼還在法國擔任教廷使節多年，與法國宮廷關係密切，眾所皆知。的確，他之所以能確保當上教宗，也是法國透過樞機主教薩伏伊的毛利濟歐（Maurizio of Savoy）所展現的影響力所致。相反的，耶穌會因為教宗權至尊（papal supremacy）的議題，經常與法國君主以及法國在索邦的支持者發生爭議，而且不止一次為了拒絕發誓服從國王而遭法國禁止授課。在教廷中，耶穌會是法國對手哈布斯堡家族——包括神聖羅馬帝國皇帝與西班牙國王——的忠實支持者，他們認為這個家族是重拾基督教國家統一的最大希望。除此之外，最令耶穌會頭痛的，莫過於巴貝里尼是伽利略的朋友，曾公開對這位佛羅倫斯同鄉以及他的發現與見解表示欽佩。前十年的羅馬文化戰爭中，巴貝里尼始終堅定地支持伽利略與銳眼協會這些羅馬學院耶穌會神父的敵人。

烏爾班八世接任教宗工作後不久，他的行事作為確定了耶穌會最大的恐懼已然成真。他指派紀凡尼·西安波里（Giovanni Ciampoli）先生為私人秘書，並任命年輕的爵士佛吉尼歐·塞薩里尼（Virginio Cesarini）為教宗密室（the papal secret chamber）的負責人。這兩人都是銳眼會員，

---

16 作者註：有關羅馬因烏爾班八世的當選而產生的政治與文化風向改變，請參見皮耶特拉·瑞東帝（Pietro Redondi）的《伽利略的異端邪說》（*Galileo Heretic*，普林斯頓大學出版社出版，1987年），特別是44～61與68～106頁著墨最多。

曾和伽利略一起計畫如何「打倒耶穌會的自負」[17]。接著，貝拉明樞機主教 1621 年過世後，耶穌會在樞機團內就沒有了代表，而新教宗對這樣的狀況似乎相當滿意。1627 年，耶穌會向教宗請願，希望能讓貝拉明封聖，烏爾班不但一點都不急著回應，相反的，還在封聖程序中設立了新的障礙，裁決建議人選必須在去世五十年後才能進行封聖。最令耶穌會煩惱的還是烏爾班八世對伽利略的仰慕，以及若不是怕損及自己身為教宗的聲譽，就會熱切暢言自己對伽利略的敬佩。1623 年伽利略出版《試金者》（*The Assayer*），這是他與羅馬學院筆戰中最新也是最有力的猛烈攻擊。教宗熱烈歡迎這本書，並公開接受了伽利略親自為他特別裝訂的版本，由銳眼協會創辦人腓德里柯·瑟西公爵（Prince Federico Cesi）親自送交，還在用餐時，請西安波里念給他聽。親自參與這些盛會的塞薩里尼，向伽利略保證新教宗覺得這本書很有趣，而且對他滿是讚賞[18]。銳眼協會抓住了這些有利的機會，很快就讓教宗的姪子法蘭西斯柯·巴貝里尼（Francesco Barberini）成為銳眼的正式會員，事實旋即證實這是睿智的一步，因為教宗沒多久就賜予年輕的法蘭西斯柯樞機主教的頭銜。這位本身是銳眼會員的姪子主教，或許已是羅馬最有權勢的第二人，而成立數十年的耶穌會，卻沒有任何自己人擔任樞機主教。

新教宗鍾愛的外交政策也對耶穌會不利。的確，烏爾班八世有時就像是個退回到文藝復興時期的教宗，他對確保自己身為義大利公爵自主權所關心的程度，遠超過強化自己身為所有基督教徒精神領袖的立場。在三十年戰爭（1616~48）這場最血腥的宗教鬥爭中，大家自然期望教宗能堅實地支持國土遭到蹂躪、肩負抵抗新教主力攻擊的哈布斯堡家族，然而相反的，烏爾班卻與法國和其謎樣的第一內務大臣黎胥留結盟，試圖擺脫令人窒息的哈布斯堡桎梏，解放自己。他不但沒有支持對抗異端邪說的戰

---

17 作者註：源於銳眼會員約翰納斯·法伯博士（Dr. Johannes Faber）在1620年2月15日致伽利略之信。引自瑞東帝的《伽利略的異端邪說》43頁。

18 作者註：塞薩里尼在1623年10月28日致伽利略之信。引自瑞東帝的《伽利略的異端邪說》49頁。

爭，反而建立自己的軍力，欺凌全都是忠實天主教徒的義大利當權諸侯。他把伍爾比諾公國（Duchy of Urbino）納入自己的版圖內，成為擴充教宗轄地的最後一位教宗，並對帕馬的法尼西家族公爵們發動「卡斯特羅戰爭」（wars of Castro）[19]。1627 年，馬奴亞（Mantua）家族中歷史悠久的龔札加（Gonzaga）支系沒有男性子嗣，烏爾班罔顧哈布斯堡的主張，支持新教徒納佛斯公爵（Duke of Nevers）查爾斯‧龔札加（Charles Gonzaga）繼承。

儘管那些年諸多不滿，但始終虔誠與積極的耶穌會仍試著引導教會的政策，遠遠避開他們認為傷害重大的方向。他們的計畫是奠基於羅馬與巴黎之間長年不斷的爭議架構之上，也就是教宗權至尊的問題。1625 年，羅馬學院的教授安東尼奧‧山塔列里（Antonio Santarelli）撰著了一本名字冠冕堂皇的著作，《論異教邪說、宗教分裂、背教、告解聖事的濫用，以及羅馬教宗懲罰這些罪行的權力》（*Treatise on Heresy, Schism, Apostasy, the Abuse of the Sacrament of Penance, and the Power of the Roman Pontiff to Punish These Crimes*），並在書中氣勢高昂地為教宗權辯護。他的主要論點是教宗對俗世君王擁有至高的統治權，若這些君王的行為傷及信仰，教宗甚至有權免除他們的王權。這套理論並不新，對耶穌會來說似乎也相當不證自明，因為他們堅信的嚴格階級制度，就是教宗在頂端，依次為教會、國家與社會的制度。早在 1610 年，樞機主教貝拉明本人就曾發表過他自己的《論至尊教宗在俗世事務上的權力》（*the Power of the Supreme Pontiff in Temporal Affairs*），為了教宗權力，提出幾乎完全相同的主張。只不過這位樞機主教後來發現，一件在羅馬根本就是天經地義的事情，在巴黎卻是反政府的煽動言論，因為法國的波旁家族（the Bourbons）正忙著建立以絕對權力優勢統治的絕對君權體制。貝拉明的書遭到巴黎國會公開譴責，而耶穌會也連著許多年被禁止在法國境內授課，波旁宮廷與梵諦岡之

---

19 這場戰爭是三個教宗家族間的權力鬥爭——由教宗烏爾班八世的巴貝里尼家族以及英諾森十世的潘菲利家族，對抗控制著卡斯特羅及其周邊領土的卡斯特羅公爵，也就是前教宗家族法尼西家族。戰爭導致卡斯特羅於1649年被毀滅。

間還為此爆發了短暫的外交危機。1625年，耶穌會很可能希望藉著在巴黎出版山塔列里這本書的機會，再次煽動起一次類似的危機，迫使教宗重回哈布斯堡家族的懷抱，不論他是否願意。

這個計畫一敗塗地[20]。法國的確因為山塔列里的論文震怒，但他們把怒氣全部直接發到耶穌會而非教宗的身上。這本書不但遭到巴黎國會譴責焚燒，也受到索邦與其他法國大學教職員的公開指責。1626年3月16日，法國耶穌會的領導者受召至國會，被要求簽署一份公開否定山塔列里「邪惡理論」的文件。他們若拒絕，面臨的是整個法國傳教系統的毀滅，因此耶穌會的代表卑微地簽下了這份公開書。這件事若還不足以羞辱耶穌會，那麼還有更大的事情在羅馬等著他們。同年的5月16日，教宗傳喚耶穌會的會長穆提歐·維帖雷奇到自己面前，當著教廷內樞機主教與高階神職人員的面，嚴厲批評耶穌會損害他的法國政策。「你們在法國抹黑我還不滿足，竟然要在義大利把我弄得四分五裂，」教宗雷霆震怒。這件事不啻對耶穌會的指揮官是個極大的羞辱，從整體看來，也是公開否定耶穌會這個修道會。距離聖依納爵封聖僅短短四年，一度天下無敵的耶穌會，被貶至羅馬教廷的最偏遠地帶。

耶穌會遭逢變故之時，他們的敵人卻蓬勃發展。當時人在羅馬的伽利略正監督著《試金者》的出版，於1624年春天與教宗數度會晤，親近地討論自然科學。伽利略六月回到佛羅倫斯，帶著一封稱他為教宗「摯愛之子」的信，信中對他的下一本書給予熱情鼓勵。伽利略當時為這本書定名為《論海洋潮汐與流動》(*Treatise on the Flux and Reflux of the Sea*)，後來更名為《關於兩大世界體系的對話》。伽利略甚至相信自己取得了教宗的默許[21]，可以重啟地球運轉問題的研究。這個錯誤的判斷，讓他在九年後失去自由。1628年秋天，伽利略與友人自由思考的態度，甚至深入了耶穌會勢力的核心。在一場於羅馬學院大會堂舉行的盛大儀式上，許

---

20 作者註：有關山塔列里事件，請參見班格特的《耶穌會歷史》200~201頁，以及瑞東帝的《伽利略的異端邪說》104~105頁。

21 作者註：請參見瑞東帝的《伽利略的異端邪說》50頁。

多樞機主教列席，薩伏伊樞機主教之孫皮耶托‧斯佛札‧帕拉維奇諾侯爵（Pietro Sforza Pallavicino，1607~ 67），正在為自己的神學博士論文辯護。這位年輕的貴族在羅馬知識圈內，是位正在竄升的明日之星[22]，無量的前途最後將他帶入了樞機團。即使年僅二十一歲，他已是光彩奪目的文藝組織「聲譽與知識學會」（Academy of the Desirous）會員，也是伽利略的朋友。在這個場合上，帕拉維奇諾證明自己是個自由的思想者，因為他的論文是在為原子論學說的正統性辯護，而原子論學說正是伽利略在《試金者》書中所倡導的學說，也是耶穌會攻擊非正統、甚至異端邪說的目標。帕拉維奇諾的看法，與伽利略的死對頭羅馬學院的歐拉吉歐‧格拉齊（Orazio Grassi）神父截然相反，他認為原子論毫無異議且完全符合天主教拜領聖體儀式的官方教理。短短數月後，接受過耶穌會教育的帕拉維奇諾，成為銳眼協會正式的合格會員。

值此運勢處於歷史低谷，權威與聲名飽受攻擊之時，耶穌會明確暫停了他們對無限小的打擊活動。畢竟，在竟然有人可以在他們最神聖的大會堂中，公開朗誦辯護他們所鄙視的原子論論文之際，耶穌會要如何令人信服地譴責數學不可分量的相關理論？於是他們低調行事了十七年，在無限小數學攻城掠地時，沒有再發出任何譴責聲明。卡瓦列里就是在這段時間發展出了自己的不可分量方法，保住了他在波隆那的數學教授職位。托里切利也是在這段時間，在恩師班內疊多‧卡斯帖里的引導下首次接觸到新數學，進而投身這個事業，後來成為新數學最具影響力的實踐者。在這整段時間內，耶穌會觀察、摘記，耐心等待著屬於他們的時代降臨。

烏爾班八世的危機

1631 年 9 月 17 日，瑞典與薩克森的新教軍隊與神聖羅馬帝國的天

---

22 作者註：有關帕拉維奇諾為自己的神學博士論文辯護一事，請參見前註同書200～202頁。格拉齊神父在彗星特質這個議題的爭議上，始終都與伽利略對立，而《試金者》攻擊的對象中，他也是主要目標之一。他譴責伽利略原子論正統說法的內容，涵蓋在他1626年的作品《重量與對稱平衡系統》（*Ratio ponderum librae et simbellae*）之中，當時他是以羅塞利歐‧薩爾西（Lothario Sarsi）的筆名出版這本書。

主教軍力，在薩克森的布萊頓菲爾德（Breitenfeld）附近遭遇後開戰。帝國軍發動攻擊後，經驗不足的薩克森人驚惶失措地逃離戰場，暴露了側翼的瑞典聯軍，讓他們蒙受可能的壓倒性打擊。不過瑞典軍守住了陣地，他們保住了自己的側翼，並轉而主動襲擊。在國王古斯塔夫・阿道夫（Gustavus Adolphus）的冷靜指揮下，瑞典軍大敗帝國皇帝人馬，讓在此之前無敵的伯爵提利（Tilly）軍隊，出現數以千計的傷亡。這一擊，新教瑞典人打開了通往德國天主教心臟地區的道路。

　　瑞典在布萊頓菲爾德的勝利不但震驚歐洲，也轉變了這長達十三年的戰爭局勢，讓戰事繼續延長十七年。在此之前，哈布斯堡的皇室軍隊始終優於敵軍，勝仗不斷。1620 年皇室軍在白山戰役（the Battle of White Mountain）中大潰波西米亞貴族，更早之前，還擊敗為了支持教友而介入戰事的丹麥新教徒。事後證明，新教諸侯聯軍在薩克森的約翰・葛歐格（Johann Georg）領導下，根本不是帝國將軍提利伯爵與亞伯赫特・馮・瓦倫斯坦（Albrecht von Wallenstein）的對手。但是 1630 年，瑞典的古斯塔夫・阿道夫結束與波蘭的戰爭，將麾下身經百戰的軍隊移至德國北部。神聖羅馬帝國國王費迪南二世希望繼續讓瑞典人積弱不振與孤立，但他的期待卻在 1631 年初破碎。當時古斯塔夫與法國的樞機主教黎胥留達成了協議。黎胥留雖然身為樞機主教，但他試著重挫哈布斯堡統治歐洲布局的企圖，遠甚於提升他自己在教會利益，於是他承諾提供財務援助予古斯塔夫進行大規模的軍事行動。這段非正統結盟的結果，明白表現在布萊頓菲爾德的戰場上。在那個戰場上，古斯塔夫手下熟悉戰爭的士兵，軍備精良、訓練有素，團結在國王鼓舞振奮的領導之下，大敗帝國最強大的軍隊。

　　那場戰役後，有一年多的時間，瑞典有如大自然的力量橫掃德國。1632 年 4 月，他們在勒克河（River Lech）再度打敗哈布斯堡軍，並擊殺提利伯爵，繼續向南部的巴伐利亞推進。古斯塔夫的軍隊這時已深入德國天主教區的核心，忙著洗劫該區的城市與褻瀆教堂。素來都是天主教復興驕傲象徵的耶穌會學院，這次成了瑞典人偏愛的目標。他們無情地掠奪，

自行分配耶穌會的書籍與財富，驅離學識豐富的神父。同時，薩克森的約翰·葛歐格也趁瑞典人統治之便入侵波西米亞，佔據且劫掠前帝國首都布拉格，解散布拉格著名的耶穌會學院。那一年的 11 月，帝國軍隊的指揮官已換成狡猾的馮·瓦倫斯坦，於呂岑（Lutzen）附近再次強烈抵抗，但是瑞典的老練士兵又獲得了再一次的勝利。直到古斯塔夫在那場戰役中去世，瑞典人無可抵擋的攻勢才緩慢下來，給了天主教徒喘息的機會。當古斯塔夫死亡的消息傳遍天主教歐洲時，從維也納到羅馬的教堂鐘聲不斷，教會信徒聚集在特別舉行的彌撒儀式上，感謝上帝將他們從無情的敵人手中拯救出來。

德國天主教突然遭遇的時運危機，如晴天霹靂般擊中教廷。這一擊，讓教宗再也無法為了保有自己的行動自由，繼續執行任意擺弄法國對抗哈布斯堡的政策。在天主教帝國依然擁有至高的統治權，而新教徒又似乎到處逃亡之時，向黎胥留提議結盟是一回事，但當黎胥留與異端邪說之徒結盟，信奉天主教的德國地區命運又未定的當兒，仍然這麼做，就是另一回事了。烏爾班還在猶豫，卻無法拖延太久，因為當他似乎還是不情願與哈布斯堡結盟，為了抵抗到處劫掠的瑞典人而投入一切進行生死之戰時，羅馬已經有人準備提醒他教宗的義務了。

其中最重要的人物之一，是樞機主教葛斯帕·博日亞（Gaspar Borgia，1580~1645），他是西班牙在教廷的大使，也是教廷中反對教宗親法政策的領導人物，除此之外，他是甘地亞公爵法蘭西斯·博日亞之孫的身分，也同樣重要。法蘭西斯·博日亞曾經是依納爵的虔誠信徒，最後當上了耶穌會第三任總會長。博日亞氏族與耶穌會之間的關係始終緊密，因此葛斯帕在羅馬的文化戰爭中，自然是耶穌會的盟友。1620 年代，這位樞機主教與耶穌會並肩抵禦烏爾班的那些他們認為對各種危險與異端意見的容忍行為，而首當其衝的就是伽利略與他的朋友。政治上，這位樞機主教與耶穌會是哈布斯堡聯盟的忠實擁護者。哈布斯堡聯盟後來結合了神聖羅馬帝國、西班牙與教宗，在聖戰中聯合對抗新教的分裂分子。

自從 1623 年烏爾班八世當選後就被邊緣化的博日亞與盟友，堅信德

國天主教區的危機，為他們帶來了一個他們所需要的缺口。1632 年 3 月 8
日，在梵諦岡宗教法庭大會堂上，博日亞當著教宗與眾樞機主教的面，發
動攻擊。他違反了所有的儀式與禮節規定，公開閱讀一封無情批評教宗政
策的信，令烏爾班大為震驚。他在信中公開譴責邪惡的法國瑞典聯軍，並
要求教宗這位世上的基督代理者，發出使徒之聲，讓大家聽到那如雷的救
贖之音，在抵禦異端邪說的大規模鬥爭中，統一所有天主教徒。博日亞對
教宗的侮辱令樞機主教安東尼奧・巴貝里尼（即烏爾班之姪）極為憤慨，
他朝著博日亞衝過去，但遭到西班牙使節團身邊親西班牙派系與親哈布斯
堡的樞機主教所驅退。博日亞就這樣讀完了一整封信。

　　教宗遭小小的樞機主教教訓，而且被指控放任信仰的敵人為所欲為，
實在是無法容忍的恥辱。於是在接下來的幾個月，烏爾班八世懲罰了幾
位在自家屋簷下反抗他的高階神職人員，並向馬德里發出抗議信件表達
憤怒，試圖保住自己的尊嚴與權威。可惜教宗的打算全部落空，而他自
己也很清楚。隨著戰爭運勢以及羅馬政治力量平衡的改變，烏爾班八世
手中王牌出盡[23]。他退出與黎胥留的非正式結盟關係，公開支持哈布斯堡
家族解救巴伐利亞和波希米亞脫離瑞典人之手的戰事。教宗戲劇化的政
策轉變，羅馬也同樣感觸良深，根據佛羅倫斯大使法蘭西斯柯・尼可里
尼（Francesco Niccolini）的說法，對於正統派的監視、對異端邪說和改革
者的高度警戒，都是新竄起的西班牙派手上的有力工具。烏爾班這時與銳
眼的自由思考方式保持開了距離，也明確撤回了他對伽利略的保護。樞機
主教博日亞成了永恆之城最有權勢的人，僅次於教宗，不過這一點還有待
商榷。從烏爾班繼任就被放逐於教廷權力中心之外長達九年的耶穌會，捲
土重來。

　　1632 年，經過了長期放逐的耶穌會，有如重新掌權的政治團體般，
決定在羅馬與天主教土地上的文化與政治生活中印上戳記。他們第一個目
標是曾經用犀利的筆尖與毒辣的嘲諷羞辱他們多年的人，而且令人開心的

23 作者註：有關1631年的羅馬政治危機，以及博日亞樞機主教對烏爾班八世的攻擊，請
　　參見瑞東帝的《伽利略的異端邪說》229~31頁。

是，這個人還奉上了讓他們反擊的絕佳機會。1632 年 5 月，伽利略出版《關於兩大世界體系的對話》，這是他具體呈現當代潮流的最後一本書，多年前還曾與烏爾班討論過內容。《對話》或許並未違背貝拉明 1616 年藉由信件型態所發表的反支持哥白尼理論判決，因為這本書在地球運行的問題上，最後是向教會權威做了讓步。然而所有讀過這本書的人都看得出來，《對話》確實違反了貝拉明判決的精神，且辯才無礙地表達了所有利於哥白尼理論的論點，同時還打擊與嘲弄了反派的意見。伽利略顯然毫不在乎時勢的轉變，因為他對教宗的保護以及那位既是銳眼會員又是樞機主教的教宗姪子信心滿滿。

可惜伽利略的機運實在壞到了極點。他曾熟悉的羅馬，那個他朋友在最上流的圈子裡活動，而耶穌會神父卻無助地被趕到邊緣的羅馬，現在全顛倒了過來。耶穌會的勢力正在上升，反而是伽利略的朋友四處走避[24]。《對話》是經過了梵諦岡正式審查通過才出版的著作，但伽利略的敵人卻成功辯稱他取得的是造假的執照。伽利略被控堅持哥白尼理論是真理並予以支持，這樣的行為不但違反了教會的方針，也違背了十六年前樞機主教貝拉明親自交付給他的判決。宗教裁判所於 1632 與 33 年先後三次審訊伽利略，最後一次還威脅要行刑。伽利略的罪刑是「異端邪說之嚴重涉案者」，宗教裁判所隨時可以判他監禁。在他公開撤回自己的意見後，刑罰減輕為居家軟禁，自此之後，一直到他去世，伽利略的生活都被圈限在他位於阿切特里的屋舍內。

伽利略遭到迫害的原因，引起各方不同意見的激烈爭辯，踴躍的程度有如數條河流的墨水全灑於紙上，而內容更是五花八門，有人說是科學與宗教之間無法壓制的衝突，也有人說據傳是膚淺的烏爾班八世以為伽利略在《對話》中嘲弄他，為了復仇才惹出來的麻煩。這場爭辯持續了將近四

---

24 作者註：伽利略的朋友並非每個人都安全無虞。1632 年 4 月，在教廷最具聲望的銳眼會員以及教宗本人的私人秘書紀凡尼・西安波里，被賜予一個聽起來令人印象深刻的頭銜「卡斯特羅・蒙塔帝帝行政長官」（Governor of Montalti di Castro），卻被從羅馬放逐到了亞平寧山脈，而且自此再也不曾回過羅馬。

百年，無疑還會再繼續糾纏更多個世紀，而爭論中的任何一個原因，都很可能在這件事中扮演了一定的角色。只不過伽利略命運的悲劇性扭轉、羅馬政治危機的出現，以及伽利略的仇人耶穌會重出江湖，全都出現在同一個時間，不可能是巧合。伽利略的沒落，有很大的原因是源於復出的耶穌會敵視心態。

耶穌會為了伽利略的哥白尼理論而蓄勢起訴與審判他的同時，還重新啟動了其他的攻擊，這些舉動雖然不如伽利略事件那麼顯眼，但對耶穌會重塑宗教與政治版圖的計畫，卻同樣關鍵。這些攻擊就是對付無限小的戰爭。耶穌會 1632 年重新展開的反危險想法之戰，在接下來數十年間，一直以猛烈且頑固的決心進行，直到無限小實實在在從義大利絕跡，在其他天主教國家的勢力也被大幅削弱為止。

審查官（下）

1632 年 8 月 10 日夏天的羅馬市，總校訂於羅馬學院開會，通過對無限小理論的判決。一如既往，總校訂面前的提案，據說都是「呈送」上來請他們裁決的案子，但這次與以往不同的是，會議紀錄中並未註明呈請裁決的分會是哪一個。送交裁決的提案者，很可能並非來自某個熱切渴望的分會級單位，而是直接出自耶穌會羅馬的階級體系中。對耶穌會的領導者而言，這件案子的確相當急迫，因為這套狡詐的理論似乎已經偷偷滲入了耶穌會的組織核心。

僅僅幾個月前，布拉格的洛迪哥・德・阿雷亞格神父（Father Rodrigo de Arriaga）[25] 才出版了他的《哲學大綱》（*Cursus philosophicus*）。這是一本講述耶穌會學院所教授的基本哲學理論教科書。阿雷亞格並非一般的耶穌會神父。1620 年，在帝國軍擊退新教徒後，耶穌會派阿雷亞格到布拉

---

25 作者註：有關洛迪哥・阿雷亞格、他的《哲學大綱》，以及他對無限小的看法，請參見羅西的〈芝諾觀點〉398~99 頁、海利爾的〈因為長官命令的權威〉339 頁、費恩高德的〈耶穌會：博學之士〉28 頁、瑞東帝的《伽利略的異端邪說》241~42 頁，以及約翰・海爾布羅恩（John L. Heilbron）的《十七與十八世紀的電》（*Electricity in the 17th and 18th Centuries*，柏克萊加州大學出版社出版，1979 年）107 頁。

格，扮演著確保耶穌會控制波希米亞學校與大學的領導人角色。他很快就當上了布拉格大學美術學院院長，到了 1632 年，已登上布拉格耶穌會學院校長的寶座。因為他極高的學識與為人師表聲望，當時有段流行語，還以他為主角：「來來來，看看布拉格，去去去，聽聽阿雷亞格。」（Pragam videre, Arriagam audire）

阿雷亞格的《哲學大綱》甫出版，立即就在耶穌會內外的學者與教育者間造成轟動。表面看來，這本以亞里斯多德中古世紀的評論為範本的書，似乎是本傳統甚至老派的教科書。阿雷亞格確實是以復興古經院主義的爭論方式著稱，把問題置於符合標準教會規定的內文框架中，加以討論並解答。然而令阿雷亞格的上級長官驚訝的，是這本看起來穩重的書，卻詳細說明了一些非常激進的見解。其中有一整段內容討論連續統的構成，而且得到的結論讓耶穌會當局無法全然接受。因為在阿雷亞格謹慎權衡並討論贊成與反對不可分量理論的爭論意見後，他得出了連續統由獨立不可分量構成的可能性確實非常高。

我們並不清楚阿雷亞格為什麼會冒險踩進這淌渾水之中，很可能是受到了朋友葛萊格里·聖文生的影響[26]。這兩人曾一起在布拉格教書，布萊頓菲爾德戰役之後，又一起被迫在薩克森人來到之前，逃離布拉格，而且聖文生的手稿是因為阿雷亞格的拯救，才免於散落亡佚的命運。也許阿雷亞格一方面對聖文生使用無限小的方式印象深刻，一方面又想要為好友飽受爭議的數學方式，提供符合哲學性的合理辯護，也或許阿雷亞格自認在耶穌會組織中的地位，可以讓他免受審查制度的監控。如果耶穌會仍處於前十年大部分時間那樣的政治荒野中，阿雷亞格這麼想也許沒錯，但 1632 年的羅馬耶穌會已重拾主導權，並決心終結對異端邪說的容忍，強化自己嚴格的神學教義。在這個新的羅馬城中，阿雷亞格對自己長官的挑釁，不可能被漠視。

那天由總校訂畢德曼神父和其他四位同僚簽名的會議紀錄，目前存

---

26 作者註：有關阿雷亞格與聖文生的友誼，請參見凡·路易的〈葛萊格里·聖文生〔1584～1667〕數學手稿的年表與歷史分析〉59頁。

放於羅馬耶穌會的文史檔案中。這份文件為了彰顯其內容的重要性，也以罕見的正式形式製成，打破以往一、兩行的敘述，佔用了一整頁的會議紀錄。這份文件以顯眼且合乎規定的標題開始，「連續統由不可分量構成之裁定」。這份幾乎毫不遮掩地指向阿雷亞格的文件，接著這麼寫道：

此案由某哲學教授提交本室審查連續統之構成。永久連續統只可由擁有相同數學元素的實體不可分量或原子微體所構成，故此處所提微體，實可彼此區隔。[27]

總校訂使用之中古世紀技術詞彙雖頗為隱晦，然提出的理論意義卻明確，任何連續統之量，不論實質量或數學量，均由不可再縮小、不可再分割，但可個別分辨的元素構成。送交總校訂審查的是無限小理論，也就是伽利略、卡瓦列里與拖里切利的無限小數學理論基礎。

總校訂的裁決毫不寬容：

這份提案不但悖離亞里斯多德之一般性理論，且似乎並不可信。該理論在本會中一直遭到譴責與禁止。本會教授未來不可視之為核可理論。

就這樣。無限小的理論從此被耶穌會永久禁止。不管是阿雷亞格這類的哲學家，抑或聖文生那類的數學家，自此再也不准在耶穌會內提倡他們那具有顛覆性的理論。耶穌會的立場已定，任何挑戰此定論的耶穌會會

---

27 作者註：總校訂的裁定保存在ARSI內之手稿編號FG 657 183頁。該判決也在《研究》期刊（La Recherche，1990年9月出版）第224期1040頁，艾吉迪歐・費斯塔（Egidio Festa）〈原子論的爭議〉中重現；此句引自布奇安提尼與托里尼（M. Bucciantini and M. Torrini）合編的《伽利略學派的幾何學與原子論》（*Geometria e atomismo nella scuola Galileana*，佛羅倫斯Leo S. Olschki出版，1992年）198頁，費斯塔以法文寫成之〈不可分量的某些爭議角度〉。在此特別感謝荷蘭尼吉梅根（Nijmegen）拉伯大學（Radboud University）的卡拉・瑞塔・帕梅里諾教授（Professor Carla Rita Palmerino）提供她的耶穌會文獻相關筆記給我參考。

員，都將面對組織中最高階的責難。

　　總校訂的裁決一經宣布，裁決通知就立即送至世上每一個耶穌會機構中。這是例行的過程，通常由負責羅馬與各分會之間日常聯絡事宜的書記與秘書處理。然而在無限小這件事情上，有關單位認為這樣的例行作業效率還不夠高，所以關於終止傳授、採用甚至思及此理論的命令，直接由耶穌會總會長下達。不過幾年前，穆提歐·維帖雷奇總會長才在山塔列里事件後，當眾受到教宗羞辱，現在，隨著耶穌會準備重塑天主教的學識版圖，維帖雷奇總會長決心讓耶穌會在重大事件上採取無上權力的單一口徑。

　　維帖雷奇的動作很快。短短六個月後，總校訂就頒布了他們的判決，但是維帖雷奇仍寫信給法國東部多爾（Dole）耶穌會書院的伊格納歇·卡彭神父（Father Ignace Cappon）[28]，抱怨大家沒有遵守他一再下達的指令。「有關不可分量構成數量的這個主張，」他語帶不耐地這麼寫，「我已多次寫信給各分會告知我不可能同意，而且截至目前為止，我也不允許任何人提出這個理論或為之辯護。」的確，總會長盡了一切努力鎮壓這套理論，「如果有人為這套理論說明或辯解，那也是在我不知的情況下。反之，我向樞機主教紀凡奇·德·魯果（Giovanni de Lugo）本人清楚說明過了，我不希望我的會員討論或散布這套想法。」抹滅耶穌會中有關此違規理論的所有痕跡，是由總會長親自下令開戰。

　　底線已堅定畫出。一邊是決心抹去無限小理論的耶穌會，另一邊是一小撮無視伽利略公開受辱之實的數學家，依然將他視為無可爭議的領袖。雙方戰火延燒。1635年，卡瓦列里出版《不可分量的幾何學》，為不可分量法提供了最有系統的解說。三年後，伽利略在荷蘭出版《對話錄》，書中含括了他對亞里斯多德輪矛盾說的處理方式，以及對無限小問題的討

---

28 作者註：1633年穆提歐·維帖雷奇會長致伊格納歇·卡彭之信，引自《科學展望》期刊（Perspectives on Science）第4期第3冊（1996年出版）297~98頁，麥可·約翰·葛爾門（Michael John Gorman）的〈信仰問題？克里斯多夫·辛納、耶穌會審查制度，以及伽利略的審判〉（A Matter of Faith? Christoph Scheiner, Jesuit Censorship, and the Trial of Galileo）。另外也引自費恩高德的〈耶穌會：博學之士〉29頁。

論。伽利略無遠弗屆的名聲，確保了歐洲各地學者嚴肅看待他對連續統的見解，而他對卡瓦列里的讚賞，也建立起了耶穌教團的修士在不可分量這個領域的領導威信。而耶穌會則是接二連三譴責無限小做為回擊。從此之後，羅馬總校訂的筆下，開始持續發布一連串對這套違規理論的公開抨擊。

　　舉例來說，1640 年 2 月 3 日，總校訂被要求對「連續統……是由獨立的不可分量組成」的提案提出意見，他們裁決「會中禁止這套理論。」[29] 不到一年的時間，1641 年 1 月，總校定再次面對「某些新觀念者所創立或創新的」觀念 [30]，包括「連續統是由不可分量組成」的提案，以及主張「連續統是由擴張與短縮的不可分量構成」等變化版本的無限小理論。總校訂對這兩份提案的裁決都是「與普遍可信的意見相反。」1643 年 5 月 12 日，對一位據稱是較為偏好芝諾見解而非亞里斯多德看法的人，總校訂給予嚴厲的判決：「我們不同意也不承認這些想法，」總校訂們這麼批示，「因為這些想法違背了耶穌會的法制與規定，也違背了會員大會的決議教令。」[31]

　　處理模式已立。耶穌會在羅馬的勢力足以壓制所有被禁理論相關的言論，但是在偏遠地方，有些數學家仍然能夠為這個理論辯護，並且加以推廣。舉例來說，托里切利 1630 年代在羅馬曾偷偷地辛苦研究新數學，但一個字都沒有發表。當他以伽利略繼任人的身分，不過在佛羅倫斯麥迪奇宮廷才立足兩年，就出版了《幾何學著作》，發表了他在羅馬默默耕耘的果實。只不過即使擁有安全的宮廷地位，托里切利依然避免公開與自己那些有權有勢的批評者發生衝突。他與伽利略不同，從未直接在書中與這些人交火，他既沒有辯稱自己方式的優點，也沒有嘲弄這些批評者的動機或推論。他只是任由得出來的強大結果自行辯護，而結果也的確為他爭了一

29　作者註：ARSI手稿編號FG 657第 481頁。

30　作者註：前註同源381頁。引自費斯塔的〈不可分量的某些爭議角度〉201~202頁，相關議題在該段內容中有所討論。

31　作者註：ARSI手稿編號FG 657第395頁。

口氣。《幾何學著作》受到德國與英國數學家的讚佩與積極學習。耶穌會籠罩在義大利的大片陰影，足以確保當地沒有任何數學家會對托里切利的作品表現出類似的熱情。儘管如此，耶穌會還是記下了托里切利的成功，準備反擊。

三年後，卡瓦列里在無限小戰爭中發動了他最後的襲擊。身為波隆那大學的數學教授，他不但擁有自己所屬的修道會耶穌教團保護，還有來自波隆那議會的保護。他有好幾本書都呈獻給了議會。卡瓦列里也和托里切利一樣遠離了羅馬，而且擁有的地位，讓他敢於冒犯盛氣凌人的耶穌會。他在 1647 年患了不治之症，更是完全不在乎敵人將來可能的報復。他在去世前不久，設法親自出版了第二本有關不可分量的書《六道幾何練習題》，這也是他人生的最後一本書。對於熟悉卡瓦列里大堆頭著作《不可分量的幾何學》的讀者來說，從數學方式的角度來看，《六道幾何練習題》的內容幾乎沒有新意。除了作者本人，大概也沒有人知道這兩本書的根本差異。儘管如此，這本書卻在持續的無限小戰爭扮演了重要的角色。卡瓦列里新增了一整段內容，直接攻擊曾經嚴厲批評他使用方式的耶穌會數學家保羅·古爾丁。這段話是這位大家普遍認定為無限小方法最具權威者的最後聲明，可惜還是無法遏止耶穌會的禁令浪潮。1649 年，總校訂對另外兩件由耶穌會米蘭分會提交上來的無限小變更版提案做出裁決[32]。一如以往，他們裁定禁止該理論，也禁止在耶穌會的學校中教授這種理論。

侯爵的恥辱

阿雷亞格對於連續統的看法，在 1632 年受到畢德曼神父以及他的總校訂同僚毫不留情的責難[33]，然而《哲學大綱》卻依然大為成功。不僅這本書持續廣受歡迎，阿雷亞格還設法取得了他上級的許可，每隔幾年就推

---

32 作者註：前註同源475頁。

33 作者註：有關阿雷亞格以及他的《哲學大綱》出版歷程，請參見海利爾的〈因為長官命令的權威〉339～41頁。

出新版本，最後一版出現在他 1667 年去世的兩年後。他之所以得到這份寬容，並非如他在去世後出版的《哲學大綱》簡介中所提，因為他秉持著虔誠的信仰發表看法，而這些看法「與信仰無關」。這樣的想法，根本無法阻止耶穌會階級組織對所有不可分量主張所採取的極嚴苛態度。他的非正統著作之所以被容許繼續付印，絕對是因為阿雷亞格為人師表的高知名度，以及他身為歐洲學術領導人的地位。阿雷亞格為亟欲在歐洲各地領導學術的耶穌會，帶來了學術地位與聲譽，因此總會長才認為最好讓他為所欲為。然而阿雷亞格一去世，耶穌會就再也沒有必要容忍這樣的歧異了。在阿雷亞格辭世前就獲准且在他去世後不久即出版的 1669 年版《哲學大綱》，是這本書的最後一版。

　　至少還有另外一位高階的耶穌會會員，試圖仿效阿雷亞格的作法。這個人是皮耶托・斯佛札・帕拉維奇諾侯爵（Pietro Sforza Pallavicino）。他是 1620 年代在羅馬的年輕獨行俠，敢在耶穌會的殿堂中公開挑戰他們的演說。當羅馬政治風向轉向不利於伽利略派人士時，帕拉維奇諾為自己的自大付出了代價。1632 年，他被驅離教廷，被放逐去管理結西（Jesi）、歐維亞托（Orvieto）與卡梅里諾（Camerino）三個鄉下小鎮。到了 1637年，這位侯爵已經厭倦了鄉村生活，希望重見光明。在一次令羅馬社會目瞪口呆的翻案中，帕拉維奇諾竟然立下了修道盟誓，進入耶穌會成為新入教者。對耶穌會來說，這是一次了不起的勝仗。帕拉維奇諾不僅是高階貴族、知名詩人與學者，還曾以公開批名耶穌會著稱。再也沒有比敵人陣營才華橫溢的侯爵變節，加入自己的組織成為謙卑的新入教者，更能清楚展現耶穌會的勝利了。

　　儘管如此，帕拉維奇諾也不是普通的新入教者[34]。出身卑微的克拉烏維斯，用了二十年才從新入教者爬升到羅馬學院的教授，而高貴的帕拉維

---

34 作者註：有關皮耶托・斯佛札・帕拉維奇諾以及他的事業歷程，請參見瑞東帝的《伽利略的異端邪說》264~65 頁、海利爾的〈因為長官命令的權威〉339 頁、〈原子論的爭議〉1045~46 頁、費斯塔的〈不可分量的某些爭議角度〉202~203 頁，以及費恩高德的〈耶穌會：博學之士〉29 頁。

奇諾，只花了兩年就被任命為哲學教授。這是克拉烏維斯一輩子都沒有得到的榮耀。看起來，維帖雷奇總會長似乎與這位年輕的侯爵達成了某種協議，允諾他縮短見習的時間，並同意在羅馬給他一個有名望的職位，當作他加入耶穌會的報酬。就算是這樣，到了 1639 年，帕拉維奇諾已經在羅馬學院教授哲學，數年後還被授予學院中的最高學術職務神學教授。1649年，帕拉維奇諾發表了一篇耶穌會的全面辯護文，名為〈耶穌會的辯護〉（Vindicationes Societatis Iesu）。這份辯護文的撰寫，對幾年前還最愛公開批評耶穌會的其中一位批評者來說，實在再合適不過了。除此之外，在教宗親自請託之下，帕拉維奇諾還撰著了一本特倫托大公會議的歷史，計畫當作耶穌會的官方反證文件，反駁威尼斯人帕歐羅·夏爾皮（Paolo Sarpi）早在 1619 年出版的一段具爭議性的歷史內容（對教宗來說，應該稱得上誹謗）。帕拉維奇諾的書在 1656 年與 57 年間，以《特倫托大公會議歷史》（Istoria del Concilio di Trento）之名出版，而這件事也讓這位侯爵賺到了他這一生的最高榮耀：樞機主教之位。

帕拉維奇諾在耶穌會的事業是一連串的成功，但在 1640 年代卻曾遭遇過令人難堪的挫敗。帕拉維奇諾雖然把自己的一切全投入了伽利略的敵營，但這位侯爵仍自認是個進步的思考者[35]，也依舊崇拜佛羅倫斯大師伽利略。對於耶穌會手下敗將伽利略還留有支持的心態，讓帕拉維奇諾注定會受到耶穌會階級組織的猜忌。事實上，帕拉維奇諾確實也因自己那些耶穌會認定的「新理論」，受到了總校訂的嚴密調查[36]。無庸置疑地，帕拉維奇諾受到了阿雷亞格實例的激勵，相信自己的地位也足以保護他不受審查，於是他繼續往前走，在學院向學生講授那些非正統的見解[37]。可惜

---

35 作者註：請參見瑞東帝的《伽利略的異端邪說》265 頁。

36 作者註：有關帕拉維奇諾與總校訂以及卡拉法總會長之間的衝突，請參見克拉迪歐·柯斯坦提尼（Claudio Costantini）的《巴里阿尼與耶穌會》（Baliani e i Gesuiti，佛羅倫斯 Giunti 出版，1969 年）98~101 頁。

37 作者註：帕拉維奇諾在自己撰著的《社會需要》（Vindicationes Societatis Iesu，羅馬 Dominic Manephi 出版，1649 年）225 頁中，暗示他所遭遇的麻煩。引自費斯塔的〈不可分量的某些爭議角度〉202~203 頁，相關議題在該段內容中有所討論。

侯爵大人錯估了情勢。其實他在後來的《耶穌會的辯護》中，提出了許多暗示，當他想針對一件他認為「普通或眾所皆知」事情表達看法時，會回想起「數年前（必須）面對的一場戰事」。帕拉維奇諾似乎因他的身分而受到批評，甚至責備，但他並不是那種會承認錯誤的人。相反的，他堅持在耶穌會這樣全心為學生福祉著想的組織中，即使自己的提案可能有錯，「在某種程度上，仍該擁有一定的自由談論較少人接受的見解，這不但不應被剝奪，還應予以鼓勵。」

帕拉維奇諾試圖讓這件事展現出最好的一面，不過更清楚的情勢卻顯現在接任維帖雷奇總會長職務的文生提歐・卡拉法（Vincenzo Carafa）寫給耶穌會下德國分會的尼沙德・畢伯拉斯（Nithard Biberus）的憤怒信函中。「當我得知，會中竟然有人追隨芝諾的理論，在哲學課程中公開聲明，數量不過就是由許多的點構成時，我要鄭重聲明，我並沒有核准這樣的事情，」[38] 總會長在 1649 年 3 月 3 日怒氣沖沖地這麼寫。「既然斯佛札・帕拉維奇諾神父在羅馬教授這個東西，我就下令他在同一堂課上撤回他自己說過的內容。」這是非常惡毒的責難，而且對這位侯爵來說，被迫在自己學生面前收回自己說過的話，無疑也是非常恥辱的經驗。這次的痛苦經驗也反應在〈耶穌會的辯護〉中，然而身為一個服從至上的耶穌會會員，不可能拒絕總會長直接下達的命令，也因此帕拉維奇諾吞下了自尊，撤銷了無限小的教學。受到教訓的他，繼續回到耶穌會的體制，默默朝著階級的梯子往上爬。

卡拉法寫給畢伯拉斯的信中，清楚闡明了總會長甚至不可能允許帕拉維奇諾逃避教授被禁理論的這件事。他在信中接著提到，最近曾寫信給一位德國教授，譴責他教授被禁止的理論，那位教授竟然回答，「阿雷亞格與某位我們會裡的葡萄牙人，都有理由出版書籍詳述這些見解。」但總會

---

38 作者註：1649年3月3日文生提歐・卡拉法總會長致尼沙德・畢伯拉斯之信。收錄於帕切特勒（G. M. Pachtler）編輯之《耶穌會的學習課程計畫與組織》（*Ratio studiorum et institutiones scholasticae Societatis Jesus*，奧斯納布魯克Biblio-Verlag出版，1968年）第3期76頁，文件編號41。

長一概不接受:「我接著又回信,儘管這些(兩)本書已經獲准,但絕不會出現第三本仿效的書。」阿雷亞格(以及那位未提及姓名的葡萄牙人)是特例,是早年的疏失所做出的決定。然而任何人,甚至帕拉維奇諾侯爵也不例外,都不可以將特例視為前例。所有耶穌會會員都禁止接觸無限小的理論,任何膽敢推展這個理論的人,將自行承擔後果。

一勞永逸的解決方法

只不過總會長雖然親自告誡他的下屬,並公開羞辱一位極其驕傲的耶穌會會員,但仍出現愈來愈大的壓力,要求永久解決會中紛歧的意見。1648年,卡拉法就已經指示總校訂從檔案中列出耶穌會應該永久禁止的論點清單。1649年12月,卡拉法去世後召開的會員大會,指示新選任的總會長法蘭西斯柯・皮可洛米尼(Francesco Piccolomini)接續前任會長的提案。因此在接下來的一年半間,耶穌會委員會開會列出強制禁止的理論清單,而委員們努力的結果,也在1651年正式納入為維持耶穌會「理論的強化與統一」而訂定的「高等研究規定」(Ordinatio pro studiis superioribus)[39]中,並加以公布。自此之後,世界各地的每位耶穌會會員,都能取得一份清單,上面詳列著遭到自己教團憎恨,且永遠不得採用或教授的理論。

高等研究規定中六十五則遭禁的「哲學」論點(外加二十五則「神學」論點)造就了一份包羅萬象的清單:有些被禁的論點違背了一般認可

---

39 作者註:有關該「研究」的教科書,請參見帕切特勒編輯之《學習系統》(*Ratio studiorum*)第6期(柏林Hofman and Comp.出版,1890年)77~98頁。六十五則遭禁的「哲學」論點,列於同本期刊90~94頁,外加的二十五則遭禁「神學」論點,列於94~96頁。有關該「研究」以及其起源、成效的討論,請參見海利爾的〈因為長官命令的權威〉328~29頁。另外,費恩高德的〈耶穌會:博學之士〉29頁,以及費恩高德編輯之《新科學與耶穌會科學:十七世紀面面觀》(*The New Science and Jesuit Science: Seventeenth-Century Perspectives*,多德勒克Kluwer Academic Publishers出版,2003年)187頁卡拉・瑞塔・帕梅里諾的〈耶穌會對伽利略運動學的兩個反應:何諾雷・法比里與皮耶雷・雷・卡茲雷〉(Two Jesuit Responses to Galileo's Science of Motion: Honore Fabri and Pierre le Cazre)中也有提及。

的亞里斯多德物理學解釋，譬如「基本物質天生就沒有形體」（第八則），或「輕重與物種無關，只與量多量少有關」（第四十一則）等等；有些因為帶有唯物論的性質而冒犯了耶穌會，如「元素不是由物質與型態組成，而是由原子組成」（第十八則）；其他遭禁的論點則是因為挑戰了神聖的全能，譬如「如此完美創造的出現，可能是因為上帝無法創造出更完美的世界」（第二十九則）；另外遭禁止教授的有地球的白晝運行論（第三十五則），以及對傷口遠距離的神奇治療（第六十五則）。在這些禁止的理論中，直接與連續統由不可分量要素組成的論文提案，多達四則 [40]：

第二十五則：連續統與質的強度之組成要素，只有不可分量。

地二十六則：點若可膨脹，則連續統即由膨脹的點所構成。

第三十則：無限的巨大數量都可以被圈限在兩個個體或兩點之間。

第三十一則：連續統內中散置著微小空間，空間的多寡與大小，取決於連續統的稀疏度或密度。

第二十五則論點是四則中範圍最廣的，泛指所有可能的連續統及其構成要素。至於「質的強度」，指的是中古世紀的相關辯論，在那些辯論中，諸如「熱」或「冷」這類具高低程度不同的「質的強度」，引發了這些特質在形成連續統時，其程度的級數究竟是有限還是無限的問題。第二十六則論點回應的是十七世紀一個廣為流傳的臆測，內容是引發物質密度改變的原因，這個議題被視為是物質原子理論的最高挑戰之一。這個論點主張物質是由不可數的可膨脹點構成，而這些點在任何特定時間的大小，決定了物質密度的濃疏，但在耶穌會的眼中，這個概念與連續統由不可分量構成的簡單理論一樣，都無法接受。第三十則論點是四則論點中最明顯的數學論點，與卡瓦列里與托里切利使用的不可分量方式有直接關係，依賴的概念是將數量有限的線條或圖形，分割為無限數的不可分量。第三十一則論點看起來是針對伽利略在 1638 年《對話錄》中詳細講解的連續統理論而做。憑藉物質與亞里斯多德輪的矛盾類推法，伽利略得出了無限的

---

40 作者註：這個論點列於帕切特勒編輯之《學習系統》92頁。

微小虛無空間散布於連續統中的結論。這四則論點涵蓋了十七世紀中葉有關不可分量方式爭辯內容的不同變化。四則論點全都清楚地遭嚴格禁止。

1651 年的這道禁令是耶穌會抵制無限小戰事中的轉捩點。禁止不可分量理論自此成為永遠的命令，而且有教團最高掌權者，亦即會員大會的支持。這項命令在印製、公告後，廣為傳布，引起了世界各地耶穌會組織中每一位授課神父的注意。總校訂原先得不斷攻擊，並且每隔幾年就公布他們責難理論的作法，這時也宣告終止。他們不再需要進一步的責難了，因為有了永久且強制的禁令，這是耶穌會每位會員都知之甚詳的事。於是這道命令在下一個世紀繼續屹立，提醒著耶穌會教學的基本準則。事實上，這份文件的作用不僅於此，它還建立起了耶穌會主導地區學術生活的潮流。對義大利極少數繼續護衛無限小的寂寞數學家而言，破壞性異常巨大。

第五章
數學家的戰役

古爾丁與卡瓦列里

　　「不可分量的推論說服了所有聚集在此的知名幾何學家，」帕度亞大學的數學教授史戴芳諾·德格里·安傑里（1623~97）在 1659 年曾這麼寫。安傑里秉持著自己的行事作風，極度誇耀地這麼表示，但事實與他的說詞相去甚遠。他寫下這句話的時候，很可能已是義大利碩果僅存的最後一位採用不可分量方式的數學家，更稀奇的是，他還發表了這個領域的研究成果。他那張知名幾何學家名單上提及的「知名」擁護者，大多數都住在阿爾卑斯山之北，其中許多住在法國與英國，至於名單上的義大利人，則全是老邁且來日無多的伽利略同輩，而且這些人早在數十年前就不再發表任何與這個方法相關的研究成果了。安傑里寫下這句話時，其實也並非在說明不可分量的有利立場，僅僅只是重新整裝，代表曾經一度在義大利繁盛，如今卻面臨絕跡的無限小，進行一場沒有明天的後衛戰而已。誰是他的敵人，安傑理毫無疑問地認定「三名耶穌會會員，古爾丁、貝蒂尼，以及塔凱」[1]，也是唯一還未被不可分量說服的人。「什麼樣的神靈才能改變他們的心意，」安傑理明顯挫敗地自問自答，「我不知道。」

　　保羅·古爾丁、瑪利歐·貝蒂尼（1584~1657）與安德烈·塔凱是十七世紀中葉耶穌會最為著名的數學家。我們已經提過的塔凱，是三人當中最具原創性，也是最有創意的人，不過古爾丁也是個廣受敬佩的數學家。而主要以多產作家出名的貝蒂尼或許沒那麼有創意，出版過隨性收集的數

---

[1] 作者註：請參見史戴芳諾·德格里·安傑里的《無限拋物線》（威尼斯Ioannem La Nou出版，1659年）中的前言〈致讀者〉（Lectori Benevolo）。

學結果與珍奇，雖然本身並不是一個具創意的思想家，但也是耶穌會內外眾所皆知的人物，不但博學，也是數學界的重要權威。古爾丁、貝蒂尼與塔凱是很傑出的三人組，代表了耶穌會數學研究的學識能力，以及文化與政治威信度。1640 與 50 年代，這三人接手了同樣的任務，那就是用健全且明確的數學辯論，破壞不可分量法的信譽。他們的行動是耶穌會對無限小戰事的另一個層面，與總校訂持續的譴責加上 1651 年的命令同樣重要。若想永久廢止數學無限小方式的使用，僅從哲學、神學，甚至道德的角度宣布其謬誤後加以廢除，並不完善。從數學的角度證明無限小的謬誤同樣重要[2]。

三人中年紀最長的古爾丁率先出戰。他的父母是瑞士聖蓋倫（St. Gall）信奉新教的猶太後裔。出生時取名哈巴谷（Habakkuk）的古爾丁，或許是至今聲名依然顯赫的一長串猶太（與改信他教的猶太）數學家中的第一人。古爾丁父母的本意並非要栽培他成為學者，而是想讓他當個工匠。古爾丁就是在擔任金匠時，對自己的新教信仰產生了疑惑。他二十歲改信天主教，加入耶穌會，並在過程中將自己的名字哈巴谷改成保羅；哈巴谷出自《舊約聖經》中的先知之名，而保羅則是史上改信基督教，並向異教徒傳布基督教信仰的最著名猶太人。身為耶穌會會員，古爾丁的成長環境有許多早期現代社會的宗教與倫理瑕疵，但這並沒有妨礙耶穌會完全接納他。這種包容性確實是早期耶穌會最讓人讚賞的特質之一，儘管伊比利半島王國視**血統純正性**為最高價值的觀念，帶來了諸多的壓力，耶穌會依然是最受各種改信天主教的異教徒歡迎的組織之一。

耶穌會在很大的程度上也是採英才教育制度。儘管如帕拉維奇伯爵這類出身高貴的貴族，可以享受令人嫉羨的好處，但像古爾丁這樣出身平凡的人，也同樣有繼續成長的機會。數學才華橫溢的聰明年輕人古爾丁，在組織中穩定升遷，最後被送至羅馬學院，師從克拉維烏斯[3]，但接受指導不到三年，恩師就於 1612 年辭世。五年後耶穌會派他去奧地利的哈布

---

2 作者註：有關古爾丁、貝蒂尼，以及塔凱身為耶穌會與無限小戰鬥的執行者，請參見瑞東帝的《伽利略的異端邪說》291 頁。

斯堡家族屬地教授數學，他之後的人生，全都在格拉茲（Graz）的耶穌會學院與維也納大學中度過。從古爾丁後來的事業發展看來，他這生的數學見解，都是在跟著克拉維烏斯學習的那幾年所形成。他完全是克拉維烏斯的追隨者，不但堅持耶穌會舊有見解，認為數學位列物理學與形而上學中間，也堅信幾何學擁有數學學科中最重要的地位，極力主張追隨古典歐幾里得推論證明的標準。所有的這些立場，都讓他成為批評不可分量法的最理想人選。

　　古爾丁批評卡瓦列里不可分量的內容，收納在他 1641 年出版的《重心》（_De centro gravitatis_，亦作 _Centrobaryca_）第四卷。他一開始暗示卡瓦列里的方法其實並非他所創[4]，而是衍自另外兩位數學家，一位是古爾丁在布拉格的新教朋友約翰·克卜勒，另一位是德國數學家巴索羅謬·索佛（Bartholomew Sover）。古爾丁控訴卡瓦列里剽竊是極不友善的行為，而他對克卜勒和索佛，也沒有太多讚揚，因為他很快就對這個方式提出猛烈且一針見血的批評。

　　古爾丁認為，接受過古典方式訓練的數學家，不會接受卡瓦列里那種非建構性的證明。這一點顯然是事實，因為從歐幾里得的方式來看，幾何圖形是一步步建構而成，從簡單到複雜，只需用上直尺與圓規來建構線條及圓而已。證明中的每一步都包括了這樣的建構步驟，最後得出目標圖案的邏輯關連推論。然而卡瓦列里卻是將整個程序顛倒過來，從拋物線、螺線等現成的幾何圖案開始，再將這些圖案分割成數量無限的成分。這種過程可稱為「解構」而非「建構」，而其目的也並非要建立一致性的幾何圖形，而是要解出既存圖案的內部結構。受過古典訓練的古爾丁很快指出，這樣的過程不符合歐幾里得驗證的嚴苛標準，光是這個理由，就足以否決

---

3 作者註：由蘇格蘭的聖安德魯大學主辦的麥克家教數學歷史人物傳記文獻檔案區（http://www-history.mcs.st-and.ac.uk /）中有非常精彩的古爾丁（以及許多其他數學家）簡介。另外也請參考由歐康納與羅伯森撰寫的古爾丁生平（http://www.gap-system.org/~history/Biog raphies/Guldin .html）。

4 作者註：有關古爾丁指控卡瓦列里的方式源於克卜勒與索佛一事，請參見吉烏斯地的《柏納文圖拉·卡瓦列里》60~62頁，以及曼科素的《數學哲學與數學應用》51~52頁。

這個方式。

　　古爾丁接著攻擊卡瓦列里方式的基礎，亦即平面由無限線條構成，或立體由無限平面構成的這個概念。古爾丁認為這根本就是無稽之談。「我認為，」他這麼寫，「沒有任何幾何學家會贊成他的想法，以幾何語言來說，他所說的平面就是『該圖案的所有線條』。事實上，幾條線，甚至所有的線，永遠都不可能被稱為平面，因為眾多的線，不論其數量有多大，都無法構成甚至最小的平面。」[5]換言之，因為線沒有寬度，任何數量的線條並列，也無法構成最小的平面。卡瓦列里試圖從「所有線條」的大小來計算平面的面積，因此根本就是荒謬之舉。古爾丁再從這個論點引出自己最後的要點[6]，那就是卡瓦列里的方式根本是要在某個圖案的「所有線條」與另一個圖案的「所有線條」之間建立一定的比例。古爾丁堅持，既然兩組線條的數量都是無限大，兩個無限大之間的比例根本沒有意義。不論我們如何加乘無限大的不可分量，他們都不可能大過另一組無限大的不可分量。也就是說，卡瓦列里假設一個圖形與另一個圖形的「所有線條」之間的比例，違背了阿基米德的公理，因此根本無效。

　　整體來看，古爾丁批評卡瓦列里的方式，具體呈現了耶穌會數學的核心原則。克拉維烏斯以及他在耶穌會的徒子徒孫，都相信數學必須有系統並依照演繹原則推進，從簡單的假定到愈來愈複雜的定理，描述圖形之間放諸四海皆準的關係。一步步符合邏輯地從線到圓，再到複雜作圖的建構式證明，才是這種理想的具體表現。這些證明緩慢但確實地建立起一個嚴格階級統治的數學秩序，一如克拉維烏斯所證明，相較於其他任何科學領域，這個數學秩序讓歐幾里得的幾何學，更貼近耶穌會明確、階級與秩序的理想。古爾丁對於建構式證明的堅持，因此並不僅是一件賣弄學問或心胸狹窄的表現，而是如克拉維烏斯與他朋友所認為，這是他的教團堅信不移信念的展現。

5　作者註：請參見保羅·古爾丁的《重心》第四卷（維也納Matthaeus Cosmerovius出版，1641年）340頁。

6　作者註：有關古爾丁對於卡瓦列里以及他所使用方式的數學批評，請參見吉烏斯地的《柏納文圖拉·卡瓦列里》62~64頁，以及曼科素的《數學哲學與數學應用》50～55頁。

古爾丁對於平面與立體由「所有線條」與「所有平面」構成的批評也是這樣。數學不能只有階級與構造，還必須要有完美的理性以及無矛盾的特質。卡瓦列里的不可分量，一如古爾丁指出，從中心點開始就不合邏輯，因為連續統由不可分量構成的這個概念，根本經不起理性的考驗。「不存的東西，既不存在，也不能比較，」古爾丁無懈可擊的推論這麼主張。也因此，難怪無限小的方式會走向矛盾與牴觸，最終得出謬誤的結果。對耶穌會來說，這樣的數學比完全沒有數學更糟。若大家接受這個有缺陷的系統，那麼數學就再也不能成為一個永遠且理性的教團基礎，而耶穌會那猶如幾何學真理一樣不容挑戰的嚴格普世階級之夢，也注定將會破滅。

古爾丁並未在著作中從較深入的哲學角度解釋自己反對不可分量的原因；貝蒂尼與塔凱也沒有這麼做。古爾丁曾一度差點承認除了嚴格的數學秩序外，還有更重要的原則也岌岌可危。他含糊地這樣寫，「我不認為這個（不可分量的）方法之所以應該被否定，是因為有必須隱瞞所以得適時保持沉默的原因」[7]，但他沒有解釋什麼是那些「必須隱瞞的原因」。這三位耶穌會會員對於非數學領域的緘默，其實是想當然爾的事。身為數學家，他們的工作是從嚴格的數學角度去攻擊不可分量，而不是從哲學或宗教立場出發。如果他們宣布自己的行為是神學或哲學的考量，只會損及他們的權威與可信度。

當然，所有涉入不可分量戰爭的人，都知道真正瀕臨危機的是什麼。當安傑里戲謔地寫下他不知道「什麼樣的神靈」可以改變耶穌會的這些數學家，以及古爾丁暗示「必須隱瞞的原因」時，他們指的都是耶穌會對於無限小這個議題的神學立場。可惜除了極少數的例外，這些較廣泛的考量在數學辯論中從未獲公開接受。在受過高等訓練的專家之間，無限小的問題始終是個技術層面的爭議，著重在數學領域中哪些步驟可以接受，哪些

---

7 作者註：請參見古爾丁的《重心》第二卷（維也納Matthaeus Cosmerovius出版，1639年）第3頁。引自柏納文圖拉・卡瓦列里的《六道幾何練習題》（波隆那Iacob Monti出版，1647年）180頁，以及費斯塔的〈不可分量的某些爭議角度〉199頁，相關議題在該段內容中有所討論。

不可以接受。卡瓦列里 1642 年第一次看到古爾丁的批評時，立刻著手提出詳細的反駁內容。一開始他打算採用恩師伽利略所鍾愛的形式，也就是朋友間的對話方式撰寫 [8]。不過當他把簡單的草稿拿給既是朋友，又是數學同僚的吉安南托尼歐·羅卡（Giannantonio Rocca）看後，羅卡勸他不要這麼做。羅卡警告他，若不想重蹈伽利略的覆轍，較安全的作法是遠遠避開雋語如珠、高人一等的煽動性對話型態，因為這很可能會激怒有權有勢的對手。羅卡甚至建議，只針對數學問題，直接回應古爾丁的攻擊，並避開對方的挑釁會更好。羅卡未曾說出口的是，其實卡瓦列里的所有作品，都沒有流露出任何蛛絲馬跡，證明他有伽利略的寫作天分，或具備任何可以用機智與趣味呈現複雜問題的能力。卡瓦列里聽取了他朋友的建議，沒有用他那特有的沉重且幾乎無法讓人理解的散文風格，讓我們痛苦地閱讀他的「對話」，這對大家或許都是萬幸之事。相反的，卡瓦列里把回應古爾丁的內容，納入他《六道幾何練習題》中的第三道「習題」，並為該練習取名為十分明顯的「致古爾丁」（In Guldinum）。

　　卡瓦列里在回應中並未表現出因為古爾丁的批評而過度受擾的樣子，他先是很快地駁斥古爾丁對他剽竊的指控，然後就把焦點放到數學議題上。卡瓦列里否認自己斷定連續統是由無限數量的不可分割要素構成，辯稱自己的方法也並非依賴這樣的假設。如果有人相信連續統是由不可分量構成，那麼，沒錯，「所有線條」合在一起，確實會構成一個平面，而「所有平面」也必定會構成一個立體。然而如果有人不接受線條會組成平面，那麼無庸置疑地，必定有什麼非線條的東西構成了平面，而立體也是由什麼非平面的東西組成。他認為，不論所有線條或所有平面是不是構成圖案的要素，比較兩個圖形之「所有線條」或「所有平面」的不可分量法，其實與圖形的構成要素沒有任何關係 [9]。

---

8 作者註：有關卡瓦列里計畫以對話方式回應以及羅卡的建議，請參見吉烏斯地的《柏納文圖拉·卡瓦列里》57~58頁。

9 作者註：有關卡瓦列里自認在連續統的構成議題上是個不可知論者，請參見曼科素的《數學哲學與數學應用》54頁。

卡瓦列里的說法，在技術上或許可以讓人接受，卻相當奸詐。所有讀過《不可分量的幾何學》或《六道幾何練習題》的人都可以毫不遲疑地證明，書裡的內容確實根基於連續統是由不可分量構成的基本直觀。儘管卡瓦列里故做姿態，但比較圖案之間「所有線條」與「所有平面」的唯一可能理由，就只有相信線條與平面的確是以某種方式構成了平面與立體的圖案。卡瓦列里為自己所使用方式取名不可分量法，就已經不言可喻，而他借布疋與書籍之例所提出的著名隱喻，更是讓這一點清楚明確。古爾丁說卡瓦列里要為自己連續統的見解負責，其實完全正確，也因此這位耶穌教團成員的答辯，看起來更像是薄弱的藉口。

卡瓦列里對古爾丁堅持「兩個無限量之間沒有比例」的回應，同樣不具說服力。他把無限量分成兩種，聲稱「絕對無限量」之間的確沒有比例，但是「所有線條」與「所有平面」之間並非絕對關係，而是一種「相對無限量」[10]的關係。他接著說，相對無限量不但可以相比，而且彼此之間確實存在著比例關係。一如既往，卡瓦列里似乎在為自己方法中那令人難以理解的技術立場辯解，而同儕數學家卻不一定會接受這樣的解釋。不論如何，他的論點沒有牽涉到任何不可分量方式背後的真正論據或動機。

卡瓦列里只有在反駁古爾丁指控自己並未正確「建構」出圖形時，才讓這個動機曝光。辯駁這一點時，卡瓦列里的耐心終於用罄，展露出真實的本性。古爾丁聲稱每一次的幾何證明中，每個圖形、角度以及線條都必須從第一步開始仔細建構，而卡瓦列里直接否定了這樣的說法。「若要證明為真，」他這麼寫，「不需要確實描述那些相似的圖形，只要在心中假設已經說明過即可……就算我們假設這些圖形已經建構完成，最後也不可能推論出矛盾的結果。」[11]

這一點終於顯露出古爾丁與卡瓦列里、耶穌會與不可分量支持者之間

---

10 作者註：請參見曼科素的《數學哲學與數學應用》54頁，以及吉烏斯地的《柏納文圖拉・卡瓦列里》64頁。

11 作者註：請參見卡瓦列里的《六道幾何練習題》第三部〈致古爾丁〉，引自吉烏斯地的《柏納文圖拉・卡瓦列里》62~63頁。

真正的差異。對耶穌會而言，數學的目的在於將這個世界建立成一個穩定且永遠不變的地方，秩序與階級制度在這個地方永遠不會受到挑戰。這也是為什麼世界上的每一樣東西都必須仔細且理性地建構，為什麼不允許任何矛盾與衝突跡象存在的原因。耶穌會要的是一種「上行下效」的數學，這種數學的目的在於導入理性與秩序，否則世界會亂成一團。然而卡瓦列里以及像他一樣支持不可分量理論的同儕，看法卻完全相反。他們認為數學源於這個世界的有形直觀，亦即平面圖形是由線條組成，立體圖形則是由平面構成，一如布疋是線編織而成，而書是頁的集合。我們不需要理性建構出這樣的圖案，因為我們都知道這些東西已經存在於世間。就像卡瓦列里所說，我們需要的是假設並想像這些物體的存在，然後著手研究這些物體的內在結構。最終，他繼續說道，「不可能會推論出矛盾的結果，」因為事實就是這些圖形的存在已經保證了其內部結構的一致性。我們若遭遇到看似矛盾或衝突的結果，也是因為理解有限所導致的表面問題，這些問題絕對可以解釋得通或可以將之當成研究工具。這些矛盾與衝突永遠都不應該成為阻止我們研究幾何圖形內部結構或這些圖形間隱藏關係的理由。

站在如古爾丁這類的古典數學家角度，把數學的基礎奠定在一種模糊又矛盾的物質直觀上，根本荒謬至極。「誰來當裁判」決定幾何建構是否為真？他這麼嘲弄地質問卡瓦列里，「是手、眼睛，還是智力？」[12] 不過指控卡瓦列里將手或眼睛應用在不合理的幾何研究中，則完全沒有令他卻步，因為他的方法確實是建築在這種實際的直觀之上。在卡瓦列里眼中，古爾丁因為明顯的矛盾而堅持放棄不可分量法，是毫無意義的賣弄學問之舉，因為每個人都知道這些圖形確實存在，爭辯這些圖案不應該存在根本沒有道理。卡瓦列里認為，這種吹毛求疵的作法，很可能會引發嚴重後果。如果古爾丁的想法普及，我們就會失去一種強而有力的方法，而數學也會遭到背叛。

---

12 作者註：請參見古爾丁的《重心》第四卷344頁，引自吉烏斯地的《柏納文圖拉·卡瓦列里》63頁。

貝蒂尼的攻擊

在卡瓦列里出版他對古爾丁的回應時，古爾丁已去世三年，而他自己也只剩下幾個月的壽命。然而兩位重要主角的辭世，以及托里切利 1647 年的逝世，並沒有平息這場辯論戰。數學家來來去去，但耶穌會消滅無限小的決心依然熾烈，批評不可分量的主要人物，換成了另一位耶穌會的數學家。接下古爾丁棒子的瑪利歐·貝蒂尼從未自詡為重要的數學大師[13]，同儕中也沒有人如此認知。他之所以出名，是因為撰著了兩本非常厚的書[14]，裡面包羅萬象地收集了許多稀奇古怪的數學知識與問題，分別被命名為《世界數學哲學大集》（*Apiaria universae philosophiae mathematicae*），1642 年出版，以及《數學哲學寶庫》（*Aerarium philosophiae mathematicae*），1648 年出版。這兩本書都是耶穌會處理數學的優秀範例，強調幾何原則普及全世界，內容包括投射物體飛行、碉堡建構、航行藝術等數學討論，而所有的議題都以普世且毫無爭論疑慮的幾何原則為治理依歸。不可分量理論雖然在本質上，就與這些實際上有目的、有取捨的選集內容格格不入，卻是《數學哲學寶庫》第三輯第五卷的焦點議題。這冊書的出版時間在卡瓦列里發表反駁古爾丁批評一年後，是耶穌會必要的回應，以及持續對無限小支持者打壓的必要手段。

貝蒂尼與卡瓦列里很可能私下是彼此認識的，而且諸多證據顯示，他們的關係遠遠談不上友好。1626 年，卡瓦列里被任命為耶穌教團帕馬市修院的院長，貝蒂尼則在當地的大學擔任教授，所以若說這兩位數學家在這座規模不大的城市中從未巧遇，實在難以想像。事後回想，當初卡瓦列里曾期盼被指派為帕馬大學的數學教授，但一如他在當年 8 月 7 日向伽利略的抱怨，一切希望都破滅了。「提到數學教職，」他寫道，「這裡如

---

13 作者註：有關貝蒂尼、他在耶穌會中的地位，以及他與克里斯多夫·格恩柏格的關係，請參見費恩高德編輯之《新科學與耶穌會科學》第4~7頁，麥可·約翰·葛爾門的〈耶穌會的數學與謙遜：克里斯多夫·格恩柏格的問題〉。

14 作者註：即瑪利歐·貝蒂尼的《世界數學哲學大集》（波隆那Io. Baptistae Ferronij出版，1645年）以及《數學哲學寶庫》（波隆那Io. Baptistae Ferronij出版，1648年）。

果沒有耶穌會神父，我可能還有很大的希望，因為樞機主教阿爾多布朗迪尼（Cardinal Aldobrandini）閣下很賞識我……可惜（大學）是由耶穌會神父管理，我無法再作夢了。」[15] 否決卡瓦列里任命的諸位耶穌會神父當中，身為耶穌會重要數學家的瑪利歐·貝蒂尼，幾乎肯定是其中之一。

卡瓦列里在 1629 年有了復仇的方法。那一年他成了帕馬附近的波隆那大學數學教授。一名伽利略的支持者，竟然在歐洲最古老大學中被任命擔任如此有聲望的教授職位，對耶穌會是非常頭痛的打擊，對貝蒂尼的打擊尤其嚴重，因為他是波隆那人。第二年，或許是為了回應卡瓦列里的任命，也或許是考慮到耶穌會在那座城市的有限影響力，耶穌會計畫將帕馬市的整個學院搬遷至波隆那的一座新耶穌會學院中。但是這個計畫最後卻遭到波隆那議會阻止[16]。1641 年，議會通過一道法令，禁止任何未列名在大學教職員名單上的人教授大學課業。貝蒂尼與卡瓦列里在這場戰事中分屬敵對陣營顯而易見，因為一位是耶穌會會員，迫切想在自己生長的家鄉為自己的教團建立起據點，努力推動新的學院百尺竿頭；而另一位則是在帕馬經歷過傷痛的耶穌教團會員，非常感激波隆那議會准許他平靜地致力於數學研究，並盡一切努力抵禦耶穌會的入侵。

貝蒂尼用熱情彌補了他在數學涵養上的不足。古爾丁以及後來的塔凱，主要都將爭論範圍局限在技術性的數學領域，但是貝蒂尼卻毫不遲疑地利用不客氣的語言，陰沉地警告大家，若不聽從他的勸諫，會招致災難性的後果。他個人與卡瓦列里交手的痛苦經驗，很可能讓他僭越了自己身為冷靜數學批評者的權限，然而不論他的個人動機為何，貝蒂尼的態度卻可能更貼近耶穌會反對無限小的真實色調。他只不過是個傳聲筒而已。

從數學的角度來看，貝蒂尼並沒有在古爾丁的批評上另添新意，但他僅針對一點窮追猛打。「無限量對無限量，兩者沒有比例關係，」[17] 因

---

15 作者註：卡瓦列里1626年8月7日致伽利略之信，引自吉烏斯地的《柏納文圖拉·卡瓦列里》第9頁。

16 作者註：請參見吉烏斯地的《柏納文圖拉·卡瓦列里》第9~10頁n26。

17 作者註：請參見古爾丁的《重心》第四卷341頁，引自曼科素的《數學哲學與數學應用》54頁。

此將一個平面的無限多條線與另一個平面的無限多條線做比較，完全沒有意義。因為這樣的比較是不可分量方式的核心，因此貝蒂尼堅持學生與初入會者絕對不准接觸這種具吸引力卻錯誤的方式。「為了說明幾何學的要素，」他這麼寫，「我指出（這些）妄想，好讓初入會者學習分辨幾何哲學中的（如俗話所說）『真假之別』[18]」。貝蒂尼認為不可分量是危險的幻想，如果可能，最好予以漠視。然而，身處當前的環境中，「礙於不得已，我對不可分量的幾何圖形相關虛偽推論提出回應[19]。運用不可分量……比較幾何圖形並以此推論，根本缺乏真理實證。我絕不希望因為如此而讓自己的幾何理論變得毫無用處。」若要避免損害所有論證以及破壞幾何學本身，我們必須與不可分量法這種危險的妄想劃清界線。

謙恭有禮的法蘭德斯人

安德烈‧塔凱是位都市出身的法蘭德斯人，作品同時受到天主教徒和新教徒的讚揚。1651年，他出版了研究圓柱與圓環等幾何圖形與其應用的作品《圓柱與環四輯》（*Cylindricorum et annularium libri IV*）[20]。這套書的卷頭插畫符合耶穌會其他出版品的風格，有兩位沐浴在聖光之中的天使，高舉著一個寫著書名的圓環。位於天使之下的地面上，一群普智天使正忙著將理論拿來實際運用。這幅插畫的寓意很清楚，那就是具普世與完美理性的神聖數學，治理且安排著這個現實的世界，盡可能呈現出最好的成果。這幅吸引觀眾眼光的插畫，描繪出耶穌會眼中數學的角色與本質。

《圓柱與環》是塔凱最受人讚揚的作品，也是建立起他身為歐洲最具原創性、最有創意的數學家聲譽的作品。結果這部作品在他的長官眼中，

---

18 作者註：請參見貝蒂尼的《數學哲學寶庫》第三卷第五冊20頁。引自賀瑞斯的《信件》（*Epistles*）第一卷第七章第23行的〈銅錢與扁豆之間的差異是什麼〉（Quid distent aera lupinis）。

19 作者註：引自史戴芳諾‧德格里‧安傑里《六十道幾何難題》（威尼斯 Ioannem la Nou出版，1658年）295頁的〈不可分量附錄〉。

20 作者註：安德烈‧塔凱的《圓柱與環四輯》（安特衛普Iacobus Meurisius出版，1651年）。

《圓柱與環四輯》的卷頭插畫。
照片來源：杭汀頓圖書館

可能有些過於「原創性與創意」，因為當塔凱把一本新書送給新任命的總會長高斯溫‧尼柯（Goswin Nickel）時，總會長的反應出人意料的冷淡[21]。尼柯在感謝這位數學家贈書，並恭喜他出書後，補充提到他若能將自己令人印象深刻的天賦，應用在撰寫基礎幾何學教科書上，讓會中的學院學生利用，而不是只為少數數學菁英讀者撰寫具原創性的作品，會更好。尼柯之所以這樣寫，並不是因為他對塔凱懷有敵意，而是一種姿態的表現，展示耶穌會員對創新的質疑，以及他們堅信數學的角色，只在於建立起一種牢固且不可變的秩序。他很可能也對塔凱在作品中應用不可分量的事實，感到不安，即使塔凱只是把不可分量看成一種探索的工具，並沒有用於證明。不管怎麼說，身為耶穌基督軍隊優秀士兵的塔凱，遵從了總會長的訓示，從那之後，就不再出版具原創性的作品，而是專注於教科書製作。他經手的部分教科書還因為內容編排實在優異，有長達一個多世紀的時間，一直都是標準教材。

　　生於 1612 年的塔凱，比古爾丁或貝蒂尼年輕許多，也因此目睹了無限小在法國的羅貝瓦與英國的瓦里斯帶領下，傳播至阿爾卑斯山地區以外的情況。貝蒂尼因為自己沒什麼國際聲譽需要維護，所以可以大膽譴責不可分量為「妄想之說」，但是塔凱卻不能如此無禮對待一個在北歐數學家圈子中愈來愈受歡迎的方法。或許是礙於當時環境的壓力，或許是塔凱與貝蒂尼不同，他對卡瓦列里和其支持者並沒有宿怨的事實，又或許只是個性的因素，當塔凱把注意力放在不可分量的問題上時，相較於貝蒂尼的尖銳譴責，他的語氣要自制得多。

　　塔凱在評論中對對手相當有禮，甚至稱得上敬重。他稱卡瓦列里為「高貴的幾何學家」[22]，對於卡瓦列里「最美妙的發明」，堅持「不希望貶抑其應有的榮耀」。塔凱很清楚自己在說什麼，因為他本人非常熟悉卡瓦

21　作者註：有關塔凱與尼柯總會長之相關資訊，請參見伯斯曼斯的〈安德烈‧塔凱〉72頁。

22　作者註：請參見塔凱的《圓柱與環四輯》23~24頁，引自費斯塔的〈不可分量的某些爭議角度〉204~205頁，相關議題在該段內容中有所討論。

列里與托里切利的研究，而且運用他們的方式得出新結果的能力，也絲毫不比這兩人遜色。然而談論的主題一旦超出塔凱有興趣的風格或他專精的數學領域，大家就會很清楚看到塔凱與無限小對立的立場，絕不輸給心靈受過創傷的貝蒂尼。「我認為不可分量的證明方式既不正當也不幾何，」他在討論不可分量時，開宗明義地這麼說。「不可分量方式從線發展到面，從面發展到立體，然後再把從線條那兒得到的等分或比例應用在平面上，把從平面那兒得到的等分或比例應用在立體上。」他總結說，「藉由這種方式，任何人都證明不了任何事。」[23]

塔凱與古爾丁或貝蒂尼不同，他不認為不可分量方式完全無用。對他來說，不可分量是一種找出或測試新幾何關係的實用工具。但大家永遠都不應該把不可分量得到的結果，錯認為已經證實的幾何真理。「如果一個定理只經過不可分量的證明就提出，沒有其他方式另加證明，那麼在由同次方法（homegene）重新證明前，我永遠都會質疑這個定理的真實性。」[24]（塔凱所指的同次方法，即古典型態的論證方式。）他另外指出，不可分量的推論，雖然有時很有用，卻除了得出真實的結果，同樣也可能引導出錯誤與荒謬的結果，因此大家永遠都不可以相信這種方法。

塔凱的批評內容，緊貼著前輩古爾丁與貝蒂尼的腳步。他欣然承認線條可以是由移動的不可分量構成，亦即一條線由一個移動的點構成、一個面由一條移動的線組成，而一個立體圖形則是由一個移動的平面形成，然而這並不代表量是由許多不可分量組成，因為他堅持若接受了這樣的想法，幾何就會死亡。也因此在最後簡要提出耶穌會對不可分量立場之人，不是粗魯好爭的義大利人瑪利歐·貝蒂尼，而是這位優雅、都會化的法蘭德斯人安德烈·塔凱。他說，如果不摧毀不可分量，幾何學就會毀滅。兩者之間毫無妥協空間。

---

23 作者註：請參見塔凱的《圓柱與環四輯》23頁。
24 作者註：前註同書24頁，引自伯斯曼斯的〈安德烈·塔凱〉72頁，相關議題在該段內容中有所討論。

隱密的活動

　　耶穌會在十七世紀的反無限小戰爭，是在好幾個平行層面同時進行。法律面，大部分以總校訂的判決方式執行，上有耶穌會總會長的直接命令，下有對頑固部屬的懲罰。數學面，由會中專業數學家古爾丁、貝蒂尼與塔凱負責。他們的角色是在純數學的領域中，一面宣揚古人的方式，一面打擊無限小的可信度。耶穌會的巍峨名聲與耶穌會數學家互相支持彼此立場的團結合作，確保了官方的判決與數學主張，都能在教團以外的地方迴響，無遠弗屆。

　　然而這場持續數十年的反無限小戰爭，仍有許多我們不知道的地方。譬如有多少私下支持不可分量方式的數學家，因為懼怕耶穌會的報復而選擇沉默？有多少人因為涉嫌擁護這個被禁止的理論，而被剝奪了擔任大學教職的機會？有多少懷抱雄心壯志的數學家，只因為害怕支持無限小會危及事業發展，就此放棄？耶穌會反無限小運動藉由個人之間的相互影響、私人信件的往來，以及制度上的壓力而私下運作的那一面，我們很難詳細且明確地了解。儘管如此，已知的部分也足以讓我們領略到，在義大利這個耶穌會勢力最強大的地方，支持無限小的數學家當時面對的敵意與壓力。

　　耶穌會在義大利的影響深遠。即使在耶穌會影響力低落的 1620 年代，卡瓦列里為了要求得一份大學教職，也得努力好幾年，最後終於在 1629 年被指派為波隆那大學教授。他多次的申請中，至少有一次，也就是 1626 年在帕馬市的那一次，是因為耶穌會強硬的反對而碰壁。1630 年代托里切利私下發展自己的數學方式，但從未成為任何大學認真考慮的教職候選人，一直到他被安插到佛羅倫斯宮廷後，才發表了自己的研究成果。看起來，重新恢復光榮的耶穌會似乎很可能有隻隱藏的手在運作這一切，掐斷了年輕優秀的數學家在學者圈中揚名的所有機會。

　　情勢的發展對卡瓦列里與托里切利的朋友、學生愈來愈不利，這些人若身處正常的環境，必然會接續卡瓦列里與托里切利的先驅工作。這一

個世代有許多才華橫溢的數學家，但沒有人（除了一個例外）找得到任何機會，繼續在他們老師鋪設出來的道路上走下去。舉例來說，卡瓦列里在波隆那的學生厄班諾·達維索（Urbano d'Aviso，生於 1618 年）[25]，曾為恩師寫了一本令人讚賞的傳記，但一涉及數學議題，他就甘於只編撰天文學的基本教科書而已。另外一位卡瓦列里的學生皮耶托·孟哥理（Pietro Mengoli，1626~84），繼承了卡瓦列里在波隆那的教職，是位敏銳又有才華的數學家，但他也是個保守的數學家，不但避免不可分量，後來還徹底離開數學界，進行獨自的宗教冥想。吉安南托尼歐·羅卡（1607~56）是卡瓦列里的朋友，曾勸阻卡瓦列里不要以對話方式發表自己反擊古爾丁的批評，也是一位以能力著稱的數學家，卡瓦列里甚至在自己的《六道幾何練習題》中納入了羅卡的一些研究成果。然而羅卡本人從未發表過不可分量相關的任何一行字。

　　大多數與托里切利有關的人也都是這樣。維參佐·維維阿尼（Vincenzo Viviani，1622~1703）[26]與托里切利都是伽利略的朋友，也是他晚年的同伴。伽利略去世後，兩人一起在佛羅倫斯工作，維維阿尼最後還接下了托里切利在麥迪奇宮廷的數學家職位。維維阿尼始終自認是伽利略的學生以及他的學識繼承人，撰著了一本伽利略的傳記，成為後來各個現代版伽利略傳記的根據，但在數學方面，維維阿尼卻幾乎全是古典派的研究。他翻譯古代古典著作，也出版阿波羅尼奧斯的《圓錐曲線》（Conics）與歐幾里得的《幾何原本》新版本，鮮少提到不可分量，只是一再重複大家都知道的結果，譬如拋物線的面積。後來，他似乎連這點都放棄了。當萊布尼茲在 1692 年出版了伽利略留下的一些數學問題解

25 作者註：有關達維索與孟哥理相關資訊，請參見吉鳥斯地的《柏納文圖拉·卡瓦列里》49～50頁，以及查爾斯·吉里斯派（Charles Gillispie）編輯的《科學傳記辭典》（Dictionary of Scientific Biography，紐約Scribner出版，1981~90年）中列為兩人名下的內容。
26 作者註：有關維維阿尼相關資訊，請參見吉鳥斯地的《柏納文圖拉·卡瓦列里》51頁、歐康納與羅伯森撰寫的「維參佐·維維阿尼」，以及麥克家教線上傳記（www-groups.dcs.st-and.ac.ukhistory/Biographies/Viviani .html）。

答時，維維阿尼嚴厲批評他不該使用無限小。這時候，似乎連伽利略在義大利的學生都已經接受了無限小遭禁的狀況，甚至已經適應這種環境。

安東尼奧·納迪（Antonio Nardi）[27] 是托里切利的另外一位朋友，撰寫了大量數學相關的作品，而且支持不可分量法，然而他雖不斷聲明打算出版這些作品，卻未曾如此做過。他所有的研究，流傳至今，只剩下幾千頁存放在佛羅倫斯國立中央圖書館檔案保存處的殘篇，從未攤在陽光下。然後還有米開朗基羅·利奇（Michelangelo Ricci）的例子，他是托里切利與卡斯帖里 1630 年代在羅馬的學生，後來令人意外地成了羅馬教會的樞機主教。利奇是位有才華且廣受敬重的數學家，如他的書信顯示，他是伽利略、卡瓦列里與托里切利的欽慕者，除此之外，也是不可分量方式的熱情實踐者。然而他也和其他人一樣，收藏起自己的數學偏好，沒有在這個議題上發表任何成果。

孟哥理、納迪、維維阿尼與利奇的沉默，訴說出了一個耀眼的義大利數學傳統，如何緩慢窒息而死的故事。伽利略最年長的數學繼承者卡瓦列里運氣很好，在 1620 年代獲得了一份大學教職，當時伽利略在羅馬的聲勢正如日中天。稍微年輕一點的托里切利在 1630 年代遭遇到的環境就艱辛多了，但幸運之神還是神奇地眷顧到他，讓他及時被召去阿切特里，成為伽利略的繼任者，免受記憶洪流吞沒。至於那些想要追隨卡瓦列里與托里切利腳步的人，耶穌會的敵意確保他們再也碰不到這樣的奇蹟。沒有任何城市或諸侯願意冒險激怒耶穌會，也因此，無限小支持者得不到任何大學教職或是諸侯宮廷裡的重要職位。就這樣，這群人保持緘默，寫信給彼此以及海外的數學家，卻絕不發表任何作品引起注意。當這群人從舞臺上消失時，義大利就再也沒有人承接無限小的火炬了。

無限小的最後陣地

義大利的無限小擁護者，在放棄戰鬥、向敵人承認失敗之前，為了保

---

27 作者註：有關納迪的資訊，請參見吉烏斯地的《柏納文圖拉·卡瓦列里》51頁，以及貝羅尼的〈托里切利與他的時代〉29～38頁。

護他們的數學方法，曾進行過最後一次防禦戰。這場以機智與無懼的靈魂為武器的戰役，是由義大利最後一位公開主張無限小的數學家指揮。這位數學家就是聖葉理諾耶穌教團的史戴芳諾・德格里・安傑里修士。安傑里出生於威尼斯，很年輕就加入了耶穌教團。顯然大家很早就認知到他的聰明才智，因為他二十一歲就被派到耶穌教團在菲拉拉（Ferrara）的修院，教授文學、哲學與神學。經過了大約一年，或許是因為健康欠佳，他驛馬星再動，去了波隆那，在那兒認識了後來改變他人生與事業的人，即波隆那修院的會長，他的耶穌教團會友柏納文圖拉・卡瓦列里。

　　兩人在 1640 年代中期認識，卡瓦列里已是數學圈的知名人物，大家稱他為不可分量方法之父。卡瓦列里當時正在絞盡腦汁撰寫回應古爾丁的批評，但他的健康狀況也很糟糕，飽受後來於 1647 年奪走他生命的痛風困擾。卡瓦列里視安傑里亦友亦徒，而安傑里也熱情地接受卡瓦列里的數學方法，並且很快就用自己的能力證明他也是一名才華洋溢的數學家。很容易就能想像他們兩人在一起的情況，穿著教團的白色修士服、繫著皮帶，中年教士與他年輕的學生，每天都從耶穌教團的修院，穿過波隆那忙碌的街道，走進古老的大學中。他們一面走一面思索的是連續統的構成，還是螺線內部面積的新計算方式？他們是否在爭論對古爾丁的最佳反擊方式與表現方法？又或者，他們是在哀嘆耶穌會近期的勝利？當然，我們永遠都不會知道答案，但這些話題卻極可能出現在兩人的對話之中。我們只知道他們建立起了非常堅實的情誼，而且安傑里自認是卡瓦列里遺風的繼承者。卡瓦列里最後幾個月的病情嚴重到無法顧及《六道幾何練習題》的出版，幫這本書做最後修正並親自看著此書付梓的人，就是安傑里。

　　卡瓦列里辭世後，安傑里再度調職，這次可能是他自己提出的要求，而接下來的五年，他一直擔任羅馬耶穌教團修院的院長。以一個不過二十四歲的年輕人來說，這次的晉升令人印象深刻，當然，剛去世的良師益友的大力支持無疑對他幫助很大。安傑里這時已是有所成就的數學家了，但在羅馬期間，卻未發表任何研究成果，引人深思。1630 年代，托里切利

在羅馬待了十年，深入鑽研數學，但他一直到安全地在佛羅倫斯的麥迪奇宮廷安定下來後，才發表研究，他的經歷讓我們熟悉了這樣的模式。羅馬這座永恆之城、耶穌會的全球總部，以及羅馬學院的家，並不是大家可以自由支持無限小理論之地。

但是在 1652 年，安傑里被調回家鄉威尼斯，擔任耶穌教團的分部評議委員。這是件好事，因為對所有想要躲開耶穌會那無遠弗屆威權的人而言，威尼斯是個極佳的庇護之地。這是因為早在 1606 年，這座城市就曾因為教宗審判與懲罰傳教士的權力，而與教宗保祿五世發生過爭執。當時保祿五世因為非常氣憤這座城市的眾領導人侵犯他的權威，因此把整座城市都驅逐出教會。威尼斯議會對此不但無動於衷，還要求城裡的神職人員繼續主持聖典，罔顧教會停止教權的命令，結果威尼斯大多數的祭司都遵從了議會的決定。始終效忠教宗的耶穌會並未聽從議會的命令，所以被趕出威尼斯。威尼斯與教宗在第二年就達成了和解，但耶穌會在後來的五十年間，卻持續被摒於城外。黑袍者最後終於在 1656 年獲准回到威尼斯，只不過即使回到這座城，他們的影響力依然有限。安傑里善用了這個情勢，不但有自己教團領導人的保護，還得到了仍對耶穌會懷有戒心，態度謹慎的威尼斯議會庇護，也因此他自由展現本色，開始發表不可分量法的研究成果。

安傑里加入無限小戰爭後，帶來了久違數十年的活力與才氣。卡瓦列里為了試圖安撫批評他的人，曾盡量不遠離古典標準，後來甚至放棄了具挑釁意味的反古爾丁對話形式。托里切利則是根本拒絕與批評者討論自己的方法，至於其他人，從納迪到利奇，他們從未發表過任何自己的看法。然而安傑里卻像個復仇天使般直接衝進這場爭論中，決定為了他所珍惜卻慢慢窒息的不可分量法，對耶穌會發動反擊。他的第一波猛烈攻擊收錄在他 1658 年出版的《六十道幾何難題》（*Problemata geometrica sexaginta*）中〈不可分量附錄〉（Appendix pro indivisibilibus）這篇附文中[28]，直接針

---

28 作者註：請參見安傑里的〈不可分量附錄〉。

對瑪利歐‧貝蒂尼而來。

安傑里在護衛不可分量時，嘲弄貝蒂尼對伽利略《對話錄》中碗圓周等於一個點這個矛盾問題的討論內容。「耶穌會的瑪利歐‧貝蒂尼神父，」安傑里這麼寫，是「一位可以被稱為蜜蜂的人，因為他寫了一本蜂窩書。」[29] 他又繼續說自己的講法很適當，因為「就像蜜蜂又採蜜又螫刺，貝蒂尼也一樣，他一邊採著蜜，教授最甜美的理論，一邊又螫刺著他所謂的數學錯誤。」可惜，貝蒂尼是「一隻不幸的蜜蜂」。他雖然「用他的刺推開了不可分量，但他依然身陷危險，」因為，如安傑里在文章中仔細說明的內容，伽利略的矛盾證明了貝蒂尼的立場薄弱。

安傑里將貝蒂尼比做一隻混亂的蜜蜂，確實夠嘲諷的了，但他並不打算就這樣放過耶穌會。他引用貝蒂尼稱不可分量法為「虛偽推論」（similitudinem philosophantium）的一段話，貝蒂尼在這段話裡用強烈的語氣說「我絕對不希望……讓自己的幾何理論……變得毫無用處。」安傑里見縫插針地這麼寫，「請注意，各位讀者，這位作者一遇到不可分量就大叫我絕對不希望怎樣怎樣云云，活像是碰到了魔鬼。」這時，貝蒂尼又化身成了歇斯底里的驅魔師，試圖用憤怒的咒語，驅離惡魔一樣的不可分量。不過在提到實質內容時，安傑里做了這樣的總結，「除了怨毒，他沒有提出任何新的東西。」

誇張的貝蒂尼也許是個可以輕鬆應付的對象，但比較難對付的塔凱也沒逃過安傑里的銳筆。他在 1659 年出版的《無限拋物線》（De infinitis parabolis）前言中，描述自己在前一本威壓耶穌會貝蒂尼的書出版幾天後，是如何晃進了威尼斯的米娜娃書店（Minerva），並在那兒看到一本由另一位「同屬穌耶會中最具價值的數學家」撰著的《圓柱與環》。他快速瀏覽時，偶然看到作者「挑剔不可分量」的一段話，聲稱不可分量的證明方式既不正當也不幾何。安傑里堅稱自己從未聽說過這本書，也不知道

---

29 作者註：安傑里對於貝蒂尼很忙碌，但運氣糟得有如蜜蜂的相關討論，可在他的《六十道幾何難題》293~95頁中找到。（譯註：《世界數學哲學大集》拉丁文書名中的「大集」兩個字，用的即是「蜂巢」這個詞。）

這本書對於不可分量的批評，不過這個說法不可能成立。安傑里對同行所發表的數學作品極度熟悉，而且在同一篇前言稍後的部分，他先後提及法國人尚・畢攸格蘭（Jean Beaugrand）與伊斯梅爾・波里奧（Ismael Boulliau）、英國人理查・懷特（Richard White）、荷蘭人法蘭斯・凡・舒騰（Frans van Schooten）以及他義大利同儕的說法。若有人相信他在威尼斯的書店碰巧看到那本書之前，並不熟悉當時耶穌會的主要數學家塔凱的作品，或不知道塔凱對不可分量的看法，未免也太容易上當了。安傑里無知的藉口其實是一種浮誇的態度，目的在於表示他是以公正的學者身分，對貝蒂尼和塔凱可惡的主張做出回應。至於促使他挺身與耶穌會對抗數十年的那段漫長又辛酸的歷史，他隻字未提。

安傑里接著又聲稱塔凱對於不可分量的批評，並沒有什麼好擔心的。他寫道，塔凱的論點陳舊，多年前古爾丁就已經提過，而卡瓦列里當時也回覆了令人滿意的答案。話說回來，塔凱確實提供安傑里了一次機會，讓他宣告 1650 年代後期，不可分量法是多麼有影響力。「這樣的推論說服得了誰？」塔凱誇張地這麼問，直指自己認定不可分量法令人難以置信的部分。安傑里的回應是，除了耶穌會的會員，所有的人都被說服了 [30]。

安傑里的這個說法，是希望情勢轉變成對耶穌會不利，讓大家認為支持不可分量者，並非一群數量日漸減少且承受著權大勢大敵人攻擊的孤獨客，相反的，其實是耶穌會正在孤軍抵抗一種正普遍受到大家接受的方法。乍看之下，安傑里列出的名單確實令人印象深刻，似乎也能支持他的說法，然而進一步的檢驗，卻會發現根本不是這麼一回事。沒錯，畢攸格蘭、波里奧、懷特與凡・舒騰的確採用了卡瓦列里的方式，但他們住在遙遠的阿爾卑斯山脈北部。至於安傑里提到的三位義大利鄉親——托里切利、羅卡與馬吉歐提——除了托里切利曾經真正發表過不可分量的研究成果外，羅卡與馬吉歐提始終保持沉默；再說，這三位全都在 1659 年之前就過世了。儘管安傑里力辯吾道不孤，但他在自己的家鄉，卻是位實實在

---

30 作者註：安傑里與塔凱及其耶穌會同僚數學家的爭辯，涵蓋在史戴芳諾・德格里・安傑里《無限拋物線》書中的前言〈致讀者〉中。

在的獨行俠。

安傑里相當滿意自己的言詞攻擊，接著他直接面對塔凱那段除非先毀滅連續統是由不可分量構成的觀念，否則這種想法必將摧毀幾何學的陰鬱警告。卡瓦列里曾堅持連續統的組成問題與不可分量法無關，而安傑里也追隨恩師的腳步，不過只追隨到某一個程度。他和卡瓦列里一樣，也辯稱塔凱是錯的，他認為「即使連續統不是由不可分量構成，不可分量法依然不可動搖。」但他對此說法另加了新意，「如果連續統由不可分量組成，是承認不可分量法不可或缺的必然條件，那麼在我們眼中，這個方式只會變得更加強大。」換言之，安傑里和他謹慎的老師不同，他非常樂於接受連續統的確是由不可分量構成的概念。不可分量法的力量與有效性，本身就足以證明這個方式的正確性，若這個方法導出了連續統是由不可分量構成的結論，那麼這個結論也必然正確。隨著這個理論而來的衝突與矛盾，完全困擾不到安傑里。

誇張的耶穌教團會員安傑里接受耶穌會的挑戰，並做了伽利略親自迎戰耶穌會後，再也沒人敢做的事情。他對耶穌會口出惡言、嘲弄他們驅魔式的作法，還假裝從未聽過耶穌會中最知名的數學家。然而再也沒有比連續統構成問題的處理方式，更能顯示耶穌會與耶穌教團之間的差異了。對於耶穌會來說，連續統由不可分量構成的概念導致矛盾，光是這一點，這樣的理論就必須從數學領域摒除。根據這個概念發展出來的方法，即使有效、有益，也不能接受，因為它侵害到了數學純粹的邏輯架構，也就是大家研究數學的真正原因。安傑里的想法剛好相反，就是因為不可分量的方法有效，他據理而論，因此這個方法的基礎假設一定為真，若其中涵蓋了矛盾，我們也只能接受。兩個陣營，一邊強調數學的純粹，另一邊注重實際結果；一邊堅持絕對的完美秩序，另一邊願意與模糊、不確定共處。兩方的想法永遠不會有交集。

耶穌教團的敗亡

感謝耶穌教團的保護，以及對耶穌會不友善的威尼斯議會之庇護，安

傑里似乎可以從公然反抗耶穌會的舉動中全身而退。他繼續自己的研究，接下來的八年，另外出版了六本數學書籍，不但全都使用不可分量法，還在書中提倡這種方法。他最大的成功出現在 1662 年。那一年他被指派為帕度亞大學的數學教授，伽利略也曾擔任過這個職務。權勢在義大利其他地方都如日正當中的耶穌會，眼看著突然發跡的耶穌教團爬升至全歐最有聲譽的數學地位，也只能怒火中燒。耶穌會從未回應安傑里的嘲弄，也沒有公開譴責他，他們只是安靜而耐性十足地等待時機。

耶穌會當時有些束手無策。只要安傑里繼續他的無禮言行，這個遭禁理論可能在義大利重新流行的危險就會一直存在，屆時他們長達數十年的運作都將成為泡影。但他們能怎麼辦？在威尼斯的安傑里很安全，如果耶穌會曾經以為可以說服威尼斯當局讓他閉嘴，那麼安傑里獲任命帕度亞大學教授一事，就必然已讓耶穌會了解到此路不通。耶穌會於是改變策略。他們在威尼斯的影響也許不大，但在羅馬的聲勢卻如高照的豔陽。為了讓義大利支持無限小的最後一道聲音成為絕響，他們轉向教廷求助。

後來發生的事件只有間接證據，相關文件直到今日，仍深藏在梵諦岡的檔案庫中。我們確實知道的是 1668 年 12 月 6 日，教宗克雷芒九世發布一道敕令，結束義大利三個教團，一個是設於威尼斯潟湖區阿爾加（Alga）聖吉歐吉歐島（San Giorgio）上的律修會（Canons Regular），一個是全盛時期在義大利曾有過四十所修院的規模，且廣受歡迎的菲耶索萊的聖哲羅姆隱修會（the Hieronymites of Fiesole），第三個就是聖葉理諾的耶穌教團。這道敕令這樣寫，「這些教團的存在，預期無法為基督世界的人民帶來任何助益或用途。」[31]

律修會是一個小教團，局限在威尼斯的一座島上。以梵諦岡的階級體系來說，確實很可能判定這個教團沒有實質的存在目的。菲耶索萊的聖

---

31 作者註：有關教宗1668年解散三個教團的敕令，請參見席德尼・史密斯（Sydney F. Smith）與約瑟夫・穆尼提茲（Joseph A. Munitiz）合編的《耶穌會的壓制》（*The Suppression of the Society of Jesus*，英國伊斯特本Antony Rowe Ltd.出版，2004年）。本文最早是席德尼・史密斯以系列論文的方式，於1902年2月至1903年8月在《本月》（The Month）雜誌上發表。

哲羅姆隱修會是一個比律修會大很多的教團，在這裡用**結束**兩個字是誤導，因為儘管這個修會的確不再獨立存在，但事實上並沒有被解散，而是與姊妹會比薩的聖哲羅姆隱修會合併，大多數的修院也維持原樣。但對聖葉理諾的耶穌教團來說，這道結束令就是死刑，因為在一天之間，修院關閉，修士遭到驅離，整個教團灰飛煙滅。對這個古老又備受敬重的教團來說，這個結束方法不但粗暴，而且意外得讓人目瞪口呆。耶穌教團是聖約翰・哥倫比尼（the Blessed John Colombini）於 1361 年為了照顧貧窮人民與病者而建，已存在長達 307 年。

官方的理由，也是當今所有大眾資料引用的原因，是「該教團陋習眾」。但這個解釋跟當初敕令聲稱耶穌教團沒有實質存在目的一樣，對了解這件事毫無幫助。有些學者發現耶穌教團的會員常被稱為「烈酒修士」（Aquavitae Brothers）[32]，或許這個稱呼讓大家聯想到教團會員不檢點的品行與散漫的生活，但這種說法與事實相去甚遠。耶穌教團的修士因為全心投入治療黑死病受害者，在修院中進行酒類藥品的生產製造，才被賦予這樣的暱稱。其實沒有任何證據顯示教會的階級體系，曾反對過耶穌教團的醫療行為或曾想過終止這樣的行為。

事實上，所有的徵候都顯示，耶穌教團是個正在蓬勃發展的教團。庇護耶穌會的教宗格里高里八世（1572~85）也支持耶穌教團，而且將其創辦人聖約翰・哥倫比尼去世的日期放入官方的教會行事曆中，訂七月三十一日為他的慶祝日。這個教團於十六、七世紀快速擴張，在義大利各地建立了數十所修院。耶穌教團的會員也一定受到義大利各城的上流階級歡迎，因為米蘭的卡瓦列里支持者以及威尼斯的安傑里擁護者，都認為把家中有天賦的子嗣送入耶穌教團受教育，是件正確的事。另外耶穌教團有兩位會員，分別在波隆那與帕度亞這兩所歐洲最具名望的大學中擔任教授之

---

[32] 作者註：請參見網址http://williameamon.com/?p=552，威廉・艾蒙（William Eamon）的〈烈酒修士〉（The Aquavitae Brothers）以及《天主教百科全書》（*The Catholic Encyclopedia*，紐約Robert Appleton Company 出版，1910年）中，甘迺迪（T. Kennedy）的〈幸運的約翰・哥倫比尼〉（Blessed John Colombini）。

事實，也為耶穌教團增添了學術上的榮耀，鮮有其他教團可與之匹敵。雖然了解耶穌教團修院內的生活樣貌並不容易，但也沒有任何已知證據指出這個教團的道德衰敗。卡瓦列里 1620 年寫信給伽利略談論米蘭耶穌教團的生活，在信中抱怨會裡的老人總是圍著他，希望他學習神學，信中沒有任何一絲跡象，讓人會以為那是一個尋歡作樂的場所。大家對波隆那的耶穌教團修院也不會有這樣的感覺；卡瓦列里最後飽受痛風之苦的八年生命，就是在波隆那的修院中度過，也是在這裡，他與年輕的安傑里展開了數學討論。這些確實存有的印象，在在說明耶穌教團中，都是嚴肅專注於學術與宗教學習的神職人員。卡瓦列里與安傑里在這個組織裡快速晉升到具有威信的位置，也代表這個團體高度重視學術成就。大體而言，梵諦岡在 1668 年之前找不到任何介入耶穌教團內政的理由，唯一的例外，是1606 年梵諦岡允許神職人員加入這個教團，然而這樣的改變意味著此教團地位的提升，而非式微。所有的現象都無法解釋為什麼這個歷史久遠且備受敬重的修士團體會成為焦點，突然被消滅。

　　然而耶穌教團確實在一件事情上表現突出，那就是他們自認自己的會員是提倡無限小理論的最傑出義大利數學家。一開始是卡瓦列里，接著是安傑里，兩人輪流在自己的時代成為提倡不可分量的領導人物，而且都得到了教團的全力支持。他們不僅在階級體系中快速竄升，許多著作也都私下得到了耶穌教團總會長的核可。不可避免的，當安傑里和卡瓦列里因為無限小與耶穌會展開激烈的衝突時，這場戰爭也不再只是他們兩人的事情，而成了整個教團的戰爭。不論是有意或無心，聖葉理諾的耶穌教團都成為耶穌會掃除無限小運動的主要障礙。

　　如果耶穌會能找到讓安傑里安靜的方法，他們或許會放過安傑里的教團兄弟。不過他們也可能急欲以此規模較小的教團做為殺雞儆猴的工具，要羅馬教會中所有膽敢挑戰耶穌會的其他教團三思後行。不論如何，最後的結果都一樣。耶穌會因為無法說服威尼斯當局訓誡這位無禮的教授，因此把施力點轉到耶穌會對其有明確影響力的羅馬教廷。他們既然無法直接懲罰安傑里，就將怒氣發洩到庇護他以及他已去世恩師的教團身上。面對

強大的耶穌會，耶穌教團一點機會都沒有。經歷了三百年的政治與宗教動盪，會中修士從製作生命之水到照顧黑死病受害者，還有兩位擁有卓越數學最高地位會員的教團，就這樣因為教宗的大筆一揮而煙消雲散。

令人不可置信的是，這場風暴的中心人物卻毫髮無傷，至少從地理位置這個角度來看是如此。儘管從年輕時就是家的耶穌教團突然從身邊消失，但安傑里依然是帕度亞大學的數學教授，也依然受到威尼斯議會的保護。他在帕度亞度過了後來的二十九個年頭，直到 1697 年與世長辭。但是就算他本人依然宣稱是伽利略的仰慕者、就算他之前曾出版過九本以上的書籍[33] 推廣與使用不可分量的方法，自耶穌教團解散後，安傑里再也沒有針對這個議題出版過半個字。耶穌會終究還是贏了。

現代化的兩個夢

時至 1670 年代，無限小的戰爭已經結束。安傑里終於啞了聲，而所有耶穌會的對手，不是被驅逐到幕後，就是完全消失，義大利成了無限小徹底被肅清之地，耶穌會佔了絕對的上風。對耶穌會而言，這是一場苦戰最後才出現的大勝，戰場上有許多受難者的亡魂。有些受難者在當年曾聲名顯赫，如路卡・瓦列里歐與史戴芳諾・德格里・安傑里，但更多的受難者名字，將永不為人知。耶穌會的冷酷之手，為義大利這迷失一代的數學家，拉上了一道簾幕，讓他們永留黑暗之中。

耶穌會之所以打這場仗，不是出於心胸狹窄或怨恨刁難，也不是為了展現勢力，污辱對手。他們戰鬥是因為他們堅信自己最珍惜的原則，以及最重要的整個基督教世界的命運都已岌岌可危。耶穌會經過了宗教改革爭

---

33 作者註：安傑里的著作為《六十道幾何難題》（1658年）、《無限拋物線》（1659年）、《雙曲線與拋物線雜錄》（*Miscellaneum hyperbolicum et parabolicum*，1659年）、《幾何雜錄》（*Miscellaneum geometricum*，1660年）、《測量無限螺旋》（*De infinitorum spiralium spatiorum mensura*，1660年）、《論蝸線的無限數測量》（*De infinitorum cochlearum mensuris*，1661年）、《屋頂表面》（*De superficie ungulae*，1661年）、《新增機械計算》（*Accessionis ad stereometriam et mecanicam*，1662年），以及《無限螺線之反轉》（*De infinitis spiralibus inversis*，1667年）。請參見吉烏斯地的《柏納文圖拉・卡瓦列里》第50頁n39。

門的嚴厲考驗淬煉，目睹了西方基督教世界的社會與宗教結構分裂。彼此對立的各種啟示、神學理論、政治意識型態以及階級忠誠，全都競相爭奪西歐人民的心智與靈魂，導致了混亂、饑饉、瘟疫與糾纏數十年的戰事。長久以來讓基督教徒統一，並賦予他們生活目的的古老教會唯一真理，突然消失在各種對立教條的喧囂吵雜之中。逆轉這場大災難、確保這樣的不幸永遠不再發生，是羅耀拉的依納爵從創立耶穌會第一天就開始的首項要務。

　　儘管耶穌會藉由許多方式追求這個目標，但他們的每一種方式都深具活力、能力與決心。他們成為專門的神學家，奉獻心力制訂出單一的宗教真理；他們成為專門的哲學家，支持自己的神學理論；他們成立世界上前所未見的最大教育體系，就是為了無遠弗屆地傳布這些真理的知識。十六世紀後半，他們是天主教復興的引擎，在阻止宗教革命的擴散與收復部分失土時，扮演著關鍵的角色。

　　然而耶穌會面臨著一個麻煩的問題，那就是到處都是不同的意見，每一種宗教或哲學理論似乎都有不同的勢力在拉扯。唯一的例外就是數學。至少在克里斯多佛‧克拉維烏斯這個於 1560 與 70 年代開始，就在羅馬學院內提倡數學學科的人眼中，數學是個例外。克拉維烏斯認為，在數學的領域中，特別是歐幾里得的幾何學，永遠沒有疑慮，最後他讓數學成了耶穌會世界觀的支柱。

　　正因為耶穌會大量投資數學，堅信數學的真理保證了安定與穩定，因此他們才會對無限小方式的興起，出現如此暴怒的反應。無限小的數學概念與歐幾里得的幾何學完全相反。幾何學起於明確的普世原則，新方法卻從物體是由大量微小部分組成這個模糊與不可信的直觀開始。最令人驚愕的是幾何學的真理不容質疑，不可分量方法的結果卻恰好與之對立。新方法得出錯誤結果與求得真理的機會各半，而且充滿矛盾。耶穌會相信，如果容許這個方法立足，數學將是一場災難，而這種方法的主張，也將為不容質疑的知識開啟缺口。以廣義的層面來看更是糟糕，如果連數學都被證明充斥著謬誤，其他嚴謹度不及數學的學科還有什麼希望？如果真理在

數學領域都站不住腳，那麼真理不論在任何地方很可能都站不住腳，到時世界會再次深陷絕望。

　　為了避免這樣災難性的結果，耶穌會才會推動對抗無限小的戰爭。但是那些擁護不可分量方法的義大利數學家，真的都是一心想要推翻當權階級的危險人物嗎？不太可能。伽利略與卡瓦列里、托里切利與安傑里，畢竟都是學術人物與教授，根本不是那種具有推翻文明傾向的人。伽利略或許是個誇張的人物，但他並非耶穌會的敵人，他在離開共和政體的威尼斯，啟程接受托斯卡尼大公宮廷聘任職務的時候，就已清楚表明過這一點。卡瓦列里是位沉靜的神職人員與教授，最後的十八年生命，只離開過波隆那一次。至於托里切利，定居佛羅倫斯後，盡全力避免與批評者發生衝突。安傑里無疑展現出了極大的銳氣，為不可分量進行最後的抵抗，但要說他是顛覆分子，實在太牽強。他終究只是名神職人員與教授，必須依賴自己古老的教團與威尼斯議會的保護，才能阻止敵人接近。想要在無限小的支持陣營中找出任何一個人來證明耶穌會對於該理論的凶猛抗拒，抑或他們對這個理論意涵的戒慎恐懼是合理正當的反應，真的非常困難。

　　那麼耶穌會懼怕無限小的支持者，完全是個錯誤嗎？不盡然。雖然伽利略的追隨者並非社會顛覆分子，但他們主張一定程度的自由，這一點耶穌會同樣無法接受。伽利略公開提倡要有「理性思考的自由」（libertas philosophandi）[34]，他是此方面的傑出擁護者。伽利略與他的同伴所謂的「理性思考的自由」，指的是擁有能夠自由研究的權力。他公開嘲弄耶穌會與他們對威權的尊敬，寫道：「在科學領域中，千百種意見的權威，比不上一個人微弱的理性火花。」伽利略不僅辯稱當聖經與科學事實衝突時，聖經的詮釋必須修正，也公開侵犯專業神學家的權威。耶穌會的憤怒並不令人意外，因為他們相信混亂就是源自這樣侵犯的舉動。

　　伽利略是他那個團體的公開發言人，而他的銳眼夥伴、學生與追隨者

---

34 作者註：引自德瑞克編輯之《伽利略的發現與見解》134頁中伽利略‧伽利萊的〈太陽黑子的第三份書函〉（Third Letter on Sunspots）。「致大公夫人克麗絲汀娜之信」之翻譯，可於同書173～216頁中找到。

全都與他看法一致。他們每個人都相信自由理性思考的原則，而且從當局對他們領導者的審判與譴責過程中，也看到了一種恐怖的罪行，在反對他們所珍視的自由。對這些人而言，耶穌會對於某種唯一、威權且普世接受的真理追求，粉碎了所有自由理性思考的可能性，因此透過對無限小的擁護，他們表達自己反對耶穌會獨裁地要求真理必須經過官方認可的立場。

　　耶穌會與伽利略派的衝突核心，其實在於威權與穩定的問題。耶穌會堅持真理只能有一個，並相信自己在歐幾里得的數學中，找到了這種系統力量的完美展現，可以據此塑造世界，預防歧異。伽利略派也追求真理，但他們的方法卻恰巧與耶穌會背道而馳，他們試圖研究這個世界的原貌，並從中發現秩序，而非強行在這個世界上加諸一套統一的體制。耶穌會為了得到一個清楚明白的統一真理，盡力消弭神祕與模糊，但伽利略派卻願意接受某個程度的模糊，甚至矛盾，只要結果可以讓他們對自己手中的問題，有更深刻的了解。一派堅持應該藉由理性與威權，將真理從上往下壓；另一派為了從基礎取得知識，務實地接納了模糊，甚至矛盾的可能性。一派堅持無限小必須禁止，因為這種方法把矛盾和謬誤引入了完美與理性的數學架構之中；另一派願意與無限小的矛盾共存，只要這些矛盾可以提供一個強而有力且成果豐碩的方法，並帶來對數學的更深刻了解。

　　這場濫觴於現代之初，因無限小而引起的爭鬥，是大家對於未來的現代化會是什麼樣貌的兩種對立見解之爭。一邊是前無古人的第一個現代團體耶穌會，藉由合理的組織與共同的目的，努力塑造出心中的早期現代世界。他們的現代世界是一個極權體制的夢，夢裡有滴水不漏的統一性以及共同的目的，不留任何質疑與爭辯的空間，而在現代歷史中，這樣的夢曾多次以不同的型態出現過。另一邊是耶穌會的對手。在義大利，這群人是伽利略的朋友與追隨者。他們相信一個和平與和諧的新時代，無法因絕對真理的強行安置而出現，必須透過共享的知識與共享的真理，緩慢、系統化以及不完美地累積而成。這樣的見解允許質疑與爭辯的存在，也允許大家自由承認某些奧祕仍然尚未解開，但同時又堅持大多數的奧祕都可以透過探究而揭開。這種觀念不但開啟了科學的進步之路，也開啟了政治與宗

杜林的年輕數學天才吉烏塞佩‧路易吉‧拉格朗吉亞（Giuseppe Luigi
Lagrangia）希望為自己爭得當時「偉大的幾何學家」中的一席之地，因
此不得不離鄉背井，先到柏林，再去巴黎。他成功了，然而他出身義大
利這件事卻很快遭人遺忘。在未來世代的眼中，這位人類歷史上最偉大
的數學家之一，一直都是名叫約瑟夫－路易斯‧拉格朗日（Joseph-Louis
Lagrange）[36] 的法國人。

　　義大利數學傳統的斷絕，是壓制無限小的最直接結果，但耶穌會的勝
利卻有更深遠、更廣泛的影響。義大利在中古世紀領導了歐洲各個層面的
創新，不論是政治、經濟、文藝還是科學。早在十一、二世紀時，義大利
的城市是歐洲第一批擺脫黑暗時代而繁盛成長的城市。這些城市不但在復
興當時已長久休眠的商業經濟上，扮演了至關重要的角色，也是從獨裁到
共和等不同政府型態的政治實驗室，活力十足。十三世紀，義大利商賈成
為歐洲第一批也是最富有的銀行家。十四世紀中葉開始，義大利引領了一
次藝術與文化的復興，改變了整個歐洲。從佩脫拉克（Petrarch）到米蘭多
拉（Pico della Mirandola）等人文學家、從喬托（Giotto di Bondone）到波提
切利（Sandro Botticelli）等畫家、從多納太羅（Donatello）到米開朗基羅
等雕刻家，還有從布魯內列斯基（Filippo Brunelleschi）到貝爾尼尼（Gian
Lorenzo Bernini）等建築師，都讓義大利的文藝復興成為人類歷史的轉捩
點。科學方面，從阿爾伯蒂（Leone Battista Alberti）[37]、達文西，再到伽利
略等義大利子民，對人類知識做出了決定性的貢獻，並開啟了研究的新視
野。身為一個創造與創新的國度，要說義大利天下無敵，實不為過。

　　然而所有的這些成就卻在十七世紀即將成為歷史的當兒終止。這塊
創造與創新的生氣勃勃之地，成了一片停滯與衰敗的國度。文藝復興時代

---

36 1736~1813，法籍義大利數學家和天文學家。拉格朗日曾在柏林為普魯士腓特烈大帝
　工作了二十年，被腓特烈大帝稱做「歐洲最偉大的數學家」，後受法國國王路易十六
　的邀請定居巴黎直至去世。拉格朗日在數學、物理和天文等領域有許多重大貢獻，包
　括著名的拉格朗日中值定理、創立了拉格朗日力學等等。

37 1404~1472，文藝復興時期的義大利建築家、作家、詩人。著有《論建築》（1485），
　是當時第一本完整的建築理論著作。

繁盛的商業中心，變成了歐洲經濟的邊陲，再也無法與其北方對手的快速擴張匹敵。宗教方面，義大利半島受保守的天主教統治，教宗敕令封殺了所有反對意見，任何其他教派或信仰都不准在此立足。從政治面來看，義大利是一個由各國王、公爵、大公以及教宗本人治理的小公國所形成的混合體。所有的成員俱保守而具壓制性，鮮少例外，任何政治對立的蛛絲馬跡，都會遭全力消弭。至於科學領域，雖然有如史巴蘭贊尼（Lazzaro Spallanzani）[38]、賈凡尼（Luigi Aloisio Galvani）[39]與伏特（Alessandro Giuseppe Antonio Anastasio Volta）[40]等寥寥幾位傑出的人物，各自在他們專業領域的最前線努力，也備受歐洲各地的同儕讚佩，但他們是極少數的例外，只會更加凸顯義大利科學整體面的貧困。十八世紀，義大利的科學圈儼然已成為蓬勃發展的巴黎科學附庸。大膽創新的精神，有很長一段時間一直是義大利人的生命特徵，可惜到了 1750 年，幾乎已經完全找不到蹤跡。

若把這樣的發展狀況全歸咎於十七世紀末無限小的挫敗，未免誇張。義大利的衰微有許多原因——政治面、經濟面、學識面，以及宗教面——然而不可否認地，無限小的戰爭在其中具有一定的重要性。這是義大利現代化路線交戰與決定的關鍵戰場，一方的勝利與另一方的戰敗，都協助塑造了義大利未來數百年的發展軌道。

其實沒有必要變成這樣的情況，因為這場戰爭的雙方勢均力敵，如果伽利略派獲勝而耶穌會敗北，大家可以輕易想像到義大利必會走向一條相當不一樣的路。伽利略的家鄉可能依然是數學與科學的最前線，甚至很可能在走向十八與十九世紀科學勝利的路上成為領頭羊。義大利可能一直會是啟蒙哲學與文化的中心；自由與民主自由的理想也許會從佛羅倫斯、米蘭與羅馬的廣場開始產生共鳴，而不是起於巴黎各地及倫敦的廣場。我們

---

38 1729~1799，義大利博物學家，被稱為實驗動物學之祖。

39 1737~1798，義大利醫生、物理學家與哲學家，是現代產科學的先驅。他也發現了生物電，是第一批涉足生物電領域研究的人之一。

40 1745~1827，義大利物理學家，發明了第一個電池（伏打電堆）。

可以輕易想像義大利諸小王屈服於更具代表性的政府型態之下，而義大利的各大城依然是商業與工業中心，榮景如舊，並與歐洲北方的大城不相上下。可惜事實並非如此，因為無限小在十七世紀末受到了壓制。義大利的舞臺上只剩未來數百年的倒退與不振。

第二部

《巨靈論》與無限小

微積分之於數學，猶如實驗之於物理。

——納德·雷·波維爾·德·豐騰內爾

第六章
《巨靈論》的出現

掘地派

1649 年 4 月 1 日星期天，一群窮困的老百姓與家人，聚在英國薩里郡金斯頓鎮附近的聖喬治丘上。從新開墾地的角度來看，這座山丘草木不生，似乎並不是一個有前途的地點，但這些新來的人已在此定居了。他們帶著所有家當，很快就著手建造小屋遮風蔽雨，接著又開始掘地。日復一日，持續地掘，一面在多石的山丘上闢出溝渠，種植蔬菜，一面召喚附近城鎮加入。「他們邀請所有的人來幫忙，」一名旁觀者說，「並承諾提供肉、水，以及衣物給來幫忙的人。」這些人自信滿滿地預測「他們會在十天內增加到四、五千人。」儘管後來證明這樣的預測過於樂觀，但這個團體確實吸引到其他新來者，而且數量很快就增至幾十個家庭。只不過，他們依然繼續掘地[1]。

隨著這個團體人數的逐漸成長，周遭城鎮與村莊對於這些「掘地派」抱持的疑慮也同步增生。「這些人恐怕有其他盤算，」同樣那位旁觀者又說，而他說的一點都沒錯。我們或許會認為在荒瘠的山丘上挖掘溝渠是無害的舉動，但在十七世紀的英國，情況卻與現在很不一樣。掘地派進行這些行為的同時，也主張了所有權。他們聲稱自己有權耕作這些圈起來的土地，然而這些土地的所有權或支配權所有人卻是當地權貴。這是針對有產階級所有權的算計與公開的攻擊。如果掘地派的這種舉動，還不足以有

---

[1] 作者註：掘地派的故事是克里斯多夫·希爾（Christopher Hill）在他《上下顛倒的世界》（*The World Turned Upside Down*，哈蒙斯沃斯Penguin Books出版，1975年）第7章〈平等派與真平等派〉中敘述。此句引自該書110頁。

效彰顯他們的意圖，他們很快又接著開始到處發送傳單[2]。「我們的工作是，」掘地派這麼解釋，「全面挖掘喬治丘與附近的荒地……那麼我們或許就能正當地工作，為了讓地球成為不分貧富的所有人共有財庫而打下基石……不是一個人凌駕其他人之上，而是所有人在彼此眼中，都如世間萬物一樣平等。」

不論當時或現在，如此大膽否定私有財產權，都足以讓所有地主的背脊發涼。但還不僅於此，「這種民間土地的持有是詛咒，這種制度明顯證明那些土地買賣者以及地主，都是藉由壓迫、謀殺或偷竊的行為得到土地。」根據這樣的邏輯，所有的私有財產都是偷竊而得，理所當然應該歸還給土地的合法所有人，也就是所有的人民。的確，掘地派自稱和平主義者，也否認使用暴力要求歸還土地，然而因為他們有好幾個成員是英國內戰及其衍生戰禍的老兵，所以威本（Weyburn）以及附近地區的「好人」完全無法安心。這些好人不但被貼上了竊賊以及謀殺犯的標籤，土地的所有權也遭到否認，因此他們的不安並不難理解。由於害怕自己的土地與財產不保，遑論生命安全，這些人對掘地派展開反擊。

這些有產階級在社會上有一定的地位，於是他們先向政府當局求助。新模範軍（New Model Army）的指揮官湯瑪斯‧費爾法克斯（Thomas Fairfax）爵士當時正在附近駐紮，地主們因此請他出面驅離這些擅自侵佔者。費爾法克斯領導議會軍對抗查理一世的皇家軍，並打了幾場決定性勝仗，或許是當時英國最有權勢的人。他是紳士，也是騎士，對掘地派的革命要求沒有共鳴，所以地主們期待他能與自己同一陣線。可是費爾法克斯的態度卻模稜兩可。他和軍隊抵達聖喬治丘後，與掘地派的領袖傑若德‧溫史丹利展開了幾次會談，除此之外，他未採取任何行動。在地主與溫史丹利的人發生爭執時，費爾法克斯要他們上法院解決。

儘管這些地主對費爾法克斯的回應很失望，但仍聽從了他的意見，而且還更進一步。他們不但控告掘地派淫亂放蕩，並說服法院禁止掘地派出

---

2 作者註：傳單的標題為〈更先進的真正平等派標準〉（The True Levellers Standard Advanced），印製於1649年。

庭為自己辯護。同時，附近科伯漢（Cobham）莊園的主人法蘭西斯‧德瑞克（Francis Drake）組織了一次對掘地派居留地的襲擊，最後成功燒毀了其中一所公舍。掘地派在面對已經協議好的法律行動與實際攻擊時，決定讓步。八月，他們被迫離開聖喬治丘，遷移到數哩外的新地點。在這個新避難所也遭到攻擊後，掘地派放棄了那塊土地，大多數成員散離。地主完勝。

所有出現在早期現代英國，嘗試推翻既有社會體制的行動中，聖喬治丘事件是其中一個紀錄極為完整的事件。然而這卻不是單一事件。那段期間有其他掘地派團體不斷冒出，而其他型態的抗議、破壞與叛亂也層出不窮。1640 到 1660 年代的十七世紀中期，英國動盪不安，傳統體制即使沒有全部消失，也都在持續改變。出色的「童貞女王」伊麗莎白一世（1558~1603）去世還不滿四十年，她的繼承人就又再度更換，查理一世被議會趕出倫敦，他的軍隊戰敗，國王本人遭到禁錮，最後處死。伊麗莎白與她父親亨利八世（1509~47）創建的英國國教名存實亡，主教被迫流亡，大教堂被新教對手佔用。連蘇格蘭軍都曾一度入侵，佔領了英國北部各郡。至於愛爾蘭，一場天主教暴動讓英國地主與英國殖民者的土地荒蕪，許多人遭到屠殺，其餘的英國人被迫出逃。在這段全國都面臨危險的期間，政府群龍無首、國教受到壓制、土地律法遭到漠視，出版審查無人管理，於是許多團體從黑暗中出現，矢志顛覆舊世界。聖喬治丘的掘地派，只是冰山的一角。

無王之國

不論被稱為英國革命、英國內戰或簡單以空位期（the Interregnum）[3] 稱之的這場動亂，成因為何，歷史學家直至今日仍爭論不休。政治、宗教、社會與經濟原因都已提過，毫無疑問地，所有的原因對 1640 年英國政府的解體，都挹注了一定的影響力。不過有件事情卻是明確的，那就是自從

---

3 指英國於1649年1月查理一世被處決後至1660年5月查理二世收回英格蘭、蘇格蘭與愛爾蘭三個地區王權的這段時間。

斯圖亞特王室的詹姆斯一世（1603~25），於 1603 年繼伊麗莎白一世之後即位為英國國王後，英國國王以及代表英國很大一部分有產階級的議會之間，關係就愈來愈緊張。這樣的緊張關係有部分必須歸咎於兩者間赤裸裸的權力鬥爭。起源可回溯到十三世紀一直到伊麗莎白治理期間，英國議會取得了徵收稅款的特有權力。對早期的現代國家而言，募集與維持陸軍和海軍，顯然是最為昂貴的工作，而且財源只能來自稅收，換言之，國王若未取得議會同意，就無法推行自己的外交政策。由於議會掌握國家歲收，因此有權否決他們不滿意的政策，而且在使用否決權時，態度從來不遲疑。議會若接受國王政策，就不會有問題。伊麗莎白與西班牙之間那場費時耗財又不具決定性的戰爭，就是這樣的情況，更何況那場戰事還得到了廣大人民的支持。但是當詹姆斯一世與西班牙談和時，以及查理一世決定援助法國的路易三世，以鎮壓新教的胡格諾教徒時，情況就變了。議會拒絕授權加稅資助這些他們認為是「不敬神」以及「暴虐」的行動，以致英國國王根本不可能有效執行自己的政策。

斯圖亞特王室的國王無法容忍這樣的情況，他們堅持只有國王才有權力制訂政策以及課徵稅收，議會阻礙稅收的行為，相當於非法竄奪王權。這些國王嫉妒法國國王，因為法國國王曾經重挫法國議會，並成功集權於自己手中。詹姆斯一世或許是英國有史以來最有學者風範的國王，他甚至親筆撰著名為〈自由君主制的真正法律〉（The Trew Law of Free Monarchies）的論文，在文中主張君王的治理乃神授，不論任何情況下，人民抗拒國王命令都不合法。

隨著議會愈來愈專斷的態度，斯圖亞特國王也愈來愈憤怒，雙方衝突已無可避免。1629 年，查理一世解散議會，並拒絕召集新的議會，接下來的十一年，他一人獨大地治理英國。然而這段時間國庫日漸空虛，他的行動自由也愈發受限。1640 年，在一次試圖改革蘇格蘭教會改革，卻招致災難性結果之後，兩國爆發戰爭，查理終於再也無法支撐，只好召回議會。他的目的就只是需要議會核准蘇格蘭戰爭的經費，然後再快速解散這個難以駕馭的組織。不過這次議會的領導人卻先下手回擊。為了避免

查理的「君主專制」統治捲土重來，議會立刻通過了決議，讓議期持續至議會自行解散。這次的議會會期持續了十年，史稱「長期議會」（Long Parliament）。

1640 年的這場體制危機，是兩種從根本就對正確政治體制持相反看法的意見之爭。斯圖亞特國王以法國為標準，全力爭取建立一個絕對君主制度。在這樣的制度中，所有權力都掌握在君權神授的國王手中。另一方面，議會代表的是君主立憲（儘管當時還沒有發明這個名詞）。議會認為，就算是國王也不可以踐踏英國人自古即擁有的生而自由之權。國王的權力必須調整，而且如果必要，國王的權力必須由「人民」抗衡，而議會就是人民的代表。無庸置疑，議會的領袖作夢都沒想過要把社會較低層以及窮困的老百姓，視為英國「人民」的一部分。議會僅代表有產階級，因此也只有有產階級才可以分享國王的權力。儘管如此，議會代表的仍是英國很大一部分的政治階級人民，而這些人民也剛好是保皇黨決心要阻止的對象。

我們今天已習慣認定如國王與議會權力適當平衡的這種體制相關事件，與宗教事件無關，但在十七世紀的英國，政治與宗教無法分割。議會之所以大膽挑戰國王權力，還有一小部分歸因於新教信仰。新教訓誡，人類透過信仰與祈禱，在上帝恩典面前一律平等，但在天主教的教義中，只有受到任命並被授予特殊力量的教士，才能將上帝的恩典分給眾人。在每個新教徒眼中，這樣的特殊力量，就是「所有信徒皆教士」的原則，換言之，所有人在上帝面前都是「教士」，有能力直接從上帝那兒接受恩典。如果在上帝面前人人平等，那自己為什麼要接受國王的絕對統治？國王畢竟也不過是眾人之一。

當然，新教的觀點並不代表議會派成員相信「所有人生而平等」。差遠了。然而這樣的觀點卻表示君權神授——由上帝檢選之人統治所有人民——若想在英國的新教區域持續下去，遠比那些王權受到教會威權扶持的天主教國家困難。結果，英國議會也遠比歐洲大陸其他國家的議會，更積極堅持自己的權利和權力。就在議會步步進逼，挑戰早期斯圖亞特國王

的同時，法國議會與西班牙議會在自家國王神授的威權下，快速萎縮。

政治與宗教的糾葛，不但是英國國王與議會的體制之戰，也是正確的禮拜方式與其意義的宗教之爭。英國國教是激進的新教與保守的天主教經過劇烈拉扯後，所產生的妥協之物。在伊麗莎白宗教和解後，英國國教除了一直保留喀爾文教派的激進神學主張外，也融合了與天主教主張幾乎無法區別的體制結構與禮拜儀式。在新教各教派中，只有英國國教保留了主教體系這個嚴格的教會階級制度，只不過改由國王位於最高點，以及由華麗盛裝的教會大人物，在堂皇的大教堂中舉行莊嚴儀式的傳統。英國國教是兩種迥異信仰與團體觀念的不和諧結合，卻又允許兩個對立的概念各自強調妥協過程中最佔優勢的部分。廣義而言，議會派分子強調的是喀爾文教派的神學及其平等主義的意涵，相反的，國王偏好類似天主教教會的階級型態。就像詹姆斯一世的名句，「沒有主教，就沒有國王！」

1640 年，議會與國王的分歧，已大到連英國國教的妥協內容，好像都已支撐不住了。議會中的主導派系為了讓英國國教更貼近其他新教教派，支張廢除主教與整套教會階級系統。同時，斯圖亞特的國王公開與天主教勾搭，似乎有意徹底放棄新教實驗，重回羅馬懷抱。宗教衝突與政治危機密不可分，政治危機也因此更難控制。當雙方懸而待決的爭執內容，從權力擴大到信仰與良心時，國王與議會之間的妥協空間，也急速緊縮。到了 1640 年，妥協可能性完全消失。

當長期議會於 1640 年召開時，議會一開始就對國王與教會的權威進行一連串攻擊。他們指定了一場「宗教會議」（Assembly of Divines），提出激進的教會改革計畫，並起訴查理一世的第一內務大臣史特拉佛德伯爵（Earl of Strafford），最後將他處以極刑。當時的議會，由長老教會主導，擁護廢除主教、以長老議會（councils of presbyters）取代的蘇格蘭式教會政府。除此之外，長老教會還拒絕資助國王軍隊，並引蘇格蘭人入侵北部各郡，引發軍事危機。1642 年，查理逃出倫敦，為了驅除反叛的議會，重申自己的王權，在北方募集軍隊。議會組織自己的民兵抵抗，於是接下來的兩年，內戰戰火在英國各地蔓燒，雙方都沒有佔到上風。雙方極

少有大規模的衝突，但劫掠莊園與城鎮、疾病、蹂躪，卻屢見不鮮，英國各島痛苦不堪。

1645 年，因為這場戰事耗費龐大卻沒有決定性而受挫的議會，展開了一次激烈的軍事改革。他們把原本由每座城鎮或郡的人民領袖帶領地區民兵作戰的傳統作法，改為由專業軍人統率的真正專業部隊上場打仗，指揮官的派任也不問社會地位，只看英勇表現。議會募集社會各階層的人，不論出身，以戰爭能力晉升。後來總指揮權交給了英國最有能力的兩名軍人：湯瑪斯・費爾法克斯與奧利佛・克倫威爾。新的軍隊被稱為新模範軍，戰鬥效果直接又激動人心。1645 年 6 月的納斯比戰役（Battle of Naseby）中，議會軍大敗國王人馬，旋即又俘虜了查理一世本人。

議會派因為不確定該怎麼處理自家的國王俘虜而舉棋不定。長老教會希望與國王協議，維持君主政體，但要他保證國會權力與教會改革。然而此時的情勢已與五年前不同，長老教會的權力因更激進的獨立派而消退，僅是議會眾多黨派中的一支，主導地位不再。獨立派譴責長老教會的階級體系並未比英國國教或天主教的階級體系高明，堅持每個教派各自治理。更激進的是提倡社會體制「平等」的平等派（Leveller），以及主張神的啟示，並預言上帝將對有產階級進行復仇的其他教派，這些教派被稱為「狂熱分子」。這些派系全都要求身為階下囚的國王要對人民的壓制負起責任，許多議會黨成員還主張徹底廢止君主政體。這樣的想法令長老教會大感驚愕，但在為議會帶來勝利的新模範軍當中，卻特別盛行。

國王意識到敵人內部意見的不合後，施展了拖延之計。他離間兩方黨派造成對立，最後設法逃脫了囚禁，重新發動戰爭。可惜一切都是枉然。新模範軍很快就處理掉皇家軍的叛亂。1648 年底，國王再度成為新模範軍的俘虜。這一次他的敵人決定不再讓他從掌握中逃脫。就在議會中的某些成員仍試圖與國王談判時，新模範軍整肅了整個議會，只留下最強硬的激進分子。議會經過整肅後，規模大縮，稱為「殘餘議會」，任命了五十九人的委員會，審訊國王，並且很快就判他死刑。1649 年 1 月 30 日，查理一世在倫敦皇宮內的白廳遭到斬首，成為英國唯一一位遭到審判與處以

極刑的國王。

英國的動盪並沒有因為查理一世被斬首結束，之後的十餘年，這個國家依然是個無主之地。議會中較為溫和的成員與新模範軍中激進分子的爭鬥依然持續，國家控制權也在這兩派人馬中更迭。最後在 1653 年，為了走出這樣的僵局，新憲法通過，宣布奧利佛‧克倫威爾為「英國護國公」，賦予他絕對的權力。克倫威爾或許是當時唯一有足夠的權勢與可信度來維持國家統一的人，然而即使是他，也發現這項工作是個令人畏怯的挑戰。克倫威爾與一百多年後的法國大革命分子很像，選擇帶領英國參與一連串外國戰爭，轉移大家對國內危機轉的憤怒——一開始是對抗蘇格蘭，接著與荷蘭共和國對立，最後是與西班牙開戰。克倫威爾為自己的新角色注入了極大的活力，也帶來了高超的行政能力。他靈巧地在激進派與溫和派的要求間游移，不過當政治手段不足以應付情勢時，他也會毫不猶豫地利用絕對優勢的兵力。結果，相較於前十年的狀況，英國在他監國時期，享受了一段內政和平與穩定的日子。

但是 1658 年夏天，五十九歲的克倫威爾過世。他的兒子理查雖然繼承了他的護國公頭銜，卻沒有他的權威，也沒有軍隊的效忠，因此很快就被邊緣化，被迫辭官。政府的控制權再度換手，當初那批令有產階級恐懼的改革團體，很快又冒出了頭。溫史丹利的掘地派或許已永遠消失，但許多其他團體以及數不清的個人，卻都站了出來取代掘地派的位置[4]。這些人之間的差異性很大，從大家承認的政治黨派，如倫敦的平等派，到遊歷鄉間尋找追隨者的獨行先知，加上其他所有介於兩者之間的團體與個人。儘管彼此不同，但他們全都拒絕接受之前僵硬的階級系統，也都相信上帝無所不在，每個人都可以接觸到祂。

有些團體以自己的社會訴求為名。平等派是當時規模與政治力量最大的團體，不斷推動廢除國王，以平等主義改革社會等政見。較溫和的平等派只希望移除有產階級之間的社會障礙，但較激進的派系卻追求

---

4 作者註：有關英國革命期間激進派團體的詳細描述，請參見希爾的《上下顛倒的世界》。

推翻整個社會體制。其他團體以他們「狂熱的」宗教立場聞名，如尋找派（Seeker）與浮囂派（Ranter），他們否認人類的罪孽，聲稱組織化的宗教是為了壓迫窮人而設計的騙局。早期的貴格教派也被視為危險的顛覆分子，與後來莊嚴、抱持和平主義的形象大相逕庭。第五王朝派（Fifth Monarchy Men）預言世界末日近在眼前，屆時世俗的階級將崩解，由上帝選民統治一切。

對貴族、仕紳、商賈或富裕的鄉紳這些英國既存的社會階級來說，地獄的大門似乎已經開啟，而他們眼前只剩下無底的混沌。他們相信英國已站在即將墜入內戰最黑暗期的邊緣，如果不恢復中央威權，所有鄉間的莊園與地產、倫敦商賈的錢莊，以及各處仕紳的房屋與財產，都將被受到宗教煽動，而且無可抵禦的憤怒暴民潮所清除。

在面對社會革命的共同威脅時，分裂的英國菁英摒除了彼此之間強烈的宿仇，攜手合作。甚至連反抗皇家「暴政」長達數十年的長老教會，此時都認定國王要比無政府好，因此派人試探殉難國王之子查理二世的意思。遭到放逐的查理二世和他的宮廷大臣當時都居留在比利時。對於國內詢問他復位的條件，查理的回覆令人安心。他將以國王的身分與議會合作，而非彼此對立，另外他不會找過去的敵人復仇。儘管有了這些保證，仍然需要新模範軍的強勢介入，事情才有進展。1660年初，蘇格蘭的軍隊指揮官喬治・蒙克將軍（General George Monck）向倫敦推進，佔領了倫敦，解散殘餘國會，召集了一個新的溫和議會取而代之。這個新的組織立即迎接國王回國。1660年5月25日，查理二世抵達多佛。英國恢復君主政體。

查理二世的復位，讓英國的上流階級大大鬆了一口氣。國王重新坐回王座、合法政府恢復掌權、英國國教再次建立，內戰與改革的威脅消退，一定程度的公共秩序也恢復了。但是空位期的陰影依然騷擾著英國人的心靈，而且大家就很快看清楚，其實解決了的問題並不多。查理二世回國並非意味著遭到處死的查理一世專制大夢贏得了勝利。事實上，這時的狀況甚至連恢復到1600年代初期的政治型態都談不上。1640年以前，國王統

治是天經地義的事情。國王與女王也許會被他人推翻、取代,他們手上的
權力或許會有明確的限制,但他們的神授君權卻無可替代。即使有人想像
得到英國會出現其他政體,數量也是鳳毛麟角。

重新啟動的君主政體跟以前非常不同,不再是遠自太古以來就一直必
定延續的王權統治,而是一場由議會與軍隊特定派系謹慎為之的政治算計
結果。不論查理二世個人的想法為何,他非常了解自己的統治,必須仰賴
議會的關鍵派系以及他們所代表的利益都和自己同一陣線。因此他比他的
先祖國王們要弱勢許多,王位的神奇光環也黯淡許多,政治敏感度與他自
稱的神祕神權,對查理二世的生存同樣重要。君主政體應該是什麼樣子,
君主政體在國家的生命中應該有什麼樣的地位等等問題,成為英國未來五
十年主導政治生命的問題。

當初議會的「圓頭黨」槓保皇派的「騎士黨」、長老教會槓英國國
教、獨立派槓長老教會、平等派槓獨立派,還有掘地派槓平等派,這些空
位期留給大家的夢魘,讓討論新政角色定位的急迫性大增。對有地位、有
財產的英國人而言,那是永遠不可以再發生的惡夢。有位長老教會的大
臣,即使因為國王的回歸而被剝奪了生計,依然承認有國王統治的國家,
一切事情都比「仰賴輕率、暴躁且殘酷的群眾施恩捨惠」[5]要好得多,那
些群眾的「怨恨與憤怒極其高漲,而且輕率又目無法紀。」日記作家山
謬·裴皮斯(Samuel Pepys)曾在查理二世復辟(Restoration)前夕這樣
解釋過,選擇有兩個,一個是「狂熱分子」,一個是「英國各地的仕紳與
人民」[6],這是一場「仕紳與人民」沒有本錢打輸的戰爭。即使在仕紳與
人民辯論新復辟政權的型態與結構時,他們對一件事的想法完全一致,也
要求不管任何型態的政府都全力支持這種想法,那就是空位期的黑暗日子
絕對不可以捲土重來。

---

5 作者註:有關亨利·紐康牧師的這個看法,引自克里斯多夫·希爾的《1603~1714,
  革命的世紀》(*The Century of Revolution*, 1603– 1714,紐約W. W. Norton and Company
  出版,1982年)121頁。
6 作者註:裴皮斯的這句話引自希爾的《革命的世紀》121頁。

　　英國當時的情勢，與耶穌會在宗教革命最初幾十年間創立的情況，有些雷同。那時古老的天主教會與西方基督教國家，因為大量的異端邪說教派而分裂，每個教派都聲稱自己是擁有神聖真理的唯一教派。就像一個世紀後的英國，社會革命的危險始終歷歷在目，而德國農民起義以及曼斯特再洗禮教派共和國的記憶，會讓歐洲的統治階層在未來好幾世紀都戒慎恐懼。英國的狀況與宗教革命初期的相似性，始終存在經歷過空位期的英國人腦海中。即使對天主教沒有好感的牧師亨利・紐康（Henry Newcombe），也承認兩者間的相似性，他說在空位期，英國一直處於「曼斯特式無政府狀態」的驚嚇中。

　　重新肯定教宗與教會階級體制的權力，是絕對神聖真理的唯一泉源，也是永恆宇宙秩序的基礎，是耶穌會用來回應宗教改革危機的方式。英國也一樣。有人試圖重新肯定君王與國家的絕對權力，並將之視為維護秩序以及迫使狂熱分子走入絕境的唯一方式。這些人大多都是保皇黨、朝臣與貴族。查理一世與二世流亡期間、內戰時，這些人始終對皇室不離不棄，他們相信只有國王強大的手，才能拯救這個國家。

　　其中有一個特別突出的人。這個人並不是名聲顯赫的貴族，而是一位白髮蒼蒼的年邁平民，他在宮廷中的最高職務是未來查理二世的私人數學家教。大家對他的外表與地位，其實並沒有什麼印象，但據說他是歐洲頭腦最好的其中一位，他的哲學性著作大膽而不敬。這個人毫無所懼地嚴厲批評各教派神職人員為騙子與謀篡者，公開譴責教宗以及整個天主教階級體制為「黑暗王國」。他鄙視耶穌會，卻與耶穌會有一點共通性，那就是他也害怕社會崩解，堅信強大的中央威權是唯一的答案。這個人的名字是湯瑪斯・霍布斯，如今大家對他的了解，是他撰著了《巨靈論》、是個才華洋溢又具煽動力的作者，也是有史以來最偉大的政治哲學家之一。鮮少有人記得他與耶穌會的另一個共通點，那就是他和耶穌會一樣，都認定了自己哲學體系中絕不可缺少的要素，是數學。

湯瑪斯·霍布斯，1588~1679。
約翰·麥可·萊特（John Michael Wright）1669 或 1670 年的作品，當時霍布斯 82 歲。
圖片來源：柏林普魯士文化資產照片檔案館（bpk; Bildarchiv Preußischer Kulturbesitz）／
紐約藝術資源中心

冬天的熊

霍布斯六十三歲出版了畢生最著名，也最受讚揚的《巨靈論》，根據當時的標準來看，這個年紀的他已是垂垂老翁。在欽慕者與敵人的眼中，他有些表現的確像是出於另一個年代。霍布斯的母親在 1588 年聽到了西班牙無敵艦隊的消息，受到驚嚇，致使他早產於威爾特郡（Wiltshire）馬姆斯伯里港（Malmesbury）附近的威斯特波特村（Westport）。霍布斯在晚年時曾以拉丁韻文撰寫自傳，在自傳中提到他母親「一次生了兩個，一個是我，一個是恐懼。」[7] 從霍布斯自己的證詞中，我們知道他是個很容易恐懼的人，因為他聲稱自己怕黑、怕賊、怕死，也（有相當正當的理由）害怕受到敵人的迫害。這些話出自霍布斯這樣一位以特立獨行著稱的人口中，或許令人驚訝，更何況他不論是在公開自己激進的新哲學，或不畏不懼地攻擊同儕所重視的習俗與信仰時，絲毫不覥腆。然而從更深層的認知來看，霍布斯或許是最了解自己的人，因為他的哲學確實建立在恐懼之上，他對失序與混亂的恐懼、對「所有人與所有人交戰」的恐懼，以及對「曼斯特式無政府」的恐懼，全都必須不惜一切代價加以遏止。

霍布斯父親的大名也是湯瑪斯，是位教區牧師，不過他酗酒與賭牌的才能，顯然要比學習能力更出名。「他是伊麗莎白女王時期的神職人員——那個年代，淺薄的知識就足以讓他以及許多其他小人物受用無窮，」[8] 身為霍布斯朋友的傳記作家約翰·奧伯瑞（John Aubrey）曾這麼寫，他提到的那段時期，確實許多鄉下的神職人員都是半文盲，毫不誇張。小霍

---

7 作者註：引自山謬爾·敏茲（Samuel I. Mintz）的《巨靈之獵：十七世紀對湯瑪斯·霍布斯的物質主義與道德哲學之抗拒》（*The Hunting of Leviathan: Seventeenth- Century Reactions to the Materialism and Moral Philosophy of Thomas Hobbes*，劍橋大學出版社出版，1970年）第1頁。

8 作者註：約翰·奧伯瑞撰寫的霍布斯生平，可以在安德魯克拉克（Andrew Clark）編輯的《「簡短歲月」，1669至1696年間約翰·奧伯瑞寫下的當代主要人物》（*"Brief Lives," Chiefly of Contemporaries, Set down by John Aubrey, between the Years 1669 and 1696*，牛津Clarendon Press出版，1898年）321~403頁的〈湯瑪斯·霍布斯〉中找到。此句引自該書391頁。

布斯與他父親相反，聲稱自己一輩子只醉過一百次，或者一年都難得醉一次。他說自己喝酒時，有「容易嘔吐這個好處，這個好處既能讓他一吐就頭清腦明，混沌的時間不會太長，又不會讓腸胃不適。」記述這件事以及計算霍布斯酒醉次數的奧伯瑞認為，在那個狂喝爛飲的時代，霍布斯有節制的飲酒，是個值得讚揚的紀錄[9]。

後來老霍布斯因與人發生爭執被迫離開馬姆斯伯里，他富有的兄長法蘭西斯接手了小霍布斯的教育。於是接下來的幾年，霍布斯有家庭教師教授拉丁文、希臘文以及修辭學，並於十四歲時註冊進入牛津大學的馬德林學院。六年後，他拿著學士學位出現，對當時大學教育的課程核心經院哲學，也抱持了一輩子的厭惡。好幾年後，他筆敘自己想學的是天文學與地理學，而不是亞里斯多德全集，他想要「根據我自己的興趣去證明事情，」[10] 而不是受限於狹隘的亞里斯多德範疇內。他看不起亞里斯多德，堅持走自己的路，堅持了一輩子。

自牛津畢業後沒多久，霍布斯旋即獲聘擔任德文郡伯爵的威廉・卡文迪許（William Cavendish）兒子的家教與伴隨。對一個受過大學教育的聰明年輕平民來說，這份工作利潤豐厚，所以霍布斯當時很可能毫不猶豫就接受了這個機會。他一生都與卡文迪許家族維持友好關係，而這份關係對塑造他後來人生與學習方向上的貢獻，遠比他在牛津的學習多。卡文迪許家族在當時是英國最偉大的其中一個貴族世家，族譜可回溯至征服者威廉之子亨利一世的時代。這個家族在近代，除了大家普遍期待他們對國王提供的傳統軍事與政治協助外，還因為他們對當時被稱為「新哲學」的科學興趣濃厚而獨樹一幟。舉例來說，查爾斯・卡文迪許（1594~1654）是一位備受敬重的數學家，他的兄長新堡伯爵（the Duke of Newcastle）威廉（1593~1676）更在自己的領地運營一間實驗室，威廉的妻子瑪格麗特則是位飽受讚賞的詩人與散文作家，非常喜愛自然科學。至於那些非學者

9　作者註：奧伯瑞有關霍布斯飲酒習慣的紀錄，可以在他撰寫的傳記〈湯瑪斯・霍布斯〉350頁中找到。

10　作者註：引自敏茲的《巨靈之獵》第2頁。

也非作家的卡文迪許家人，是藝術與科學的贊助保護人，而且他們在鄉間的房舍，都是文化與知識生活的中心。霍布斯因為身為卡文迪許家族的一分子，有機會接觸到英國最崇高的文藝與藝術圈，並在切茲渥斯與威爾貝克修道院這兩處卡文迪許家族的產業上，找到了他在牛津那幾年從未經歷過的學識挑戰與刺激。

　　若想有收入、有資源，又能享受追求自己興趣的自由，任何途徑都比不上有個貴族家族當贊助保護人，因此霍布斯在加入卡文迪許家族後，也踏上了文藝復興知識分子的老路。偉大的義大利藝術家與人文學者（如達文西、米開朗基羅、米蘭多拉以及其他許多先例），都有佛羅倫斯的麥迪奇家族、米蘭的斯佛札家族以及一長串文藝復興時期的教宗作為贊助保護人。甚至連當時已是名人的伽利略，也選擇麥迪奇宮廷朝臣的生活，放棄安定但平凡的帕度亞大學教授職務。在英國，博學的湯瑪斯·哈瑞亞特（1560~1621）先是華特·羅利爵士（Sir Walter Raleigh）的家臣，後來成為諾薩姆伯蘭郡伯爵（Earl of Northumberland）亨利·波西（Henry Percy）的家臣，此外，與霍布斯同期的數學家威廉·奧垂德（William Oughtred，1575~1660），則是阿倫德爾伯爵（the Earl of Arundel）兒子的家教。

　　然而除了像霍布斯一樣選擇贊助保護人的傳統途徑，其他有雄心大志的文學家也在尋找另外的經濟保障。莎士比亞（1564~1616）和他那個時代大多數的劇作家一樣，製作絕佳的生動戲劇表演，並在公開市場上販售自己的劇本——只不過其他人沒有他那麼成功。數學家亨利·布利格斯（Henry Briggs，1561~1630）在倫敦新成立的格雷欣學院（Gresham College）找到了落腳處，在那兒成為倫敦第一位幾何學教授，並舉辦收費演講。至於牛津與劍橋這種以保守出名的大學，儘管他們的主要目標是給予學生嚴苛的古式學科教育，協助學生面對未來的需要，但偶爾也會開門歡迎較現代的學者。布利格斯就是一例，他後來成為牛津第一位薩維爾幾何學教授[11]。霍布斯選擇依附貴族世家的作法，在那個年代並不稀奇，但若從他出版自己最著名著作的 1600 年代中期來看，這樣的作法就顯得相當

老派了。再說，他當時的歲數以及在伊麗莎白統治鼎盛時期已經成名的事實，也讓他繼續依附權貴的作法，迥異於他大多數的朋友、對手。

不論霍布斯的作法是否過時，一個貴族世家的贊助保護，仍有許多吸引人之處，而霍布斯也非常享受這些好處。1610 至 30 年間，他曾三次以尊貴的規格隨同卡文迪許家族以及同一個圈子裡的年輕貴族出訪歐洲大陸，這些人全都是他職責所在、需要照顧的對象。霍布斯善用了這些訪問。1630 年參訪義大利時，他拜訪了自己欽佩的伽利略，自此之後，他盛讚伽利略為「幫我們打開了**運動**知識這個普世自然哲學之門的人。」[12] 在巴黎，他結識了修道士馬林・梅森。梅森是歐洲「文壇共和國」的核心人物，與許多學者保持書信聯絡，溝通彼此的問題、意見與研究結果。透過梅森，霍布斯接觸到了哲學家笛卡兒、數學家皮耶・德・費瑪與柏納文圖拉・卡瓦列里，以及許多其他學者，真正進入了歐洲學術世界。

霍布斯藉由卡文迪許氏族的關係，還結交了另外一位知名人物。1620 年代，他擔任了哲學家兼實驗科學的偉大推動者法蘭西斯・培根爵士（1561~1626）好幾年的私人秘書。培根跟同儕不同，其中又與笛卡兒的差異最大，因為他相信知識應源於歸納（觀察與實驗的系統化累積），而非出自單純的抽象推理。培根也是英國重要的法律學家之一，在他被控貪污並於 1621 年遭到彈劾之前，曾是詹姆斯一世的大法官。培根退休後重拾哲學，把時間都用來撰寫自己對自然科學的見解，以及他認為適合自然科學的方式。事實上，他所有至今仍令人牢記的作品，幾乎都在霍布斯認識他後，亦即他被迫退休到 1626 年去世之間的那一小段時間內所完成。奧伯瑞敘述霍布斯如何陪著培根在他的葛罕伯利莊園（Gorhambury House）中散步，以及如何寫下這位老人的想法。據說，培根最喜歡霍布斯當自己的秘書，因為只有霍布斯看得懂他的隨手筆記。霍布斯與培根的關係，證明了

---

11 與薩維爾幾何學教授職務同樣創建於1619年，是由牛津大學歷史最悠久之一的墨頓學院院長亨利・薩維爾爵士（Sir Henry Savile）所創。薩維爾爵士本人是位數學家與古典學者。

12 作者註：同註10同書第8～9頁。

透過卡文迪許家族而得到的貴族人際關係，的確網脈廣遠，然而這樣的關係也有其諷刺的一面，因為後來那些將自己視為培根真正繼承者，並把培根的想法付諸實行的人，把霍布斯當成了他們最危險的敵人。

霍布斯身為貴族家臣的另一個好處，就是他完全沒有出版著作的壓力。莎士比亞必須不斷寫劇本養活自己，亨利・布利格斯必須公開演講，連羅馬學院的克拉維烏斯都有人期待他授課、撰寫教科書。但是那些有大家族當贊助保護者的人，得到報酬的原因，大多是因為他們是贊助保護人的好隨伴，而非他們的生產力。學者可以因此過著安逸的生活，把所有時間用來沉思與研究，但也會產生一些怪異的結果。舉例來說，湯瑪斯・哈瑞亞特[13] 被視為歐洲最重要的數學家之一，現代對他手稿的研究也明確顯示，他的成就確實名符其實。然而一輩子都是羅利與波西家臣的哈瑞亞特，去世後留下了高達數千頁的數學報告，卻終身沒有出版過隻字片語。

在正常情況下，霍布斯的命運很可能也是這樣。身為卡文迪許家臣數十年，除了受到廣泛認定的洋溢才華，以及與英國、歐洲大陸各主要知識分子都有聯絡外，他沒有出版過任何著作，唯一的例外就是翻譯了古希臘史學家修希迪底斯（Thucydides）的《伯羅奔尼撒戰爭》（*Peloponnesian War*）。這是霍布斯步入中年時唯一的出版作品，未來也很可能不會再有任何新作。他大可一直當個黯淡的模糊人物，到今天只有最深入研究古物的古董商才聽過他的大名。然而在他五十二歲的 1640 年，他的安逸世界崩解，突然間他開始以瘋狂的速度寫作、出版，直到去世，中間未曾間歇。

1640 年的危機如晴天霹靂般擊中卡文迪許家族。一如英國大多數的偉大貴族世家，卡文迪許家族也是忠貞的保皇黨，在空位期毫不動搖地持續效忠斯圖亞特王朝。在他們眼中，議會的叛亂只不過是一場必須用武力粉碎的平民造反，因此他們很快就舉兵保護他們的國王。在英國內戰早期，後來成為新堡伯爵的威廉・卡文迪許以及德文郡伯爵之子查爾斯・卡

---

13 作者註：有關哈瑞亞特相關資訊，請參見亞歷山大的《幾何風光》。

文迪許，都在查理一世的軍隊中位居統帥之位，因此他們也和國王的遭遇一樣悲慘。查爾斯在 1643 年的戰役中喪生。保皇黨 1644 年在馬斯頓荒原（Marston Moor）大敗之後，威廉也被迫逃至歐洲大陸，最後輾轉到了巴黎，在查理一世流亡宮廷中與自己的家族成員會合，其中包括了湯瑪斯・霍布斯。

對霍布斯來說，在內戰中選擇保皇派陣營，是再自然不過的決定。雖然他是一介平民，但他同時也是貴族世家一位備受敬重的家臣，與卡文迪許家族的社會與政治觀點始終同調。1640 年動盪初現，霍布斯就收拾了行囊搬到巴黎，在那兒加入了人數愈來愈多的流亡保皇黨。安定下來後，霍布斯很快又恢復了他與梅森以及其他法國通信對象的關係。身為斯圖亞特王朝的重要知識分子，他得到機會，成為日後繼任為查理二世的威爾斯王子之家教[14]。然而也是在這裡，他第一次遇到了後來終生都無法擺脫的一種對立。好幾位重要朝臣都當場反對他的家教任命，因為霍布斯既是個唯物論者又是個無神論者，而這樣的人很可能會以自己的異端邪說，左右未來國王的思想。最後決定霍布斯可以成為王室家教，但他必須承諾只教導自己專業領域的知識，不可以偏途走入哲學或政治的範疇。至於他的專業，指的當然是數學。

忠心耿耿、堅定不移的霍布斯若在此時對斯圖亞特宮廷產生了恐懼，甚至起了反感，原因也很清楚。1645 年，在他有機會成為王室家教時，大家眼中的他，就再也不只是卡文迪許氏族中謙卑的門客，而是一位不因襲傳統、具煽動性的哲學家了，而其見解很可能會冒犯各教派的神職人員以及忠貞的保皇派人士。因為就在霍布斯抵達法國不久後的 1642 年，他出版了自己的政論處女作，那是一部名為《哲學要素第三部分，公民論》（*Elementorum philosophiae sectio tertia de cive*）的博學鉅作。全部以拉丁文寫成的這本書，鎖定的讀者群是專業哲學家，而非王室朝臣，但流入查理一世顧問耳中的內容，依然足以讓大家對霍布斯生疑。

---

14 作者註：有關霍布斯獲任王室家教以及對此持反對的意見，請參見敏茲的《巨靈之獵》12頁。

　　大多數處於霍布斯境遇的人，可能都會試著安撫批評者，或至少避免進一步激怒他們。畢竟朝臣除了社會地位比他高外，在恢復君主政體的戰爭中，他們也是他的盟軍。不過這些批評者很快就發現，霍布斯不是一個會貶低自己意見的人，也不會閃避戰鬥。1647 年，霍布斯重新出版《公民論》（*De cive*，這是該書最廣為人知的名稱），三年後，又發行了英文版，讓他不論身在英國或流亡宮廷中的同胞，都可以更清楚地了解他的想法。1650 年同年，他繼續《人性論》（*Human Nature*）與《政體論》（*De Corpore Politico*）兩本英文論文，合稱《法律要素》（*the Elements of the Law*），在兩書中解釋自己對於人性以及對人性必要的政治體制的看法。最後在 1651 年，他以代表作品為這段創造力的湍流劃下句點，也讓自己擠身進入不朽的哲人之列，這本書就是《巨靈論》（*Leviathan*）[15]。那時，霍布斯因為這種寫作式的傾吐，已成了斯圖亞特宮廷中不受歡迎的人物。無處可去的他，於 1652 年離開巴黎，橫越英吉利海峽回國。之後他在英國生活了二十八年，再也沒有離開過。

「污穢、殘暴與短暫」

　　從很多角度來看，《巨靈論》都是英國內戰的產物。霍布斯在卡文迪許家族中度過長達數十年的沉默歲月期間，悄悄建立起了一套複雜的哲學系統。這套系統本來應該有三個部分，從《物體論》（*De corpore*），接續到《人性論》，最後以《公民論》總結。有鑑於他之前的紀錄，我們合理懷疑，若在正常情況下，上述任何一份論文都可能不會問世，但是 1640 年的危機，中斷了霍布斯悠閒的準備工作。那時的他並沒有系統地依照自己的哲學順序進行，因為他認為談論政治生活的第三部最重要。由於這個新發現的迫切性，所以霍布斯完成了《公民論》，並匆忙付印（不過這本書的正式名稱中，還是包含了「第三部」這幾個字）。接著他又很快繼續

---

15 作者註：即湯瑪斯‧霍布斯的《巨靈論，或教會國家與人民國家的實質、型態與權力》（*Leviathan, or the Matter, Forme, and Powers of a Commonwealth Ecclesiastical and Civil*，倫敦 Andrew Crooke 出版，1651 年）

撰寫其他政治論文，直至著重於政治面，卻概述了他整體見解的顛峰之作
《巨靈論》。值此英國因內戰而撕裂之時，平靜討論事情的本質，遠遠沒有
開立處方，創造一個和平、穩定的國家來得重要。

　　然而《巨靈論》之所以被視為內戰產物，不僅僅是因為這本書出現
的時間點，更深層的原因是霍布斯想法中的黑暗面，以及他所提出孤注一
擲的解決方法。《巨靈論》的每一行文字背後，都隱藏著讓英國動盪不安
的社會無政府狀態以及自相殘殺的戰爭陰影。每一句堂皇又俐落的文字背
後、每一段優雅的哲學性辯論幕後，都隱現著難以管束的暴民正在霸凌日
子過得比自己好的人民畫面、豪宅變成廢墟的景象、馬斯頓荒原與納斯比
戰役的血腥戰場，還有被謀殺的國王。在霍布斯眼中，議會驅逐了國王，
放任各種型態的政治與社會破壞。秩序被混亂取代，人民的和平被循環的
內戰所取代，整個情況似乎自行演變到再也沒人在乎究竟是誰在和誰打
仗，大家又是為何而戰的地步。這場戰爭再也不是議會與國王抑或長老教
會與英國國教之戰，而是變成了所有人與所有人交戰。霍布斯相信，終結
這個局面的唯一方法，就是恢復君主統治，把無政府與破壞的魔鬼趕回他
們原始的出處地獄，然後永遠封印。《巨靈論》提供了這個方法的步驟。

　　終結內戰混亂的第一步，是要了解導致這場內戰的原因。根據霍布斯
的說法，這個原因並不是蔓延於英國各地的政治與宗教爭議，而是一個更
根本的東西，那就是人性。霍布斯在《巨靈論》中解釋，人並非特別積極
的動物。他們需要的只有食物、性、一些生物舒適感，以及一點點享受這
一切的安全感。但問題是，若沒有已經確立的政治秩序——霍布斯稱之為
「國家」（Commonwealth）——人類就不會有安全感。某人工作獲得的成
果，另一人可以奪走且不用受到任何懲罰。因此所有人都懼怕鄰居，為了
取得某種程度的安全感，唯一的方式就得到比對方更大的力量。換言之，
恐懼導致人類與鄰居對戰。可惜，霍布斯如此警告，力量永遠也無法帶來
安全感，因為人一旦擁有力量，就不可避免的想要更大的力量。「之所以
會這樣，」他這麼寫，「並非是人……不會滿足於只擁有一般的力量，而是
因為他無法確定若不取得更多的力量，光憑現有的力量與方法，是否可以

繼續好好過著現有的生活。」[16]

根據霍布斯的說法，如果讓人自行其事，對鄰居的恐懼會引發戰爭，而戰爭會帶來更多的恐懼，進而導致更多的戰爭。在這樣的情況下，投資未來是毫無意義的事，生命因此也全是痛苦。「沒有工業立足的空間，因為不能確保工業的果實，結果就是世界上沒有文化、沒有航行、沒有建築，也沒有搬動或移除東西的省力器具，世界上不會有知識、沒有人重視時間、沒有藝術、沒有文學、沒有社會，最糟糕的，是對於慘遭橫死的持續恐懼與危險。」這就是霍布斯「自然狀態」（state of nature）的生活景況。接著他以完全政治哲學的角度總結，這或許也是他最著名的一句話：沒有政治秩序，人類生命就會變成「孤獨、貧困、污穢、殘暴與短暫。」[17]

霍布斯認為，這正是英國內戰期間的寫照。沒有了國王，英國人回歸自然狀態，開始「所有人與所有人交戰」。人類或許會舉出各種與鄰居開戰的理由，如長老教會與獨立派也許互相指控教條謬誤；平等派與掘地派或許譴責富人，並聲稱所有人生而平等；第五王朝派或許會宣布他們正準備接受審判日的到來。但對霍布斯而言，所有這些異想天開的聲明，全都只是粉飾門面，因為英國人彼此對戰的真正原因，其實非常簡單，就是出於恐懼。沒有君主，人民面對鄰居的劫掠時，毫無招架之力。為了取得某種程度的安全感，人民必須率先攻擊鄰居。結果就是沒有盡頭的暴力循環。霍布斯之前就已見識過一次這樣的動亂，那是在 1610 年陪同卡文迪許成員拜訪法國時的事，當時亨利四世剛遭暗殺身亡不久。年輕的霍布斯對那段日子的恐懼與混亂印象深刻，永遠也忘不了一個沒有國王的國度所發生的事情。1610 年的法國人與 1640 年的英國人基於不同的理由而行動，不過原因一點都不重要，因為霍布斯知道，每一個活在恐懼中的人，都會跟鄰居開戰。

然而如果永恆的內戰是人類社會的自然狀態，該如何平息？人類要如何為自己和家人取得足夠的安全感，讓農業、商業、科學與藝術能夠茁

---

16 作者註：請參見霍布斯的《巨靈論》第11章第2行。

17 作者註：這句名言出自前註同書第13章第9行。

壯？根據霍布斯的看法，這個答案藏在人類無一無二的特質當中，而這個特質就是理性。動物永遠都會陷在自然狀態中，部分人類也一樣，譬如「美洲許多地方的野蠻人」[18]。但是理性給了人類選擇。人類可以繼續留在悲慘的自然狀態中，也可以承認自己的不快樂狀態，理性地尋找解決之道，讓自己脫離這個狀態。而人類一旦選擇此路，霍布斯認為，所有的其他選擇就不存在了，因為理性會帶領人類走向他們困境的唯一解決之道，亦即巨靈。

何謂巨靈？巨靈比絕對的統治者，甚至絕對的國家更大。巨靈就是將國家所有成員，完全體現集中在一個人身上，而這個人就是君主。人類在拚命逃離自然狀態時，判定出唯一脫離這種狀態的方式，就是每個人都放棄自己的自由意志，將一切投資在君主身上。這位君主因此吸收了國家所有成員的個人意志，也因此，這位君主的行為即所有國家成員的行為。這就是關鍵。人們不單單是將自己的意志託付給君主，也不單單是讓自己的意志屈服在君主的意志之下，而是君主的意志就是每一位子民的意志。霍布斯主張，不論君主選擇做什麼，國家內的每一個人也都能「擁有自主權並認知到自己是主導者」。在巨靈體制下，內戰不會發生，因為巨靈體現了他自己子民的所有意志，而沒有一個人的意志會是想要展開內戰。最終的結果就是完美統一的政體，「（這樣的體制）比得到眾人同意，甚至取得意見一致更上一層樓，因為這才是他們所有人真正的統一，統一在同一個人身上。」[19]

「用這種方式統一的所有人，稱為『**國家**』，」霍布斯寫道：

這是偉大巨靈的世代[20]，或者應該（用更敬重的說法）說，這是人類之神（Mortal God）的世代，在不朽之神的統治之下，我們的和平與自衛

18　作者註：有關霍布斯認為美洲原住民生活在自然狀態的看法，請參見前註同書第13章第11行。

19　作者註：請參見前註同書第17章第13行。

20　作者註：請參見前註同書同處。

都歸功於這人類之神。因為國家每一個個人所賦予他的威權，他才能運用這樣大的力量……因為恐懼，他才能統合所有人的意志，導向和平……

接下來這段話，對霍布斯而言，就是《巨靈論》的精髓：「一個人，代行許多人的行為……讓這許多人中的每一個人都成為主導者，」[21] 這樣和平才能普及。

霍布斯國家理論所展現的膽識令人咋舌。他完全沒有興趣討論人類社會運作的各種驅動力，也無意評估不同型式的政治組織。相反的，他既無節制又絕不含糊其詞地，以毫不妥協的哲學風格，直接切入主題。他聲稱，人類社會的問題其實很清楚，就是存在於自然狀態中的永恆戰爭。解決之道也同樣清楚，就是創立一個專制的「巨靈」國家。霍布斯用十足的知識說服力引導他的論點，一步步符合邏輯地向前邁進，完全沒有留下任何空間給異議或矛盾。人性造就國家本質，國家本質引發內戰，內戰造成個人意志的屈服，進而產生巨靈體制。結果巨靈成為唯一可行的政治秩序。證明完畢。

很多人發現，霍布斯的巨靈國家從一開始就令人憎惡。在這樣的體制中，議會的角色為何？英國國教，或在這個理論下的任何一種宗教的角色為何？即使是那些厭惡霍布斯結論的批評者，也極難找出他論證過程的瑕疵。究竟霍布斯錯在哪裡？他的假設正確、每一步論證也都似乎合理。的確，人類貪得無厭，還自私自利。是的，人類相互競爭，也彼此害怕。沒錯，人類很容易因為恐懼攻擊彼此，而一個攻擊不可避免地會引發更多的攻擊。所有步驟看起來都如此合理，每一步幾乎都沒有人想要爭辯。等到讀者領悟到這些辯證所引導的方向時，一切為時已晚。不知道怎麼回事，每一步論證都沒有錯誤，甚至沒有任何一步論證看起來危險，但讀者最後就是得不自覺地承認，唯一可行的國家型態，的確是霍布斯的「活著的神」，也就是巨靈。

---

21 作者註：請參見前註同書同處。

　　對許多與霍布斯同期的同儕來說，這樣的結論根本無法讓人接受，但這也正是巨靈推論的力量所在。事實證明，要指出這套推論究竟哪裡出錯，極為困難。霍布斯依據自己的推論，導出符合邏輯的結論，不論結論是什麼，他都帶領他的讀者一路跟隨，一如示範一次幾何論證。

　　將無數個人結合為單一意志的巨靈，的確是件美麗的事情。然而儘管大膽、儘管美麗，巨靈這樣的政治組織，勢必會讓人思考。巨靈不僅是霍布斯在法國所看到的一種強大的中央集權國家體制，採取壓制手段，讓政治對立難以存在。確切地說，巨靈是一種根本不可能出現政治對立的國家體制。君主的子民與君主對立，代表他們故意與自己的意志對立，這是矛盾，邏輯上也不可能。沒錯，在巨靈體制中，子民與國家的關係並非像我們所了解的那樣，因為巨靈並非政治組織，而是統一的有機整體。巨靈是一個活著的生命，由所有轄下子民的身體所組成，巨靈也是一種全部託付予君主個人的意志。霍布斯在這本書的引言中就解釋了「偉大的『**巨靈**』，又稱『**國家**』……不過是一個人造的人而已[22]，卻比自然的人更高等、更有力量。」一個人體，一隻手、一隻腿或一根頭髮的毛囊，無法構成一個人的意志。同理，國家的成員只不過是國家身體的零件，無法與國家的意志對立。

　　最能捕捉霍布斯式國家本質的，莫過於《巨靈論》早期版本（以及後來的許多版本）中裝飾卷頭插畫的圖畫。由法國藝術家亞伯拉罕·博斯（Abraham Bosse）操刀雕刻的這幅版畫，呈現的是一片有山丘、山谷、田野與村莊的平靜大地，最前面是繁榮與井然有序的城鎮，城鎮里有整齊排列的小房子，在宏偉的教堂前，小房子顯得更加微渺。然而讀者的視線不會停留在這幅平和的景色上，他們的視線會被隱現於後的人物所吸引。那是一位巨大的國王，高聳於整片大地之上，猶如格列佛位於小人國的人群之中。國王的雙臂大張，像是要擁抱自己的疆域。國王頭上是一頂皇冠，左手握著主教的主教杖或一根權杖，右手是一柄治理並護衛這片土

---

22 作者註：請參見前註同書〈前言〉第1頁。

地不受敵人侵犯的長劍。國王支配著這片土地，毫無疑問，也是他為這片土地帶來和平、秩序與繁榮。

乍看之下，這幅圖似乎像是宣傳法國強大中央集權體制的廣告。但這位高大的國王，又有些怪異之處。他的身體看起來有許多起伏，而且似乎穿著某種鱗片的盔甲。細看就會知道：那不是鱗片，而是人民。看起來像是國王身體的部分，其實是由國家人民所組成。單一個人沒有什麼力量，只不過是這個巨大身體的一小部分，然而結合在一起，並以單一的意志努力時，所有的人民都變成了全能的巨靈。

卷頭插畫描繪的國家，就是如此強大又無所不在，毫無獨立組織存在的空間。在霍布斯眼中，**任何**非直接依賴君主存在的組織，對巨靈的統一以及國家的穩定，都是威脅，而且若不阻止這樣的威脅，就會滋生分歧的意見與矛盾，最終再次引發內戰。在霍布斯的書中，最可惡的犯罪者就是宣稱主權高於所有民間權威的天主教會。這個議題在《巨靈論》書中，賺到了一整段的內容，標題為「黑暗王國」。英國的反叛議會理所當然是霍布斯的嫌惡對象，但英國國教與牛津、劍橋大學這些看起來溫馴的組織，也在霍布斯的厭惡名單上。相較於其他教會，英國國教還算差強人意，因為英國國教至少在名義上臣服於國王之下，只不過霍布斯認為英國國教的神職人員，展現出過多的獨立性。其他的教派更糟糕，其中又以長老教會為甚，因為這些教派自行制訂了與國家不同的規定，只不過霍布斯並沒有高高在上地把內戰開打之因，直接歸咎在他們身上[23]。至於那些大學之所以引發霍布斯的怒氣，有部分原因是他們溯及中古經院哲學的知識根源，與「黑暗王國」間扯上關係，因此染上了污點。不過更根本的問題，在於霍布斯認為這些大學似乎是危險的孕育之地，滋養著可能與君主意志有所

---

23 作者註：多年後省思神職人員的角色時，霍布斯寫下了「我寫那本書（《巨靈論》）的原因，是想到了以前的大臣在內戰開始之際所鼓吹、撰寫的東西，確實為內戰提供了養分。」請參見威廉‧莫斯沃斯爵士（Sir William Molesworth）所編輯的《湯瑪斯‧霍布斯的英文作品集》（*The English Works of Thomas Hobbes*，倫敦Longman, Brown, Green, and Longmans出版，1845年）335頁，湯瑪斯‧霍布斯的《給數學教授的六堂課》。

《巨靈論》1651 年版本的卷頭插畫。王冠周圍寫著：「世上沒有與他匹敵的力量。」
圖片來源：大英圖書館董事會／羅巴納／紐約藝術資源中心

衝突的理論與想法，最後可能造成沒有限制的爭議。霍布斯的保護者新堡伯爵曾在查理二世復位數年後警告這位國王，爭議「用筆進行內戰，劍很快就會跟著出鞘。」[24]

不論在大學或其他地方，決定哪些意見與理論應該教授[25]，哪些應該禁止，都是君主一人的特權，霍布斯如此堅持。若神職人員獲准傳講他們想說的道理、教授他們想教的課程，那麼分裂、矛盾與內戰很快就會接踵而至。霍布斯甚至更進一步寫道，巨靈不只要決定那些教學內容對國家有害，哪些有益，更根本的，巨靈還要決定對錯。根據霍布斯的想法，自然的狀態並無對錯之分，因為每個人都依照最能確保自己利益的方法行事。對與錯的觀念只有在巨靈存在的情況下才會產生，而其標準也很簡單，「法律，身為國家意志與欲望的法律，就是標準，」僅此而已。遵循君主制訂的法律就是對，違反就是錯，就這麼簡單。所有求助於神、傳統、傳承自古即有的權利等其他威權的人，都是在破壞國家的統一，因此很可能會為了自己的利益而謀反。對與錯、善與惡，一切的標準都握在君主手中。

作為一項政治理論課題，《巨靈論》是極為大膽的論述，在西方近代思想史上受到高度評價，也的確實至名歸。然而霍布斯的處方，儘管才華橫溢，但那是在描述任何真實歷史中的國家嗎？無庸置疑，歷史上的確出現過想要追求這種理想的政權，最惡名昭彰的就是二十世紀的獨裁強權國家，包括希特勒的德國與史達林的蘇聯。這些國家的人民（至少在原則上）也是統一於他們領袖的個人之下，領袖就代表整個國家。一如巨靈體制，這些國家也不容許任何不同的意見，認為分歧的意見是對國家意志的攻擊（如德國），或對無產階級的攻擊（如蘇聯）。然而即使是這些上個世紀的黑暗政權，也從未達到霍布斯所想的境界。首先，不論歧異的意見有多麼罕見或沉默，德國與蘇聯都必須處理這些真正存在的異議，但霍布斯卻

---

24 作者註：引自史帝芬·沙平與西蒙·夏佛（Steven Shapin and Simon Schaffer）合著的《巨靈與泵浦》（*Leviathan and the Air Pump*，普林斯頓大學出版社出版，1985年）290頁。

25 作者註：請參見霍布斯的《巨靈論》第18章第9行。

幾乎完全否定不同意見的存在。從更深的層面來說，不論是神祕的德國命運，抑或可以走向無產理想國的世界革命，德國納粹與蘇聯共產黨都自認代表某種更高的理想。他們的獨裁國家都是一種達到這些更高目標的工具。

霍布斯的《巨靈論》卻是不一樣的東西。君主制訂的法律之外，並不存在著任何更高的真理，不論是宗教、神祕主義或意識型態的真理，什麼都沒有，而且任何聲稱有這類真理的人，都叫做國家的敵人。巨靈就是最高的目標、最終的努力結果，只為自己而存在。做為抵禦混亂的堡壘，這樣的體制絕對必要，然而卻不代表任何其他意義，堅持否決任何更高的理想，甚至既存的目的。唯一重要的就是國家、君主，以及君主的意志。

霍布斯針對 1640 年代的危機所提出的解決方式，為他贏得了原創思想家之名，卻也讓他與同時期的其他人產生不睦，這些人不僅只有他所鄙視的議會黨員，還包括了他想要支持的保皇黨員。當然，《巨靈論》中有許多論點都投合國王人馬的心意，特別是堅持強硬立場的中央集權政府，而且這個政府（最好）由一個人領導，以及譴責議會黨員與所有異議分子，將他們看成為了私利的叛國者。但是書中也有許多問題困擾著忠貞的保皇黨員。畢竟，一位合法治理國家與人民的國王，是出於神授的君權。他是上帝選擇的人，不能被其他人取代。然而巨靈治理國家的理由，卻不是因為這個神授權力，而是一種為了預防內戰的必要作法，因此原則上，任何能夠護衛國家並維持和平之人，都可以擔任這個角色。再說，國王若做不到這些事情，那麼理論上，他就應該被其他人取代，一如英國實際發生的狀況。某些保皇黨因為過於執著這一點，甚至指控霍布斯撰寫《巨靈論》，不是為了擁護國王，而是為了支持克倫威爾的護國公執政。這並非事實，《巨靈論》出版的時間比克倫威爾接任護國公早兩年，然而這也並非無的放矢。其實《巨靈論》的確不是在護衛正當的君主政體，而是在為獨裁制度辯護。除此之外，《巨靈論》還得罪了所有的神職人員，不論是英國國教或允許流亡宮廷立足法國的法國天主教人士，因此這篇本來應該支持國王的論文，為什麼沒有讓霍布斯得到國王人馬的喜愛，原因也就很清楚了。霍布斯最後不但沒有受到皇家領袖的讚揚，還被革除了家教職

務、驅除出宮廷，等回過神來，他很諷刺地發現自己竟然已回到了革命的英國。

　　令霍布斯大失所望的是，似乎沒有人接受《巨靈論》結束內戰的終極處方。儘管如此，霍布斯很清楚不論別人怎麼想，自己就是對的。他認定若要解除大家的懷疑，必須更清楚、更全面且詳細說明自己完整的哲學理論。一旦他一步步解釋完自己是如何得出這樣的結論，他確信所有的質疑者，都會別無選擇地接受他的政治處方。霍布斯從未打算讓他的政治論文《公民論》以及《巨靈論》各自獨立。在他居住於卡文迪許家族領地上長達數十年的沉靜歲月中，他原先的設想是，這兩篇論文應該是一整套涵蓋現存所有構面的完整哲學理論中最後的一個部分。當初霍布斯是因為政治危機，才倉促著手先行撰寫這最後的部分，並匆忙付印，希望（結果失望）可以終結戰爭，讓君主復位。現在既然回到英國，他打算盡力強化自己的主張，於是決定著手撰寫這套理論開始的兩個部分。

　　1658年，霍布斯出版《人性論》。這是一篇討論人類天性的論文，坐實了霍布斯厭惡人類的名聲，但是相較於《巨靈論》，《人性論》幾乎沒有受到太多注意。其實他整套哲學理論的核心原則，在三年前出版的《物體論》中就已經陳述。《物體論》是一篇難懂的技術性書籍，設定的目標讀者是專業的哲學家，探討的問題都非常深奧，譬如普遍性是否真的存在、物體是否只具延展作用等等。這本書中沒有任何《巨靈論》中那種活生生的景象或激昂的措辭，讀者或許少之又少。然而，霍布斯之所以捲入一場持續到他生命終點的個人戰爭，卻是《物體論》的緣故，而非《巨靈論》。因為在《物體論》甚至尚未問世之前，一個決心要成為他敵人的人，就已經祕密地從他的印刷商那兒收集到尚未出版的內容，準備強烈的回應。這個人並不是與霍布斯對立的哲學家，等著挑戰他對於物質或運動的技術性定義。這個人的名字是約翰・瓦里斯，他是數學家。

第七章
幾何學家湯瑪斯‧霍布斯

戀上幾何

　　引領霍布斯進入數學的原因帶點傳奇性。他在牛津從未上過數學課，與數學結緣完全是四十歲時的一次巧遇。當時他正與一位年輕家主暢遊日內瓦。「在一位紳士的書房中，」為他作傳的奧伯瑞這樣寫道，「歐幾里得的《幾何原本》正翻開在『第一冊第四十七道命題』之處。任何一個受過古典數學教育的人，都知道這道命題是畢達哥拉斯定理，亦即直角三角形的斜邊平方，等於另外兩邊的平方和。『老天啊，』他這麼說，『不可能！』」於是他閱讀了這道命題的證明，而這個證明讓他參考前一道命題的證明，」前一個證明又讓他回到再前一個證明，如此不斷地回溯之前的命題，然後就這樣「他最後因為論證而確信了那個真理。」根據奧伯瑞的說詞，這「讓他愛上了幾何學」。[1]

　　後來，霍布斯用功彌補自己在這個領域晚起步的不足。到了 1640 年代，他已經和笛卡兒、羅貝瓦與費瑪等當時重要的數學家有了定期聯繫。這段期間，英國的幾何學家約翰‧佩爾（John Pell）正陷入與丹麥同僚隆哥蒙塔奴斯（Longomontanus）的爭辯。佩爾認定霍布斯具有足夠的威望，所以爭取他的公開支持。笛卡兒去世數年後，法國朝臣山謬‧索必耶奉霍布斯為世界最偉大的數學家之一[2]，與「羅貝瓦、波內爾（Bonnel）、

---

1 作者註：這則故事出自約翰‧奧伯瑞的傳記作品〈湯瑪斯‧霍布斯〉332頁。

2 作者註：索必耶的話引自道格拉斯‧傑瑟夫（Douglas M. Jesseph）的《化圓為方：霍布斯與瓦里斯之間的戰爭》（Squaring the Circle: The War between Hobbes and Wallis，芝加哥大學出版社出版，1999年）第6頁。

霍布斯和費瑪」齊名。值得注意的是，索必耶是霍布斯的好友，他對英國數學家才華的高度評價，並非所有人都認同，然而他的評價卻也顯示被聘為流亡威爾斯王子的數學家教時，霍布斯已是當時最受敬重的其中一個英國數學家了。

霍布斯為什麼如此專注於數學？奧伯瑞的敘述提供了一個關鍵線索。幾何學中，每一個結果都是建立在另一個較簡單的結果之上，因此我們可以一步步符合邏輯地向前推進，從不證自明的真理，朝著愈來愈複雜的真理邁進。等到讀者接觸到畢達哥拉斯定理這類真正意料之外的結果時，大家也會「因為論證而確信了那樣的真理」。在霍布斯眼中，這實在是令人稱奇的成就，因為確實有一種科學能夠實際證明自己的結果，而且這些結果的正確性，不會留給人任何一絲疑慮的陰影。最後，他認為幾何學是「迄今唯一讓上帝滿意，並因而賜予人類的科學」[3]，也是所有其他科學的正確典範。霍布斯相信所有的科學，都應該像幾何學這樣發展，因為「如果沒有那些必然確實的肯定與否定，並從這些基礎上繼續推論，就不會有必然確實的最後結論。」[4] 霍布斯發現除了幾何學，其他學科都還未達到這種系統化肯定所需要的程度，不過這種情況即將有所改變，因為霍布斯已經了解了現實，準備提出一套如幾何學般有系統化結構，而其結果也將一樣肯定的真正哲學。

從出生之後有四百多年的時間，霍布斯曾遭人指控多項罪名，他這一生，有人譴責他（可能是誤傳）過著放蕩、不道德的生活，以及（也許是事實）無神論、提倡反宗教。年歲漸長後，他又因為對人性有不合理的嚴厲見解，以及構思歷史上最具壓迫性的政權而遭到非難。但自始至終，從未有人說過霍布斯過度謙虛。當霍布斯提出自己因為受到幾何學激勵而發展出來的哲學體系時，的確找不到一絲謙虛這種可悲的特質。相反的，他的書不斷散發出自以為是與挑釁的味道。

霍布斯把《物體論》獻給了他的贊助保護者卡文迪許家族的得文郡

---

3 作者註：請參見霍布斯的《巨靈論》第4章第12行。
4 作者註：請參見前註同書第5章第4行。

伯爵，並在獻詞中解釋，就大部分歷史來看，這個世界幾乎從未認識過哲學。的確，古人在幾何學上有長足的進步，最近又歸功於哥白尼、伽利略、克卜勒以及幾位其他學者的研究，自然哲學也有了重要的進展。然而從柏拉圖、亞里斯多德到現代的哲學家，哲學的其他領域，卻比毫無用處更糟。「有種鬼魂遊蕩於古希臘之內，」霍布斯這麼寫，「……充斥著虛假與污穢，只有一點點哲學的樣子，」而有些人將這種鬼魂誤以為現實。這種偽哲學所教授的不是真理，相反的，它教導人們如何反對與爭論，因為只有這樣，那些傳聞中的「哲學家」才能獲得優渥的薪水。這種偽哲學中最糟糕的是「學校的神格」（school divinity），也就是大學所教授的中古世紀亞里斯多德理論。霍布斯譴責，這種理論是一種「有害的哲學，掀起了無數的爭議……而因為那些爭議，又引發了戰爭。」霍布斯稱這種令人討厭的東西為「恩普薩」（Empusa）[5]。恩普薩是一種希臘神話中的怪物，有一條銅腿、一條驢腿，是惡兆的預言者。

　　霍布斯即將改變這一切。他解釋，自然哲學也許還在搖籃期，其開始的時間不會早過哥白尼，而研究公民哲學的時間更短，根據霍布斯的說法，「時間沒早過我的書……《公民論》。」[6] 在《公民論》中，霍布斯破天荒第一次用無可挑戰的推論，證明國家所有的權力，不論是宗教或國民權，都必須從君主一個人的手中分出去。現在，藉由這本《物體論》，霍布斯將完成之前未竟的工作，他將寫下真正的哲學，取代虛假與有害的哲學，最後征服怪獸恩普薩。

　　對霍布斯而言，他的哲學不是繼續為已持續數千年且依然進行的論辯加油添醋，相反的，他這套將結束所有哲學的哲學理論，將會是終結所有討論與辯論的唯一真實理論。他寫道，「若大家視周延為偉大，」那麼他的書或許簡短，但絕不會損害其偉大。霍布斯為數龐大的批評者可能會反對

5 作者註：本段所有引句均出自莫斯沃斯編輯的《湯瑪斯‧霍布斯的英文作品集》第 vii~xii 頁〈作者獻詞〉中，湯瑪斯‧霍布斯的〈哲學要素，第一部，物體論〉（Elements of Philosophy, the First Section, Concerning Body）。

6 作者註：霍布斯於1655年出版《物體論》，《公民論》則出版於1642年，所以真正的公民哲學研究還不滿十三年。

自己的說法，不過他毫不在乎。這些人只是嫉妒他的成果，再說，自己畢竟也不是為了「譁眾取寵」而著書，他極其坦率地說。《物體論》出色的內容，自然會擊敗這些人，「我將用讓對方更嫉妒的方法來報復別人對我的嫉妒，」[7]他不帶一絲諷刺地如此宣布。

霍布斯的新哲學如何擊敗恩普薩？答案很簡單，藉助幾何學。過去所謂的哲學家之所以失敗，就是因為他們仰賴的是有瑕疵且沒有結論的推論方式。霍布斯譴責，他們教導爭辯而非智慧，而且這些哲學家「根據他們的喜好決定問題。」結果不但無法帶來和平與共識，反而孕育出爭吵與內戰。相反的，幾何學則能壓倒性地獲得共識，「因為誰會蠢到在幾何領域犯了錯，讓其他人發現，還繼續堅持錯誤？」[8]因此，幾何學製造了和平而非不睦，而霍布斯的哲學也將依循這樣的模式。霍布斯在獻詞中解釋，《物體論》是為了「熟悉數學論證的專注讀者們」而著，其中有些部分甚至是「專門為了幾何學者」而寫。不過幾何方式的意涵卻可延伸到所有領域，「如果物理、倫理、政治也一樣有充分的論證，那麼這些領域的肯定性，絕不會比不上數學的最後結果。」[9]如果大家遵循幾何推論那種清楚且不容質疑的方式，要「對抗並且趕走這個極抽象的恩普薩」[10]，也就一點都不困難了。

霍布斯相信自己在作品中，完全遵循了幾何範例，他的哲學（一旦所有的部分完整出版）始於《物體論》中的簡單定義，一如歐幾里得的《幾何原本》始於定義與設準，然後依照《幾何原本》從簡單與不證自明到複雜與令人意外的原則，依樣畫葫蘆地繼續他哲學體系的其他三部分：《物體論》、《人性論》，與《公民論》。從定義（他稱之為「名稱」）的討論，進行到空間、物體、大小、運動、物理、天文以及其他等等領域的本質。

---

7 作者註：請參見霍布斯的〈哲學要素〉第vii~xii頁。

8 作者註：請參見霍布斯的《巨靈論》第5章第16行。

9 作者註：請參見霍布斯的《原則與幾何理性》（*De principiis et rationcinatione geometrarum*，倫敦Andrew Crooke出版，1666年）中的獻詞，引自傑瑟夫的《化圓為方》282頁。

10 作者註：請參見霍布斯的《哲學要素》第vii~xii頁。

最後，在長長連鎖的推論最後，接觸到所有議題中最複雜卻也最緊迫的一個，亦即證明所有的企圖都合理正當的一個議題，那就是國家理論。當然，有人對霍布斯是否成功遵從幾何標準一事抱持反面看法，然而這些異議卻完全上不了霍布斯的心。他相信，系統化且仔細地從第一個定義開始論證，可以確保自己對於國家適當組織結構的定論，擁有絕對的確定性，而且，事實上，確定得有如歐幾里得的畢達哥拉斯定理。

幾何國家

　　如果說霍布斯的完整哲學是建構在一個巨大的幾何體系之上，那麼他的政治理論更是如此，因為國家與幾何學，擁有相同的根本特質，那就是兩者均完全由人類創造，也因此人類可以完全且徹底地了解之。「幾何學是……可論證的，因為我們從線條與圖形發展出了推論，再由自己描述推論內容；公民哲學也可以論證，因為國家是由我們親手創建。」[11] 如何創造出理想國家的知識是完美的，霍布斯這麼說，一如我們對於幾何真理的知識，也是完美無瑕。在《巨靈論》中，霍布斯將這個原則付諸實行，創造出一個他認為完全符合邏輯的政治理論，而且不論從哪個構面看，這套理論的結論都跟幾何學的定理一樣確定。

　　具備幾何學論證確定性的，並不只有國家的廣義原則。巨靈為了治理國家而建立的實際法律，也具備幾何學定理無可避免的邏輯性，因此其正確性也不可爭議[12]。就像霍布斯所說，「創造與維繫一個國家所需的技術，存在於特定的規定中，就像算數與幾何。」[13] 這是因為法律本身就定義了什麼是對、真，什麼是錯、假。其實在形成國家之前的自然狀態，**對與錯**

11　作者註：請參見莫斯沃斯編輯的《湯瑪斯・霍布斯的英文作品集》第7冊181~356頁霍布斯的〈在牛津大學為尊貴又博學的薩維爾爵士所設立的教授職位而做：給數學教授的六堂課，一堂幾何學，五堂天文學〉（Six Lessons to the Professors of Mathematiques, One of Geometry, the Other of Astronomy, in the Chairs Set Up by the Noble and Learned Sir Henry Savile, in the University of Oxford，倫敦Andrew Crooke出版，1656年）。此句引自該書184頁。

12　作者註：有關「巨靈」命令的幾何力量，請參見沙平與夏佛的《巨靈與泵浦》253頁。

13　作者註：請參見霍布斯的《巨靈論》第20章第19行。

或**真**與**假**這些詞彙都是沒有內容的空話。在自然狀態下，沒有正義或不正義，也沒有對或錯。然而人類一旦放棄自己的個人意志，屈服於偉大的巨靈之下，巨靈就會制訂法律，賦予這些詞彙意義。**對**就是遵循法律；**錯**就是違反法律。指控君主命令為「錯」且應改變的說法，根本就是無稽之談。因為「錯」是由命令本身定義。反對法律，就像否定幾何定義一樣，根本就荒謬不通。

當然，霍布斯絕非唯一將幾何學理想化的早期現代知識分子。不過才幾十年前，克拉維烏斯就曾讚揚過幾何學的優點，並對耶穌會同伴誇口，幾何學在與新教對抗的戰爭中，將成為一種強大的武器。只不過除了對幾何學的讚嘆外，克拉維烏斯與霍布斯幾乎沒有任何相通點。克拉維烏斯是耶穌會學者，接受過耶穌會所採納的亞里斯多德哲學與經院哲學爭論方式的訓練，而他又在羅馬學院中將這些訓練發揚光大。他也是一位反宗教改革的鬥士，曾努力廣傳上帝之言，帶來了天主教的靈魂覺醒，而且他厭惡新教徒與唯物論者，也厭惡各種異端邪說。克拉維烏斯的人生抱負，就是要在世界上建立起上帝的王國，對他來說，這代表讓教宗立於所有世俗統治者之上，而教會高過所有的民間組織。相反的，霍布斯對於經院哲學的爭論方式，除了嗤之以鼻，沒有其他想法，他相信**靈魂**是個沒有意義的詞彙，世上只存在物體與運動。諸如**靈魂**、**不朽精神**這種詞彙存在的唯一目的，就是允許沒有操守以及腐敗的神職人員，恐嚇人民，讓人類臣服於他們的意志之下。最糟糕的是，教宗的統治力高於國王的概念，這更令霍布斯無法容忍。任何對人民君主絕對權力的侵害，都會導致意見的分歧、分裂，最終不可避免地引發內戰。

克拉維烏斯於 1612 年去世，比霍布斯出版論文的時間早很多，因此我們幾乎可以肯定他並未聽過這個英國人的大名。即使他有機會閱讀到霍布斯的任何作品——不論是《公民論》、《物體論》、《巨靈論》，抑或《人性論》——大家對他的可能反應，也應該會有相同的看法。在克拉維烏斯這類虔誠的耶穌會會員眼中，霍布斯就是一個無神論的唯物論者、異端邪說者、天主教會的敵人，他的著作全都應該禁止。如果霍布斯倒楣，落

入克拉維烏斯和他修士兄弟的手中，那麼他必須要有非常好的運氣才能脫險。同樣的，霍布斯對耶穌會的評判也必定嚴厲。霍布斯認為，耶穌會的目標就是嚇唬百姓，並「恐嚇他們不要去遵守國家法律。」對霍布斯而言，神職人員全都一個樣，其中又以天主教的神職人員讓他特別鄙視。耶穌會那個由教宗治理的普世與全能教會之夢想，對霍布斯而言，是夢魘中的夢魘。

這兩個天敵才只有在幾何學要扮演的角色中，看法才出現完美的一致性。克拉維烏斯相信，歐幾里得的幾何學，是正確邏輯推論的模範，不但可以確保羅馬教會的勝利，也能確保在世上建立起一個教宗在最頂端的普世基督教王國。霍布斯的巨靈國家，在許多方面，都與耶穌會的基督教王國完全相反。這個巨靈國家是由一位統一了所有人民意志的國家元首統治，而非教宗這個上帝所賦予威權之人。國家的法律來自巨靈的意志，而非神聖的聖經命令，而且巨靈永遠不容許任何神職人員侵害他的絕對權力。然而耶穌會的教宗王國與霍布斯的巨靈國家，在深層結構上卻明顯相似。兩者都是採納階級制度的專制國家，而國家的治理者不論是教宗或巨靈，他們的意志就是法律。兩者均否認異議的合理性，甚至可能性，而且兩種國家階級系統中的每個百姓，都被指定了一個固定且不能更改的位置。最後，兩套系統都倚賴同樣的知識架構，來確保堅固的階級制度與國家的永恆穩定。這個知識架構就是歐幾里得的幾何學。

儘管歐幾里得的幾何學曾有過非常顯赫的血統，而且歷時悠久，但今天它就只是數學中一個定義狹隘的分科。更有甚者，這門學問不僅是眾多數學領域中的一支分科，從十九世紀開始，它還是幾何學無限分支的其中之一。今天的中學之所以教授這門學科，部分歸因於傳統，另有部分原因，則是大家認為應該教導學生學習嚴格演繹推論的有效方式。除此以外，歐幾里得幾何學在應用數學界，幾乎已乏人問津。但是在早期的現代世界，情況很不一樣。當時歐幾里得的幾何學被許多人視為人類其中一項巨大成就，其推理本身無懈可擊。在克拉維烏斯、霍布斯以及他們同儕的眼中，幾何學的意涵，遠遠超出三角形、圓形這些圖案的範疇，似乎是非

常自然的事情。身為理性的科學，幾何學應該應用到任何受到混亂威脅，並可能因此失去秩序的領域，亦即宗教、政治或社會，所有在這段時間完全陷入混亂狀態的領域。一切所需，就是將歐幾里得幾何學的方式應用在受到混亂影響的範疇，然後和平與秩序就會取代混亂與紛爭。

歐幾里得的幾何學，因此與霍布斯和耶穌會汲汲營營想要建立的那種特定社會型態以及政治組織有了關連，這種型態的特質就是穩固、恆常不變、階級體制、全面覆蓋生活所有層面。對能夠回顧最近數百年來各類型血腥專制政權起起落落的我們來說，這種想法令人不寒而慄且厭惡，然而在現代世紀初始之際，當古老的中古世界仍蹣跚行於其中並無所取代時，人們的見解與現在很不一樣。對克拉維烏斯、霍布斯以及許多其他人而言，解決不確定與混亂的答案，似乎就是絕對的確定與永恆的秩序。他們更進一步都相信，確定與永恆秩序的關鍵，是幾何學。

解不開的難題

儘管歐幾里得的幾何學美麗又強大，卻並非完美無缺，一如霍布斯在與畢達哥拉斯定理邂逅後，又深入研究這門學科數年所發現的情況。問題就在於自古即知的特定古典數學不解之謎，亦即化圓為方、三等分角，以及倍立方體這三個麻煩，仍在力抗解決之道。儘管偉大的數學家用了將近兩千年的時間勞心勞力，這些古典難題依然擊敗了所有想要解決它們的努力。這對霍布斯的政治科學而言，是非常糟糕的消息。若幾何學如他所聲稱的必然已完全為大家所知，那麼這門學科就不應該有任何懸而未決的問題，遑論是根本不可解的問題[14]。然而事實是，這門學科確實暗示著幾何學可能存在著理性之光照不到的黑暗角落。如果連處理簡單點、線問題的幾何學，都了解得並不完整，又如何期待我們可以徹底認識應付人類思想與熱情問題的國家理論？如果幾何學有自己的盲點，那麼政治科學也可能一樣，而且政治科學的盲點很可能要比幾何學更大，也更嚴重。對霍

---

14 作者註：有關霍布斯堅持幾何學沒有任何未解問題的相關資訊，請參見傑瑟夫的《化圓為方》221頁，引自霍布斯的《人性論》第二部第10章第5行。

布斯來說，只要古典幾何學問題持續未解，他整個哲學的架構就會一直不穩，巨靈的國家也會成為一棟沙地上的政治之屋。

　　為了確保自己政治理論的根基穩健，霍布斯著手試圖解決這三道始終未解的古典幾何題。一開始，他似乎堅信這件事應該不會太難，確定得以為自己可以像曾經矯正了所有過去哲學家的錯誤一樣，糾正所有過去幾何學家的錯誤。他這種毫無根據的樂觀，大家或許可以體諒，因為這些問題之所以在過去好幾個世紀始終受到偉大數學家的注意，部分歸因於這些問題的敘述都太簡單，因此讓人誤以為問題很簡單。「化圓為方」代表建構出一個面積相等於指定圓的正方形；「三等分角」是要把任何一個指定的角等分成三個角；「倍立方體」則是要建構出一個指定立方體兩倍的立體。要解決這些問題有何困難？結果證明，非常難。事實上，是不可能的難。

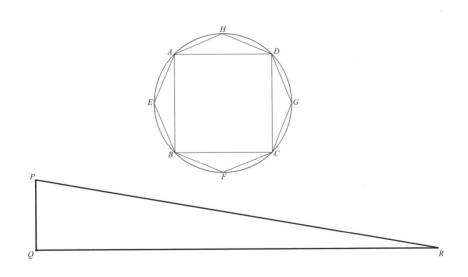

圖 7.1　化圓為方 1：內接多邊形的方案。

　　要了解事情為什麼會這樣發展，試想一下讓霍布斯感到有興趣的問題，也是他在《物體論》用了整整一個完整的章節討論的問題，那就是化圓為方[15]。其實在西元前二世紀，塞拉庫斯博學多聞的阿基米德就已經證明，當一個直角三角形的直角二邊分別與一個圓的半徑及周長相等時，圓與直角三角形的面積就相等——換言之，也就是圖 7.1 中直角三角形的 PQ 與 QR 分別為圓的半徑及周長。阿基米德之所以能證明這個結果，是因為他注意到了圓的外接與內接多邊形。多邊形的邊愈多，其面積就與圓面積愈接近。因此，阿基米德推論，若我們以內接八邊形 AHDGCFBE 來看，若直角三角形其直角二邊的邊長分別等於八邊形邊心距以及八邊總和，那麼八邊形與直角三角形的面積就相等（「邊心距」為八邊形中心點至邊的垂直距離）。如果我們把八邊形的面積看成八個底部為八邊形的邊，而頂點為八邊形中心點的三角形，這個結果就很明顯了。每一個三角形的面積都是底邊乘以邊心距的一半，因此這個八邊形的面積，就等於所有邊長總和乘以邊心距的一半——換言之，也就是前述直角三角形的面積。

　　阿基米德繼續推論，若我們將圓面積稱做 C，而邊長分別為圓半徑與圓周長的直角三角形面積稱為 T，內接 n 邊形的面積稱為 I_n。假設圓大於三角形，以及 C > T。阿基米德已經證明當我們增加內接多邊形的邊數時，該多邊形的面積就會愈來愈接近圓面積。結果 n 邊形面積就介於圓面積與三角形之間，大於三角形，但（因為是內接）小於圓。以現代的概念表示，也就是 $I_n > T$。

　　但這樣的推論不可能成立，因為 I_n 的面積與直角邊長分別等於其邊心距與邊長總和的直角三角形面積相等。邊心距小於圓半徑，而 n 邊形的邊長總和小於圓周長。亦即 $I_n < T$，與原假設矛盾，因此三角形面積不可能小於圓面積。阿基米德接著假設三角形面積大於圓面積，重複同樣的

---

15 作者註：這個故事是以傑瑟夫的《化圓為方》22~26頁的描述為基礎，另外參考迪吉克特休斯（E. J. Dijketerhuis）的《阿基米德》（*Archimedes*，普林斯頓大學出版社出版，1987年）222~23頁阿基米德的〈圓的測量〉（Measurement of a Circle）第6章。

論證，這一次比較的是圓的外接多邊形。再一次，他證明當我們增加多邊形的邊數時，這個多邊形的面積也就依照我們的期望，與圓面積愈來愈接近。但因為這個多邊形始終比三角形 T 大，三角形面積卻不可能大於圓，也與假設矛盾。因此，唯一的可能性就只剩下三角形等於圓，亦即 C = T。證明完畢。

阿基米德的證明是古典「窮盡法」的範例，也是完美的嚴格歐幾里得證明。從這個論證來看，化圓為方的問題似乎已經解決了。三角形面積等於圓面積，而要建構一個面積等於三角形的四方形，很簡單。問題解決了？根據古典幾何學家的標準來看，答案是否定的。阿基米德的確證明了圓面積等於特定的三角形面積，但他並沒有用歐幾里得作圖所規定的圓規與直尺「建構出」這樣的三角形。要建構出古典幾何學家接受的圓化方，建構者必須從一個指定的圓開始，只使用圓規與直尺，經過一連串規定的步驟，製造出必要的三角形。阿基米德並沒有做到這一點。他證明了圓面積與三角形面積相等，但他並沒有清楚說明如何從一個圓，建構出相同面積的三角形。因此他的證明雖然簡潔、正確，卻非化圓為方。

在我們看來，這些嚴格的古典幾何學標準即使不是完全沒有意義，也太過挑剔。現代數學家在建構證明時，絕不會劃地自限，遑論只使用圓規跟直尺。確實，對任何想要找出圓面積的人來說，阿基米德的證明已經非常令人滿意了。霍布斯卻不這麼認為。在他眼中，幾何學是一步步從最簡單的要件，建築起愈來愈複雜要件的結果，這也正是幾何學之所以成為哲學以及政治科學一個合適典範的原因。要具備這樣的地位與資格，幾何學本身就絕不可以從這個典範中脫軌，也就是說大家永遠都要使用最基本的工具，從簡至繁，一步步有系統地建構出目標圖形。對霍布斯而言，古典的標準不是專制的不合理要求，而是幾何學的核心以及幾何學應有的樣貌。要解決化圓為方的問題，就必須依照古代幾何學家所要求的，用圓面積建構出一個方形，只是阿基米德沒有成功。

巨靈的圓化方

　　數千年以來，不論數學家如何嘗試，為什麼無法化圓為方？在霍布斯那個年代，有相當多的數學家開始質疑這三道古典問題之所以始終沒有解決，原因就在於它們根本無解[16]，但霍布斯絕對不會接受這樣的可能性。如果幾何學要成為他的哲學基石，這門學科就必須徹底可知，因此這個問題也只可能有一個答案，那就是數學家的努力都是從錯誤的假設開始。若將正確的假設放對地方，真正的結果就會從這些假設中自然發展，因為「結果就存在於科學中，一如果實存於植物中，」霍布斯寫道，「發展與伸枝都只是根的延續。」

　　根據霍布斯的說法，歐幾里得的問題──或者依他所偏愛的說法，應該稱為歐幾里得追隨者與詮釋者的問題──在於他們使用的定義過於抽象，無法將世上的任何東西引為例證。舉例來說，歐幾里得對點的定義是「不具部分之物」，對線的定義是「不具寬度之長度」，而對面積的定義則是「只具寬度與長度之物」。但這些定義是什麼意思？「不具部分之物[17]，」霍布斯辯稱，「就是無量，如果一個點沒有量……那這個點就什麼都不是。如果歐幾里得在他的定義裡是這個意思……他大可更簡潔（但荒謬）地定義**點就是無。**」線、面或者立體的定義也完全一樣，全都沒有參考物，因此也都沒有意義。

　　只有一種定義可以讓霍布斯滿意，那就是奠基於運動中物體的定義。事實上，從骨子裡就是唯物論者的霍布斯，堅信世上**除了**運動中的物體外，別無他物。所有關於抽象與無實體精神的那些天花亂墜，都只是為了取得控制人類的權力而發想出來的手段。點、線、立體，以及所有幾何學的構成要素，因此都必須以實際存在的物體角度來定義：

　　若某個被移動物體的量被視為無量（其實任何物體都必定有量），則

---

16 作者註：有關化圓為方無解的看法，請參見傑瑟夫的《化圓為方》25~26頁。
17 作者註：有關霍布斯針對歐幾里得定義的討論，請參見〈六堂課〉第7章第201行。

該物體移動的路徑稱為線或一次元，物體沿著線所移動的空間稱為長度，而此物體本身稱為點。[18]

　　面與立體也以同樣方式定義：線的移動謂之面，面的移動謂之立體。
　　霍布斯定義的奇特處，是他的方案中，點、線與面都是實際物，因此有量。點有體積，線有寬度，面也有厚度[19]。對傳統的幾何學家來說，這簡直就是異端邪說，他們從柏拉圖（以及很可能在柏拉圖之前）開始，就把幾何物體視為純粹的抽象概念，其粗糙的實體展現，只不過是幾何物體真正完美型態的簡陋幻影。這些幾何物體真正本質的哲學議題，若還不足以構成反霍布斯方式的理由，如何在幾何證明過程中說明這些奇怪量值的實際問題，也是對霍布斯方法的異議。我們必須指定給一條線多少寬度，一個面多少厚度？傳統證明認可這種非正統物體的真實性嗎？這些問題全都沒有周全的答案，而且毫不令人意外的是，對傳統幾何學家而言，把幾何圖形當成有寬度、有厚度的實質物體，似乎就是幾何末日了。
　　霍布斯了解這些困難點所在，然而他依然辯稱儘管幾何物體具有實體、具有實際的量，但在論證過程中，卻完全不需要考慮這些實體問題。換言之，點就是一個「被視為」零尺碼的實體，線是「被視為」零寬度的長度以及等等，但實際上，點具有實際的大小，線也有寬度。霍布斯這段主張的實際意義，大家愈聽愈混亂。他似乎努力地想一邊堅持自己的論點，亦即包括幾何物體在內的所有事物，都是由運動中的物體所構成，一邊顧及他所萬分崇拜的歐幾里得幾何學傳統條件，並在兩者之間取得平衡。然而情勢很明顯，正統幾何學家並不買帳。
　　將幾何物體想像成實質物體，是霍布斯幾何學的一個關鍵要素。另一

18　作者註：請參見霍布斯《物體論》第二部第8章第11行，在霍布斯的《哲學文集》（*Opera philosophica*，倫敦John Bohn出版，1839年）第1章98~99頁中又以拉丁文重印，更廣為人知的標題為霍布斯的《拉丁文集》（*Opera Latina*）。本段由傑瑟夫翻譯，收錄於他的《化圓為方》76~77頁。
19　作者註：霍布斯對於點有體積，線有寬度才能建構出幾何物體的看法，請參見他的〈六堂課〉318頁。

個關鍵要素也是看起來實質的特性，那就是運動。線、面與立體都是由物體的移動所形成，這一點也是出自霍布斯的幾何學。他把可能發生在「空間與時間比任何指定範圍都小」的最小運動，稱為「意動」（conatus）；意動的速度他稱為「衝力」（impetus）[20]。要說明這些極小的運動如何加總成完整的線或面，霍布斯提出了一個令人意外的出處：卡瓦列里的不可分量。

事實上，霍布斯對卡瓦列里著作的了解，遠比任何一位歐洲的數學家透澈。他是極少數真正閱讀過卡瓦列里那套大部頭著作，而非依賴托里切利後來改編版本的人之一。但像霍布斯這類如此堅持幾何學邏輯明確度的人，怎麼會採用經常因為邏輯性不一致以及矛盾而備受攻擊的混亂不可分量呢？答案在於霍布斯對不可分量的獨創性詮釋。根據霍布斯的說法，卡瓦列里的不可分量是有明確量的實質物體，也就是說，線事實上是極小的平行四邊形，面則是極小厚度的立體，這些極小的數為了計算起見，一律「被視為」零。根據霍布斯的友人索必耶解釋，「與其說線只有長度沒有寬度，（霍布斯）其實允許線擁有極小的寬度，但此寬度除了在鮮少的情況下，不具任何重要價值。」[21]在霍布斯的幾何學中，這些點、線與面跟其他的實質物體一樣，全都不是固定、靜止之物，這些東西不但會動，而且確實在動。若有一個指定的意動與衝力，點會形成線，線會形成面，而面則會形成立體。

古典幾何學的擁護者克拉維烏斯一定會被霍布斯獨創的幾何學嚇死。對他來說，在幾何物體純粹且無形的國度裡，根本沒有可以讓具有寬度的線和具備厚度的面，以指定的衝力在空間中運動的餘地。霍布斯並不是試圖推翻傳統幾何學。相反的，他想要藉由奠基於運動中的物體原理，重新改造幾何學，讓這門學科能夠變得甚至更嚴謹、更強大。如果無法透過畫出線條去論證，那麼他認為「每一步論證都有瑕疵」[22]，而且「每一次畫

---

20 作者註：霍布斯對於自己的「意動」與「衝力」概念的討論，請參見他的《物體論》第三部第15章第2行以及他的《拉丁文集》第1冊177~78頁，這兩段內容均由傑瑟夫翻譯，收錄於他的《化圓為方》102~103頁。
21 作者註：請參見索必耶的《英國紀行》94頁。

出的線條都是運動」。沒有人看過無實體的點或無寬度的線，這樣的東西很明顯不存在，也根本不可能存在於世上。一門真正的、嚴謹的，以及理性的幾何學，必須是一門實體的幾何學，這就是霍布斯創造的幾何學。霍布斯堅信，新的實體幾何學將能輕易解決所有令人苦惱數千年的未決問題（譬如化圓為方）。實體幾何學會是傳統幾何學渴望成就的一種徹底可知系統。

遺憾的是，霍布斯化圓為方的努力，並沒有像植物從根開始生長那麼順利與自然。1650 年代初，他的朋友都知道他成功解決了化圓為方的問題，但儘管對自己的成就非常驕傲，霍布斯並沒有立即發表這個結果的計畫。他似乎太過於專注於準備《物體論》的出版。1654 年，霍布斯接到了來自塞斯‧華德（Seth Ward）的挑戰。華德與霍布斯相識已久，此時已是牛津大學薩維爾天文學教授的華德，曾因霍布斯在《巨靈論》中以「黑暗王國」僕從的說法貶抑各大學，而匿名出版了一份詳細的辯護文，反對霍布斯的觀點。他說他「聽說霍布斯先生宣布自己解出了化圓為方那類問題，」如果霍布斯發表了真正的解答，華德承諾會「加入那些以最大聲量讚揚他的人」[23]。

霍布斯心知肚明這是陷阱[24]。他很清楚華德想要挑釁自己透露證明過程，因為華德堅信他不可能解開數千年來始終無解的問題。儘管如此，對自己的改革幾何學有十足信心能成功解決歐幾里得失敗之處的霍布斯，還是上鉤了。他很快在《物體論》中增加了一個章節，納入這道古典問題的證明。透過化圓為方，霍布斯相信他不但可以一次讓所有那些毀謗他又自我感覺良好的人羞愧不已，還能展現出他重新整修過的幾何學勝過傳統幾何學的優越之處，進而建立起自己哲學系統與政治計畫的真理。雖然有風

---

22 作者註：請參見霍布斯的《原理論》（De principiis）第12章，引自傑瑟夫的《化圓為方》135頁。

23 作者註：請參見華德匿名出版的這本《學術判決》（Vindiciae academiarum，牛津L. Litchfield出版，1654年）57頁，引自傑瑟夫的《化圓為方》126頁。

24 作者註：有關霍布斯與瓦里斯論戰的開始，以及華德在這場論戰中扮演的角色，請參見傑瑟夫的《化圓為方》126頁。

險，這卻是他無法拒絕的機會。

可惜霍布斯計畫的進展，一開始就不順。他把化圓為方納為第二十章的《物體論》手稿送至印刷商後，又重新加以考慮。他的證明真的如自己所以為的那樣無懈可擊嗎？他將這套證明拿給幾位信賴的朋友看，對方很快就指出了他的錯誤，於是霍布斯又匆忙將修正版送至印刷商處。或許他原意是想把書中的整章證明完全刪除，但為時已晚，所以只能用點技巧解決。當時各出版書籍有個習慣，就是每章的一開始都會有一張詳列該章內容的表格，霍布斯決定留著這章的證明內容，但修改這章開始時的表格描述。他不再稱呼這章為化圓為方，而是新訂一個標題，名為「錯誤的假設，得到錯誤的化圓為方」。此舉或許可以讓他的大名不致陷入明顯錯誤證明的尷尬處境當中，卻也抹殺了這套證明的價值。為了彌補過失，他在同一章裡增加了第二個證明，但仔細檢驗後，發現這個證明根本似是而非。霍布斯再次更動章節開始列表中的名稱，然後繼續證明。他的第三個證明也好不到哪兒去。儘管他自信滿滿地在這一章的一開始就稱這第三個證明為「一次真正的化圓為方」（Quadratura circuli vera），最終還是被迫在這章的結尾增加了一篇出人意料的放棄聲明：

（完成這章後）因為我想到部分內容可能會被利用來反對這套化圓為方的方法，因此似乎最好還是先提醒讀者注意這件事，而非繼續延宕這一版的發行……不過讀者應該把那些人云亦云的議題，單純視為圓與角的特質，而非問題。[25]

只不過這章的內容確實有問題。在《物體論》的這一章中，不管霍布斯是自信滿滿地向朋友堅持成功，抑或逞強地接下華德的挑戰，他的三次化圓為方都失敗了。他並沒有製造出一個無可爭議的化圓為方證明，反而提出一套「錯誤的化圓為方」，一套似是而非的證明，以及一套應該被認

---

25 作者註：這則免責聲明，收錄於霍布斯的《物體論》（1655年版）181頁，傑瑟夫譯自拉丁文的內容，收錄於《化圓為方》128頁。這些章節的標題列於《物體論》171頁。

定為「有問題」的證明。霍布斯在著手創造一個合乎邏輯、不可辯駁的幾何學，以及從這套幾何學上再建立起一套合乎邏輯、不可辯駁的哲學時，絕對不想希望看到這樣的狀況。結果他不但得出不精確且有問題的結果、沒有建立起一套平和的新幾何學制度，反而帶來了更多的爭議與質疑。

　　如果這樣的情勢還不夠糟，那麼還有新敵人準備對霍布斯落井下石，把他糟糕的處境變成公開的羞辱。牛津大學的薩維爾幾何學教授約翰‧瓦里斯，和他的同事華德一樣掛念著這個他們稱為「馬姆斯伯里怪物」的傢伙所帶來的相關危險影響。瓦里斯嚴密追蹤霍布斯的《物體論》計畫，利用自己的關係，從倫敦出版商那兒取得了霍布斯尚未出版的內容。這個戰術其實很不入流，甚至可稱不道德，但在損害霍布斯數學可信度這件事上，卻證明極度有效。霍布斯那些尚未出版的內容，讓瓦里斯在反駁《物體論》的數學主張時，佔了先機。霍布斯於 1655 年 4 月出版《物體論》後短短幾個月，瓦里斯就發表了反證，藉由比較未出版與已出版內容差異的作法，重建了霍布斯在第二十章導出怪異且互相矛盾主張的一連串事件完整樣貌。霍布斯自信滿滿的宣布成功，以及後來困窘地一再撤回與修改論證，都被瓦里斯開心地收錄在自己的《霍布斯幾何學之反駁論證》（*Elenchus geometriae Hobbianae*）[26]中。霍布斯身為頂尖數學家的名聲至此一厥不振。

絕望的追求

　　很不巧地，霍布斯的幾何學基礎改革，對化圓為方的問題也幾乎毫無影響。雖然他的朋友索必耶充滿自信地宣稱霍布斯堅持點與線的實體本質，最後必能提供「諸如化圓為方以及倍立方體這些迄今仍未解開的問題答案」[27]，但實際經驗卻與索必耶的聲明相反。霍布斯在《物體論》中仰賴點與線的運動來製造線與面，進而證明化圓為方的嘗試[28]，確實不正

---

26 作者註：請參見約翰‧瓦里斯的《霍布斯幾何學之反駁論證》（牛津 H. Hall for John Crooke 出版，1655 年）。
27 作者註：請參見索必耶的《英國紀行》94 頁。

統，而最後的結果，相較於古典幾何學家的努力結果，也並沒有更具確證性。不論採用傳統的歐幾里得方式，還是霍布斯的新幾何學方法，這個課題都無解，因為根本就不可能僅用直尺和原規，就畫出與指定圓一樣面積的方形。霍布斯不接受這樣的結果，因為那代表幾何學停泊在不可知的祕密港灣，然而那個時代包括瓦里斯在內的許多數學家，其實都懷疑圓不可能成方。[29] 至少幾何學家曾經花了將近兩千年嘗試完成這個課題，卻全以失敗告終的事實，顯示化圓為方不是幾何學家應該花時間解決的問題。圓不可能化方的這個論證，必須再等兩個世紀，才由霍布斯或瓦里斯都無法想像的一種數學加以證明。

想大概了解一下化圓為方為什麼是一項不可能的任務，先試想一個半徑為 r 的圓。今天的每個中學生都知道，以現代標示法來表示，這個圓面積為 πr^2。因此與圓面積相同的方形邊長為 $\sqrt{\pi r^2}$，或更簡單的 $\sqrt{\pi} r$。因為 r 值是問題中的既定值，我們為方便起見，假設 r 值為 1。接下來就是畫一條 $\sqrt{\pi}$ 長度的線。由於歐幾里得說明過如何畫一條長度等於另一條線長度開平方根的線條，也就表示僅利用圓規與直尺，我們可以畫出一條長度為 π 的線。但結果證明做不到。因為十八世紀的數學家發現古典幾何學家的作圖，其實只能畫出代數值——也就是說他們只能畫出某些有理係數的代數方程式。我們還要另外再等上一個世紀，直到 1882 年，才由數學家佛迪南・范・林德曼（Ferdinand von Lindemann）證明 π 不是一個「代數」數，而是一種他稱為「超越」數（transcendental）的新數字，因為 π 不是任何代數方程式的根。因此 π 長度的線無法利用原規和直尺做出，也因此不可能化圓為方。

然而這一切與霍布斯出版他的化圓為方，隔了好幾世紀的遙遠距離。霍布斯不知代數數、超越數、古典作圖的限制，遑論林德曼的證明，所以

---

28 作者註：有關兩種對於這些證明的現代說明，請參見傑瑟夫《化圓為方》368~76頁的〈《物體論》第三部第20章的〈兩種霍布斯化圓為方之法〉（Two of Hobbes's Quadratures from De corpore, Part 3, Chapter 20）。

29 作者註：有關圓不可能化方的更完整討論，請參見傑瑟夫《化圓為方》22~28頁。

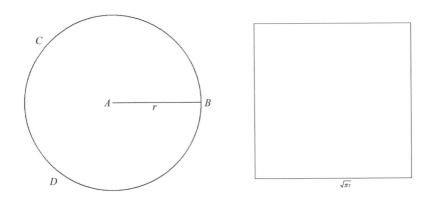

圖 7.2　化圓為方為何不可能。

他一生始終相信自己的方法注定會導出真正的化圓為方。他把《物體論》第一版內容的失足，歸咎於操之過急，繼續在接下來的數個版本以及其他論文中，繼續提供正確的證明。瓦里斯則亦步亦趨地在他每次發表證明之後，提出反駁，之後，其他頂尖數學家也加入了他的行列。霍布斯最後終究還是厭倦了他的那群批評者。他對於他們論據的接受度愈來愈低，並把他們提出的論據內容，視為對方出於嫉妒與小心眼而拒絕接受自己對幾何學的深遠貢獻之行為，予以摒棄。對霍布斯而言，擺弄學者架子、偏見與心胸狹窄，是數學圈對他成就之所以敵視的唯一可能解釋。他認定自己走的是唯一真理道路，從未有過懷疑。

　　霍布斯不但堅信自己完成了化圓為方的課題，也從未改變過這個不可動搖的堅定認知。他在以高齡九十一歲去世的前幾年，曾交給奧伯瑞一本簡短的自傳，裡面有一張詳列自己一生成就的表單，其中數學成就佔第一位。霍布斯認為自己對「糾正幾何學某些公理」以及「解決了一些自幾何

---

30 作者註：霍布斯的成就清單，包含在奧伯瑞的《湯瑪斯‧霍布斯》400~401頁。傑瑟夫將之翻譯後收錄在《化圓為方》第3~4頁。

學開始，最偉大的幾何學家殫精竭慮都無法解決的最困難問題」[30] 貢獻良多。他還繼續列出了好幾個他曾解決的重要問題，包括計算重心以及等分角度等。然而霍布斯最驕傲的「成就」，無疑是那張表上名列第一的化圓為方。

第八章
約翰・瓦里斯是何方神聖？

一位年輕新教徒的教育

　　1643 年，當霍布斯還在巴黎流亡宮廷的政治迷宮中遊走，改良自己的哲學體系時，倫敦一位年輕的神職人員也試著親手進行哲理的探索。我們是怎麼知道已知的這些事情？我們要如何確定已知的都是真理？他如此自問。霍布斯大約在同時也提出了類似的問題，然而兩人的答案卻迥異。「**純推測**的知識，」這位神職人員在他定名為《試煉的真理》（*Truth Tried*）的簡短小冊子這樣寫，「在魔鬼中都找得到，」而且數量堪比在「世上聖人」間找到的純推測知識。他解釋，這是因為即使魔鬼也是理性動物，可以和上帝的孩子一樣遵循邏輯論據而行。然而還有一種更高等的知識，也就是「**實驗**知識」，這是完全「另一種本質」的知識。這一種知識，「我們不但**知**其然，而且經過**試驗**，也**看到**了其所以然。」[1] 與根基於推測的信念不同，「真理因此開朗且**明顯**地……在心靈前顯露本性，似乎連意志都無力拒絕之。」

　　這位年輕的神職人員除了約翰・瓦里斯外，不會有第二人，當時年僅二十七的他，還要好幾年才會脫離劍橋大學的校園生活，很可能從未聽過湯瑪斯・霍布斯這個日後成為自己執念的大名。那時的霍布斯也只不過是卡文迪許家族中一名自以為哲學造詣高深的默默無聞門客。不用說的是，霍布斯當然從未聽說過瓦里斯。其實這兩人在陷入長達二十五年激烈筆戰的幾年前，就已經清楚表現出鮮明的差異。霍布斯始終認定真正的知識，

---

1 作者註：「我們不但知其然，而且經過試驗，也看到了其所以然」：約翰・瓦里斯的
　《試煉的真理》（倫敦Richard Bishop for Samuel Gellibrand出版，1643年）60~61頁。

起於正確的定義，再以嚴謹、邏輯性的推論發展，但瓦里斯則相信這樣的知識屬於魔鬼也屬於上帝。瓦里斯認為最高等的知識奠基於認知，亦即奠基於「看」得到，甚至「嘗」得到的真理之上，霍布斯卻蔑視這種感官的知識，認為這樣的知識既不可靠，又容易出錯。他們兩人只對一件事情的看法似乎完全相同，那就是數學是正確的推論與確定知識的科學，應該作為所有知識領域的模範。

霍布斯對於數學的興趣其實並不讓人意外，因為數學正是他哲學與政治系統的核心。1643 年的他，已是一位有些名望的幾何學家，數學之星也繼續在他頭上閃耀了一段時間。但那一年的瓦里斯，非但不是數學家，還是個地位日漸高升的長老教會神職人員，全心投入議會事務，期待改革教會。這樣的職志並不需要高深的數學知識。更有甚者，他在《試煉的真理》中的見解，並未透露出他對推論這個數學的商標特色有什麼了不起的推崇。如果最確定的知識是實驗知識，那麼數學的位置何在？當然，瓦里斯二十七歲時表達的看法，對一個以數學為職志的人來說，似乎並不是一個很有希望的開始。不過短短幾年後，瓦里斯就被授予全歐洲最具聲譽的數學教授之職，再之後，他很快證明他不但是這個職位實至名歸的人選，也是世上最具創意、也最廣受欽佩的數學家之一。

像擁有瓦里斯這樣使命與信仰的人，為何會把自己的一生貢獻給數學？這是個看起來怪異且意想不到的職業選擇，但瓦里斯自有他的道理，而且和霍布斯一樣，他的理由也延續到了他的哲學與政治信念之上。瓦里斯與霍布斯一樣，政治態度反映出對空位期混亂的強烈抗拒，但他從那段時間得到的結論卻與霍布斯非常不一樣。霍布斯認為解決危機的唯一方法是獨裁的巨靈國家，瓦里斯則相信一個允許多元見解與廣泛歧異的國家；霍布斯仰賴歐幾里得幾何學的嚴謹體系，來支撐他那毫無通融餘地的巨靈國家，瓦里斯則倚藉一種新的數學方式，不但深具彈性與強效的特色，也極具矛盾和引發爭論的本質，這個新方法就是無限小數學。

1616 年出生的瓦里斯，比霍布斯整整年輕了一個世代，但他的背景卻與這位偉大的仇敵有驚人的雷同性。瓦里斯也是南方人，來自霍布斯威

爾特郡家鄉東邊的肯特郡艾許佛（Ashford）。他的父親也是一位牧師，不過似乎是更受敬重的那一種。老霍布斯賭博的名氣要比他學識的名聲響亮得多；但老瓦里斯，至少根據他兒子的描述，是「一名虔誠、謹慎、博學且正統的牧師」，而且還是劍橋三一學院的畢業生。瓦里斯在過完八十大壽後寫的自傳中回憶道，他父親是社區的領導人物，而且認真看待自己的地位。「他除了經常在週日講道兩次，並偶爾在其他佈道場合傳教以及回答教義問題外，他……固定在週六主持一場日常演講。因此常有鄰近的牧師、地方上的一般司法官，以及其他仕紳拜訪。」[2]

令小約翰遺憾的是，他父親在他六歲時就過世了，這又是一個和霍布斯早年很相似的命運。相較於霍布斯的家人把他送去與伯伯同住，瓦里斯的家人顯然好多了，母親喬安娜讓所有家人守在一起，親自扶養五個孩子長大。根據瓦里斯許多年後的說法，儘管喬安娜有許多很不錯的再婚對象，但「為了孩子好」，她在丈夫去世後始終守寡。瓦里斯雖然是喬安娜的第三個孩子，卻是長子，因此她很盡心地監督瓦里斯的教育。為了確保他有最好的教師指導，喬安娜先是送他去艾許佛求學，後又送到附近的田特丹（Tenterden）學校就讀，在學校學習英文文法與拉丁文。瓦里斯後來寫道，他即使在孩童階段，也從不只滿足於「知」的程度，還想去了解。「我一直有個習慣，那就是不論學習或求知，強記於心還不夠，因為那樣很容易忘記，還要知道我所學習內容的根據或道理。」

1630 年的聖誕節，瓦里斯十三歲，轉學至艾塞克斯郡（Essex）費爾斯戴德（Felsted）馬丁・霍爾比許（Martin Holbeach）的學校，這個變動對他未來走向的影響甚鉅。霍爾比許不是普通的學校老師，而是一位著名的新教牧師，積極致力於教會管理體制的改革，常常公開與治理英國國教的大主教與主教有所衝突。後來在議會和國王衝突期間，霍爾比許成了議

---

2 作者註：瓦里斯的童年故事以及文中的句子，均引自《倫敦皇家學會的筆記與紀錄》（Notes and Records of the Royal Society of London）第25期第1冊（1970年6月出版）21~23頁克里斯多夫・史格利巴（Christoph J. Scriba）的〈皇家學會會員約翰・瓦里斯自傳〉中約翰・瓦里斯的〈自傳〉。

會黨的熱情支持者，最終成為獨立的教會治理體制代言人，反對英國國教，也反對長老教會。他擁有虔誠信徒與可靠的議會黨人之名，也以優秀的學者與教師著稱，聲名之盛，讓英國各地的新教徒都將兒子送來隨他學習，其中還包括奧利佛‧克倫威爾，他的四個兒子全都曾在費爾斯戴德學校受教育。

瓦里斯並沒有顯赫家世的庇佑，但他卻因自己的機智與孜孜不倦的習慣而得到這位老師的青睞。「霍爾比許老師對我非常好，」他在自傳中回憶，「總是說我的基礎比他所遇到的其他任何學校學生都還要好」[3]。在霍爾比許的指導下，瓦里斯增強了拉丁與希臘文功力、學習邏輯，對希伯來文也有了大致了解。等他進入大學後，這些能力都對他有莫大助益。然而這位老師的真正影響，卻遠遠超出了學業指導的範疇。刻薄的保皇黨人後來曾聲稱霍爾比許「幾乎培育不出任何忠於自己君王的人」[4]，瓦里斯也不能例外地被涵蓋其中。瓦里斯在費爾斯戴德時，就被拉進與英國國教階級體系對立的新教牧師圈中，面對認知到的王室壓制，他學會了捍衛英國人民的自由權利。十年後英國內戰爆發時，瓦里斯繼續忠於自己在費爾斯戴德學到的一切，毫不猶豫地傾注所有，支持議會黨。

然而瓦里斯不論在費爾斯戴德或任何其他學校，都有一門沒有學過的學科。當時，瓦里斯這麼解釋，數學「幾乎沒有人會視為**學術研究**[5]，只覺得是項**技術手藝**，就像**貿易商、商人、水手、木匠、陸地測量員**等等所做的事。」簡單地說，沒有人認為數學是年輕紳士教育的一部分，因此也不會納入他學習的任何學校課程之內。瓦里斯與數學的第一次相遇，是一次純然的意外，與霍布斯的狀況極為相似。1631 年 12 月，瓦里斯在艾許佛的家中準備過聖誕節，注意到弟弟正專心做件很不一樣的事情。這個年輕的

<hr/>

3 作者註：前註同文25頁。
4 作者註：此句源於《約翰‧布拉姆斯頓爵士自傳》（*The Autobiography of Sir John Bramston*），引自《牛津國家名人傳記字典》（*Oxford Dictionary of National Biography*，牛津大學出版社出版，2004~12年）中維維安‧拉米尼（Vivienne Larminie）的〈霍爾比許，馬丁〉。
5 作者註：請參見瓦里斯的〈自傳〉27頁。

男孩是城裡一位貿易商的學徒，當時正在跟老闆學習算數與會計，協助做生意。瓦里斯很好奇，而弟弟顯然又因為受到大哥注意而沾沾自喜，於是自願教哥哥自己學到的東西。剩下的假期，兩兄弟就都在一起討論功課，而瓦里斯大哥也因此學會了會計的基本技巧。「這是我第一次深入了解**數學**，」多年後他若有所思地這麼說，「那也是我唯一上過的**數學課**。」除了初期跟弟弟學習的知識之外，瓦里斯所有的數學知識，全靠自修取得。

　　雖然根據他們各自的說法，瓦里斯與霍布斯之所以會發現數學，全是機緣巧合，但他們故事中與數學相遇的場合卻非常不同。霍布斯是在一位紳士的書房中與數學邂逅，當時他正陪同出身高貴的同伴暢遊歐洲大陸。這個故事中的數學，身處貴族環境，屬於古典學習的一部分，大家研究數學的目的不是實用性，而是因為數學是上流優雅生活的一個層面。相反的，瓦里斯與數學相遇於聖誕節假期，在母親擁擠且無疑吵雜的家中，弟弟妹妹都在身邊。這個故事中的數學不但沒有任何優雅之處，反而與優雅完全相反——數學是他那位當學徒的弟弟適合學習的科目，不符合他這種胸懷大志的年輕紳士身分。

　　兩人不僅認識數學的環境不同，所遇到的數學種類也極端迥異。在紳士的書房中，霍布斯發現了莊嚴的歐幾里得幾何學，被這門學科嚴謹冷靜的美麗所捕獲。但瓦里斯發現的數學，根本不含任何幾何學，只有記帳用的算數與基本代數。這類的數學沒有定理，也沒有證明，更無一絲代表偉大歐幾里得幾何學所提出的哲學訴求。霍布斯的幾何學，在他自己的眼中，是普世的模範，是不可變更的真理；而瓦里斯的數學則是貿易商、水手以及陸地測量員在碰到問題時，用來解決問題的實用工具。這種數學沒有任何令霍布斯仰慕非凡的耀眼體系。

　　瓦里斯與霍布斯都是在許多年後才敘述自己的過往，或許以後來成熟且思慮周全的數學見解，他們都美化了自己與數學領域最初交會的記憶。無論如何，不可否認的是，這兩則故事的確抓住了兩人對這門學科的基本認知。對霍布斯來說，數學始終是門優雅的貴族科學，因其嚴謹的邏輯推論而受人仰慕。數學是否有用這個問題，一點都不重要。在瓦里斯的眼

中，數學毫無貴族氣息，這門學科徹頭徹尾就是一個得到有用結果的實用工具，就像那位第一次教導他弟弟的貿易商眼中的用處一樣。至於數學邏輯是否嚴謹，沒有人在乎。

瓦里斯很高興自己在那個決定性的聖誕節，從弟弟那兒學到了數學，也很高興自己對數學具意外的天分。從那時開始，他就持續自修學習數學，雖然「不像正式的學習，卻是閒暇時一種愉快的娛樂。」[6]他沒有老師，沒有人指導，只是盡可能加強自己的熟練度、閱讀可以取得的數學著作。但是他從未想過這項閒暇時的娛樂，最後會變成他一輩子的工作。他那時的事業之途，通向的是其他地方。身為一個嚴肅且虔誠的年輕人，他迫切地想在世上留下印記，於是他想和父親一樣當牧師，傳達上帝之言。要達到這個目的，首先他必須先拿到牛津或劍橋的大學文憑。這兩所大學在當時（以及好幾個世紀之後）是訓練神職人員的一流學府。

瓦里斯在 1632 年聖誕節進入劍橋，獲准於伊曼紐爾學院（Emmanuel College）就讀，選擇就讀這個學院，很可能並非巧合。伊曼紐爾學院是劍橋知名的「新教徒」學院，特別為了訓練新教徒牧師而設立。對於受過費爾斯戴德教育的瓦里斯來說，這個學院是個很自然的目的地，而他的導師霍爾比許，也很可能利用了自己在新教神職人員圈的關係，確保瓦里斯得以入學。大部分的大學課程內容，都包括了又稱為經院哲學的中古世紀亞里斯多德學說，學校依照學生在公開辯論會上質疑或辯護古代以及中古世紀哲學家的能力評分。霍布斯在大學時代非常鄙視經院哲學，後來又在《巨靈論》中譴責其為「無用哲學」（Aristotelity），但瓦里斯卻不覺得經院哲學令人厭煩。他不但很快就掌握了三段論法的複雜性，並在自傳中驕傲地通報自己「能夠與大我數屆的學長不相上下」，而且很快就掙得了「優秀辯論家」之名。他以同樣的態度學習邏輯以及亞里斯多德著作的其他領域，包括倫理學、物理學，以及形而上學。不過他的重心一直都是神學，而伊曼紐爾學院在這一點上，則是寶庫一座。瓦里斯於是以自己成長環境

---

6 作者註：前註同文同處。

的宗教背景知識為根基，開始系統化研讀神學學科，而且很快就精通。

　　然而在緊守學校要求的亞里斯多德課程同時，他也沒有忽略在 1630 年代吹過大學校園的其他智慧之風。過去一個世紀的地理發現，不但揭露了一整片從未在古典資料中提及的大陸，嚴重損及傳統標準權威的自信，也讓地理成為當代最令人興奮的其中一門學科。除此之外，醫學也走出了希臘名醫蓋倫（Galen）的著作局限，在大學開課教學。這都要感謝維塞利亞斯（Andreas Vesalius）的解剖圖冊、不久前才發現血液循環的英國人威廉‧哈維（William Harvey），以及其他許多人。然而，任何學科發表的精彩發現，都比不上天文學。自從哥白尼率先於 1540 年出版了他的《天體運行論》（De revolutionibus）後，他那地球繞著太陽轉的理論，不但支持人數穩定增加，理論本身也從異想天開的假設，演變成了廣被接受的天體結構論。克卜勒精確計算出星球真正的軌道和星球間的關係，伽利略在《星際信使》中描述那些透過望遠鏡令人震驚的發現，都讓哥白尼理論的吸引力愈來愈大。伽利略因為提倡哥白尼系統而遭到羅馬教會迫害時，剛好瓦里斯進入劍橋就讀，這件事情益發助長了新教英國對於這個理論的歡迎程度。英國前大法官法蘭西斯‧培根爵士絲毫不讓這些喧鬧專美於前，他將這些各種各樣的發現，集結成一套哲學體系，並預示這套體系將會改變人類知識與人類掌控自然的力量。

　　這些科學革命的初期躁動，在當時被稱為新哲學。這個詞彙結合了特定程度的魅力與無量的前途，還帶有一絲危險與非正統的味道。這些新哲學領域雖然都沒有涵蓋在大學僵化的課程安排中，但那並不代表這些知識沒有擴及至牛津與劍橋。新科學帶來的興奮瀰漫各處，教授跟學生一樣，全都非正式地聚在一起研究這些知識。瓦里斯就是其中之一，他除了對數學持續不墜的興趣外，還另外花時間研究天文學、地理學以及醫學，且深入的程度，甚至可以為血液循環公開辯論，而他也是有史以來第一位這麼做的大學生。這些利用正式課程學習以外時間進行的研究，很可能吞噬了他大學生活的所有清醒時間。瓦里斯對知識有無法滿足的好奇心以及令人稱奇的勤奮能力。一如他後來所寫，他認為「知識不是負擔，」[7]因此即使

最後證明無用,當然也沒關係。瓦里斯這方面的興趣變成了他後來活動的中心,是許多年後的事情了,那時他和其他人合力創立了世上最早的其中一個科學學術中心,也就是英國皇家學會。

　　瓦里斯 1637 年取得學士學位,1640 年拿到碩士學位,若不是當時伊曼紐爾學院已經有了一位來自肯特郡的教師,而規定一個郡只能出一位教師,他一定會留在伊曼紐爾學院授課。他後來成為皇后學院的教師,但婚後沒多久就離職。接下來的幾年,他接連在好幾座倫敦的教堂裡擔任過牧師,也在議會與國王鬥爭期間,權充好幾位支持議會黨的貴族人士私人牧師,其中包括曾出征歐洲大陸的老兵何瑞修・維雷爵士(Sir Horatio Vere)遺孀瑪麗・維雷夫人(Lady Mary Vere)。有天晚上,瓦里斯在維雷夫人倫敦寓所中入座準備用餐時,一位牧師同僚送來一封被議會軍攔截到的函件,內容以密碼寫成。這位同僚玩笑地詢問瓦里斯是否可以解碼。瓦里斯接受挑戰,而且出乎他同僚意外地在兩個小時後解開了密碼。這第一次的密碼很簡單,但當時幾乎根本不存在解碼的技術,因此這份功績讓瓦里斯贏得了一個類似奇蹟製造者的美名。他後來碰到的密碼要複雜得多,但他很享受這樣的挑戰,並盡力解開了好幾份密碼。從那時開始,瓦里斯就在議會與護國公治理時期,以及後來國王復辟期間,定期受雇於政府,擔任密碼譯員。儘管許多與他有信件往來的人要求他提供解密技術,但他從未公開過。只不過這些技術很可能根基於他的數學方式核心,也就是代數。

　　身為霍爾比許的學生以及依曼紐爾學院的研究生,瓦里斯不但充分融入了新教徒的圈子中,而且從議會與查理一世產生摩擦的一開始,就是個死硬派的議會黨員。不過這位年輕的神職人員一直到 1644 年,才有機會在當時重大的事件中扮演重要的角色。那一年他被請去為大主教威廉・勞德(William Laud)的案子作證[8]。勞德是坎特伯里(Canterbury)的大主

---

7 作者註:前註同文29頁。

8 作者註:請參見《國家名人傳記字典》(*Dictionary of National Biography*)第59冊（1899年出版）中安格斯・瑪麗・克勒克的〈瓦里斯,約翰(1616～1703)〉。

教，曾在查理一世時期擔任英國國教的最高領袖，是新教徒的主要對手。瓦里斯因為公開提出對勞德不利的證詞，成了長老教會這個內戰初期領導議會對抗國王的黨派內一顆明日之星。瓦里斯的地位也在同一年得到確保，他獲任西敏寺宗教會議的秘書。宗教會議是長期會議的產物，負責擬定由一個或多個新教派取代既定國教的計畫。一如議會本身，宗教會議由想要廢除主教，改由階級體系內資深教徒（「長老」）取而代之的長老教會主導。瓦里斯這位聰明、年輕、人脈關係良好，外加在長老教會體系中資歷毫無瑕疵的牧師，似乎被大家認為是管理宗教會議的絕佳人選。

數十年後，當國王與英國國教恢復了穩定的根基，瓦里斯寫下這段歷史，試圖降低當時宗教會議的激進行為以及他自己在宗教會議中的重要性。但事實就是事實。西敏寺的宗教會議經過好幾年的激烈辯論後，建議廢止主教制度，而這不但是英國國教最具代表性的特質，也是與國王同盟的標誌。然而過隨著長老教會影響力的式微，以及英國國教最終的復位，宗教會議的建議確定永遠不會有付諸實施的一天。不過這些提案在當時的確夠激進，提案計畫主張以更民主的方式治理教會，並使其脫離皇家控制，而擔任宗教會議秘書的瓦里斯，不但全面參與了這份提案的擬定，也被視為這個提案的代表人。

儘管長老教會在大家的認知中，是議會與國王抗爭早期的議會派系領袖，不過隨著革命激進程度不斷升高，長老教會很快就被甩到後面。獨立派覺得長老治理與主教治理根本沒有太大差距，於是希望廢止兩種體制。更糟糕的是浮囂派、貴格派與掘地派都威脅到社會秩序的根基。這樣的情勢足以讓愛體面的長老教會信徒，期待恢復以前有國王、有主教的舊日時光，現在看起來，法律與秩序俱存的日子，似乎要比身邊的一團混亂更切合人意得多。於是 1640 年代的激進分子長老教會，成為 1650 年代的保守派，攬上了後衛工作，與自己早些年前解放的破壞勢力對抗。瓦里斯個人的事業也遵循著類似的曲線。他在 1648 年向軍隊呈遞了一份諫疏，建議軍隊保護國王的性命，不過這個令人敬佩的行為卻毫無作用，並未將國王從死刑中解救出來。1649 年，他又加入其他倫敦牧師的行列，共同簽署

了一份〈嚴正與忠實陳情書〉（Serious and Faithful Representation）[9]，抗議普萊德肅清事件（Pride's Purge）的發生。所謂的普萊德肅清事件，亦即軍隊把他們認為過於溫和的議會成員趕出議會。瓦里斯和他的同僚主張，肅清是犯罪行為，比國王曾經犯下的任何過錯都要嚴重。除此之外，瓦里斯與同僚還辯稱，1640 年代的議會黨員，從未奢望過褫奪國王權力與帝王權威，修正主義者馬後砲意味極其濃厚。

不論瓦里斯的舉動有多英勇，陳情書在拯救國王或長老教會這兩件事上，未起絲毫作用。曾經是議會心與靈的長老教會，已然成了疲弱的政治力。這時的長老教會除了被當下主導國家的獨立派與激進分子視為過度保守，也得不到保皇黨的信任。保皇黨把攻擊國王以及席捲整片國土的亂象，全歸咎於長老教會。不過許多長老教會成員因為無力規畫自己的前途，於是不動聲色地倒戈至保皇黨一派，希望在國王復辟成功時，他們過去的錯誤行為能獲得寬恕。

瓦里斯隸屬的長老教會式微，身在倫敦的他也陷入尷尬處境。他依然是位於五金巷（Ironmonger Lane）的聖馬丁教堂（St. Martin's Church）牧師，但是大方的贊助保護者愈來愈難尋，政治風向也轉成反長老教會，他身邊的重大事件已沒有他能插手的餘地。在保皇黨控訴長老教會背叛國王，而獨立派與激進分子也譴責他們背叛初衷的那段時間，瓦里斯連人身安全都無法確保。不過身在倫敦的他，也是在這個似乎再也沒有前途的危機點下，得到一個離開一切且重新開始的機會。1649 年 6 月 14 日，就在他簽下〈嚴正與忠實陳情書〉不過幾個月後，他獲聘牛津大學尊榮的薩維爾幾何學教授一職。

---

9 作者註：這份陳情書的完整標題為〈倫敦省傳布基督教義之神職人員審判的嚴正與忠實陳情書，納於這些神職人員致將軍與其戰事顧問之信內，由一些署名者呈送國王陛下過目〉（A Serious and Faithful Repre sen ta tion of the Judgements of Ministers of the Gospel within the Province of London, Contained in a Letter from Them to the General and His Counsel of War, Delivered to His Excellency by Some of the Subscribers），此陳情書於1649年1月18日發出（1703年於愛丁堡印製）。

牧師與教授

　　瓦里斯的聘任是意外這種說法，實在太過輕描淡寫。一年以前，薩維爾教授還一直是由成就非凡且備受敬重的數學家彼得‧騰諾（Peter Turner）擔任。然而騰諾與他許多大學同僚一樣，是保皇黨。1648 年議會將焦點轉向大學改革，於是騰諾遭到排擠，薩維爾教授一職出缺。主管單位想找一位具備堅實議會背景的學者填補這個職位。就是在這樣的情況下，瓦里斯成為眾望所歸的人選。然而瓦里斯其實並不符合資格。他不像騰諾曾在倫敦的格雷欣學院擔任過幾何學教授後才轉任到牛津。瓦里斯沒有教學背景，也未曾發表過任何數學研究成果。他唯一具備的條件，只有青少年時代從弟弟那兒學來的會計要領，以及多年無人指導的隨性自修。以他名字完成的唯一一份論文，談的是角截線（Angular Sections），而這個主題，早被當時數學最先進的研究拋出千里之外，再說，這篇論文不管怎樣始終都沒有發表。這樣的背景，絕對不是大家期望一位獲聘牛津大學薩維爾幾何學教授的人應該具備的條件。

　　瓦里斯的任命是因為政治因素，僅此而已，而且確實沒有人期待他成為真正的數學家。怎麼會有人推薦條件如此差的人選，卻又能為他保住這樣一流的職位，直至今天，我們都還沒解開這個謎，不過瓦里斯若沒有冒險進取的精神，也就一無可取。離開劍橋僅幾年，他就擠入國家的政治中心，成為西敏寺宗教會議秘書。現在所有前進的路似乎都封死之時，他又善用手段，贏得了英國最令人希冀的數學職位。實際的情況很可能如他同期的古董學家安東尼‧伍茲（Anthony Woods）所暗示，他與奧利佛‧克倫威爾的良好關係，在這次的任命扮演了一定的角色。克倫威爾不但認識兒子的老師馬丁‧霍爾比許，也很尊敬他，因此對這位老師所高度讚賞的瓦里斯印象深刻，確有可能。不過話說回來，1649 年的克倫威爾只不過是位將軍，尚未晉任為護國公，對這件事情的影響或許並不大。我們能確定的是，瓦里斯因為那份讓他在三百五十年後發光發熱的卓越天賦，設法從舉步維艱的環境中抽身，拿到了一個令人耀眼的獎賞。他在倫敦永遠都

擺脫不了麻煩不斷的長老教會關係，但在牛津，大家眼中的他只不過是個有政府支持並指派他接任此職的議會黨員。倫敦視他為政治人物，並因此受到批評，但在牛津，他會以學者的身分受到審視，過著沉思的生活，遠離革命倫敦的喧囂。他這時唯一需要做的，就是真正成為一位名符其實的數學家。

　　他以令人稱奇的速度完成了這項目標。早在 1647 年，他就讀完了威廉·奧垂德廣受歡迎的代數教本《數學之鑰》（*Clavis mathematicae*），並於次年繼續仔細琢磨，撰寫了自己的《角截線論》（*Treatise on Angular Sections*），最終在將近四十年後發表。成為薩維爾教授後的瓦里斯，體認到「曾經是令人愉悅的消遣，現在成為我嚴肅的研究，」[10] 並開始針對時下的數學成果，進行系統化自修。瓦里斯這個對現代數學只有最低了解程度的業餘者，後來吸收了伽利略與托里切利、笛卡兒與羅貝瓦的複雜數學研究成果。短短幾年之內，他不僅精通歐洲大陸同儕的著作，還開始了自己的數學研究計畫。1655 年與 1656 年，在獲任薩維爾幾何學教授六年後，瓦里斯發表了《圓錐曲線》（*De sectionibus conicis*）與《無窮算術》（*Arithmetica infinitorum*）兩篇數學論文[11]，不但原創性的內容令人印象深刻，而且在歐洲數學界引起廣大迴響，從義大利、法國，到荷蘭共和國都有讀者。

　　瓦里斯這位新教牧師，是如何重塑自我，成為擁有國際地位的學術數學家？他與生俱來的數學天賦無疑是個很重要的原因，不可思議的專注研究能力與刻苦的努力，也同樣至關重要。除此之外，當然還有其他成因。瓦里斯曾依賴廣大的人脈以及位居高位的友人，靈巧地遊走於各方之間。對於自己的忠誠與觀念認定，他也展現了彈性的作法。伊曼紐爾學院與西敏寺宗教會議的長老教會教條，再也不是他堅守的原則，取而代之的

10 作者註：請參見瓦里斯的〈自傳〉40頁。

11 作者註：瓦里斯的兩篇數學論文分別是《圓錐曲線》（牛津Leon Lichfield出版，1656年）與《無窮算術》（牛津Leonard Lichfield出版，1656~57年），兩篇論文均收錄於瓦里斯的《數學文集》（*Opera mathematicorum*，牛津Leonard Lichfield出版，1656~57年）第二冊中。

是一份中庸的神職人員宣示書，聲明效忠當權者，不論對象是克倫威爾、復辟的斯圖亞特國王，抑或（1688 年光榮革命〔Glorious Revolution〕[12]後的）威廉與瑪麗。的確，瓦里斯在即將告別生命時所寫的自傳，試圖粉飾自己年輕時的叛逆政治行為，他相當不誠實地辯稱**長老會教徒**這個詞，指的其實是備受敬重的神職人員[13]，反對他們的是激進的獨立派，並非英國國教的主教。他那隨著情勢變化的忠誠以及檯面下交易的才幹，讓他在任命為薩維爾教授後的幾年，過得如魚得水。

　　1658 年，瓦里斯獲選牛津大學的「檔案管理者」（custos archivorum）[14]，但令人質疑的遴選過程，引起同僚亨利‧史塔伯（Henry Stubbe）的強烈抗議。史塔伯任職於牛津大學博德利圖書館（Bodleian Library），是牛津大學中支持霍布斯的主要人物。1660 年，復辟國王查理二世進一步穩固了瓦里斯的地位，後來還賦予他「皇家牧師」的榮譽頭銜。

　　瓦里斯頗具彈性的良心，必定會引來他知名對手霍布斯的輕蔑，因為霍布斯對自己的獨裁巨靈國信仰，從未動搖過，而且不畏艱難險阻，對自己的結論始終維持堅固不移的忠貞，毫不在意同儕愈來愈高漲的惡意對待。大家譴責他是無神論者、唯物論者、「獸行的慫恿者」，他的「理論對當代荒淫的貢獻巨大，以至於虔誠的基督教徒若不祈禱，幾乎無法讓他的名字入耳。」當此時已任沙崙（Sarum）主教的塞斯‧華德在議會上提出以異端邪說之徒的罪名，對霍布斯處以火刑的議案[15]時，是霍布斯的前贊助保護者的權勢以及國王念及自己前家教的舊情，才讓霍布斯逃過一劫。

---

12 1688~1689，是英國一場政變，信奉新教（英國國教會）的英國國會輝格黨、托利黨聯合起義，罷黜了信奉舊教的詹姆斯二世國王，改由詹姆斯之女瑪麗二世與夫婿威廉三世共治英國。

13 作者註：瓦里斯當時寫道，「他們被稱為長老會教徒時，意思並非反主教體制，而是反獨立派。」請參見瓦里斯的〈自傳〉35頁。

14 作者註：有關瓦里斯當選檔案管理員以及史塔伯反對的相關資訊，請參見吉里斯派編輯的《科學傳記辭典》中克里斯多夫‧史格利巴的〈約翰‧瓦里斯自傳〉。有關史塔伯與瓦里斯的相關資訊，請參見傑瑟夫《化圓為方》第12頁。有關將霍布斯妖魔化的相關資訊，請參見吉里斯派編輯的《科學傳記辭典》中敏茲的〈湯瑪斯‧霍布斯〉。

15 作者註：請參見約翰‧奧伯瑞的〈湯瑪斯‧霍布斯〉第339頁nc。

只不過儘管受到大家的閃避與辱罵，霍布斯卻始終堅毅不拔地承擔一切，從未改變過自己的見解。至於因勢改向的瓦里斯，以及他那隨政治風向而重塑自我的才能，霍布斯除了鄙視，別無其他評論。

固執、不妥協的霍布斯，將個人特質也反應在哲學與數學見解上。他在歐幾里得幾何學中認同了一套與自己一樣既嚴謹又絕不屈服的系統。霍布斯極度喜愛自己這套系統，所以認定所有批評這套系統的人，不是傻子就是無賴。相對的，機會主義者瓦里斯對於幾何學是理性的具體存在以及絕對真理典範的這種官冕堂皇主張，毫無興趣。對他而言，數學就是取得實用結果的實用工具。他並不太在乎自己的證明是否符合歐幾里得數學的高水準肯定性，只求那些定理在解決面前問題時有足夠效用的「正確性」。如果必須違反一些古典幾何學珍視的教義，才能達到自己的目的，那麼這些教義就只能靠邊讓路。傳統幾何學家也許反對平面是由無數根線條構成的概念，因為這個概念違背了已知的古代矛盾。但如果這個假設在瓦里斯的計算中確實有效，那麼他就完全不在乎幾何學家的反對。如果對原則做些修改，就可以達到希望的目標，那麼瓦里斯非常樂意動動手腳，不論是數學中的公理，還是生活中的原則。

在瓦里斯眼中，霍布斯的嚴謹只是學問的賣弄、過度的任性，以及最終必弄巧成拙的表現。他看不起這個人的死板，也排斥他哲學中的僵硬，更重要的是，從政治角度來看，他認為這樣的不知變通很危險。瓦里斯相信，一種只承認單一真理的獨斷論，拒絕接受不同意見的合法性，甚至否定這些不同意見的可能性，絕對不可能帶來霍布斯追求的公民和平。在瓦里斯看來，死板的國家獨斷論會讓反對者也孕育出死板的獨斷論，甚至狂熱的行為，然後引發內戰以及社會與政治的混亂，而這些正是霍布斯本來試圖防止的結果。

事實上，瓦里斯與霍布斯最憂心的事情完全一樣，他們都希望能防止墮入無政府以及空位期混亂的狀態。瓦里斯和霍布斯同樣懼怕世上的掘地派，要保持既定秩序的意志也一樣強烈。兩人的差異僅在於他們達成目標的方法南轅北轍。霍布斯相信維護秩序的唯一方式是建立集權國家，不給

Johannes Wallis, S.T.D.
Geometriæ Professor Savilianus Oxoniæ

1670 年的約翰·瓦里斯，當時正值他與霍布斯的戰爭如火如荼之際。
威廉·費索恩（William Faithorne）的雕刻作品。
照片提供者：倫敦國家肖像畫廊

歧異意見留下任何空間；瓦里斯則相信進步的方法，是於謹慎規定的範圍內允許不同的意見存在，這樣可以容許人民有不一樣的意見，卻仍然維持大家共同的立場。

我們不需要推測霍布斯的政治見解或數學在他政治想法中扮演的角色，因為他已用美麗的散文，將自己的看法全部換成白紙黑字。相反的，瓦里斯在那些年間，大量撰寫數學論文以及許多宗教傳道內容，卻從未聲明自己的哲學理念。若想拼湊出他對政治秩序的想法，我們需要注意他作品之外的較大範圍活動圈。他念大學以及反對國王的那段時間，與掌控議會黨的長老教會神職人員是同志。但從 1640 年代中期開始，瓦里斯成為另一個不一樣群體的主要人物，這個群體的成員種類也較他前一個小團體要多得多。這個大家在不同時間用不同名字稱之的群體，在空位期間定期在倫敦的私人住所以及牛津聚會。有時候被稱為「隱形大學」，有時稱為「哲學協會」。1662 年，復辟的國王查理二世終於正式承認這個群體，並賜予認可狀與名稱。它的名字是倫敦皇家學會。

陰暗時期的科學

皇家學會在成立三個半世紀後，成為有史以來世上最威風的科學機構之一。若說皇家學會以往的成員包括了世上最偉大的科學家，描述的方法未免太過雲淡風清。因為若把外國會員算進去，皇家學會幾乎囊括了世上所有最偉大的科學家。以「波以耳定律」聞名的羅柏・波以耳（1627~91），是皇家學會的創始會員之一，也是早期會員中最具影響力的一位。普遍被視為第一位現代科學家的艾塞克・牛頓（1643~1727），於 1687 年出版的《數學原理》（*rincipia mathematica*）徹底改革了物理學、天文學，甚至是數學，他從 1703 年開始至 1727 年去世，一直是皇家學會的會長。現代化學的始祖法國人安東－勞倫・拉瓦節（Antoine-Laurent Lavoisier，1743~94），跟美國的開國元老班哲明・佛蘭克林（1706~90）一樣，是皇家學會的外國會員。後來的會員還有設計出第一臺可編寫程式電腦的設計師查爾斯・巴貝吉（Charles Babbage，1791~1871），以及

在 1890 年至 1895 年間擔任皇家學會會長的熱力學之父凱文爵士威廉‧湯姆森（William Thomson）。查爾斯‧達爾文（演化論）、厄尼斯特‧拉塞福（Ernest Rutherford，原子結構）、艾伯特‧愛因斯坦（相對論）、詹姆斯‧華生（James Watson，DNA）、法蘭西斯‧克里克（Francis Crick，也是 DNA），以及史蒂芬‧霍金斯（Stephen Hawking，黑洞），都是皇家學會以前以及現任的會員。這些只不過是一小撮學會最著名會員的大名，卻已足夠讓大家了解狀況。現代科學史上的大人物，全都是皇家學會的會員。

　　然而在 1645 年，當瓦里斯開始參加這個由一群對自然科學有興趣的紳士所舉行的聚會時，上述的一切都還在很遙遠的未來。聚會的目的，一如學會的第一位歷史學家湯瑪斯‧史伯瑞特（Thomas Sprat）在數年後所寫，並非為了創立科學協會，而增廣知識領域也只是第二重要的事。「他們的首要之務，」[16] 史伯瑞特寫道，「只不過是要呼吸一點較自由的空氣，平靜地交談，不涉及當時那段黯淡時期的任何激情或瘋狂。」那時的保皇黨與議會黨、長老教會與獨立派、新教徒與狂熱分子、有產階級與佃農，全都想置對方於死地，所以這些人只是想逃避，而他們在自然的研究中找到了躲藏之處。

　　「像這樣一個單純而缺乏激情的團體，」[17] 史伯瑞特表示，「又處於如此灰暗的時期，除了**自然哲學**，還有什麼更合適的領域？」討論神學問題或「國家的困難」都只會加深沮喪。但自然可以讓他們轉移目標，「把心境從過去與當前的逆境中抽離，」讓他們能在一個發瘋的世界中，產生某種掌控的感覺，變成「事物的征服者」。他們的聚會是一個大家可以心平氣和交談的空間，不需要用壓過其他人聲音的嘶吼，就可以表達反對的意見，也可以在不同的意見下找到共同的想法。身處在當時那種大家對革命的英國不是興奮，就是盲目狂熱，或毫不寬容的環境中，這群人尋找的是

16 作者註：請參見湯瑪斯‧史伯瑞特的《倫敦皇家學會歷史》（*History of the Royal Society of London*，倫敦T.R.出版，1667年）53頁。
17 作者註：前註同書55~56頁。

一個安全且寬容的避風港，追求的是他們相信就算無法造福全人類，也能造福所有英國人的領域。他們將這個領域稱做「自然哲學」，我們現在則稱為科學。

根據瓦里斯自己的說法，他在劍橋時就已經認識了這種新哲學。現在和這群新夥伴在一起[18]，他開始系統化地研究這個領域。這群人每週一次在一位成員家中或格雷欣學院聚會，討論與實驗一大堆撼動中古知識體制的新想法與新發現。瓦里斯一一列下這些科目：

物理學、解剖學、地理學、天文學、航海學、靜力學、磁學、化學、機械學⋯⋯血液循環、靜脈內瓣膜、哥白尼的假設、彗星的本質、新星、木星的衛星、（當時看起來）橢圓形的土星、太陽黑子、太陽自轉、月球表面的凹凸、金星與水星盈虧的變化、望遠鏡的改良、為了改良望遠鏡的鏡面研磨術、空氣重量、真空的可能性與不可能性、自然的憎惡及其相關事物、托里切利的水銀實驗、重物下墜以及其加速度的程度。

根據瓦里斯的解釋，他們刻意避開的只有兩個領域，「神學與國家的問題。」

瓦里斯連續參加了好幾年這個倫敦聚會，即使在他持續以堅貞的長老教會教徒繼續自己的事業、抗議國王被處以極刑，並對軍隊肅清議會表示抗議等時候，都沒有中斷。就像他在多年後所寫，也許那是因為這些非政治性的實驗主義者，提供了一個讓他樂於接受的避難所，遠離空位期政治的獨斷性偏狹。當然他也可能是兩邊下注，希望這些自然哲學家同伴，可以在長老教會失勢之後，協助他找到確保安全與成功的方法。不管怎麼樣，這是當時的狀況。本來只是業餘數學愛好者的瓦里斯，開始研究內容更高深的教本，而這麼做，在他意外獲任牛津大學薩維爾教授這件事情上，幾乎確定扮演了一定的角色。

---

18 作者註：有關空位期間瓦里斯與「隱形大學」的關係，以及這個團體多元化的興趣領域，請參見瓦里斯的〈自傳〉39~40頁。

　　進入牛津並沒有終止瓦里斯與這個群體的關係。大約在同時，這個群體中的好幾位其他成員也落腳牛津，與一些牛津畢業生另外創立了牛津哲學會（Oxford Philosophical Society），定期在羅柏・波以耳的家中聚會。「那些在**倫敦**的人，」瓦里斯回憶，「跟以前一樣繼續碰面（若我們剛好也在那兒，就會加入他們；）至於我們這些在**牛津**的人……也持續在**牛津**聚會[19]；把那些研究變成這裡的流行。」兩個群體互動密切，因此當查理二世給予這些倫敦人特權的時候，牛津哲學會也涵括在內，都成了皇家學會的創始會員，至於瓦里斯這位活動在兩個群體背後的靈魂人物，則成了新組織的傑出會員。

　　在國王的關愛下，皇家學會不但是創造流行趨勢的科學組織，還與法國皇家科學院一起成為歐洲以及世界其他地區的科學組織典範。皇家學會早年定期聚會所專心致力的研究，如光學、物質構造、真正的真空狀態、望遠鏡觀察，以及其他議題的公開實驗等，全都是由學會的實驗主持人羅柏・虎克（Robert Hooke）執行。最著名的實驗是羅柏・波以耳研究空氣的結構與組成分子的空氣泵浦實驗，當著許多見證人的面，在皇家學會的公開實驗室中進行。1665 年，學會的秘書亨利・奧登柏格推出《皇家學會會報》（Philosophical Transactions of the Royal Society of London）[20]，這是世上最早的其中一份科學期刊，當然也是世上發行歷史最悠久的期刊。《皇家學會會報》不僅報導學會會員的研究，也發表其他人的論著，讓皇家學會成為世界級的科學研究中心。

　　皇家學會早期的一些作法，在現代科學家看來，或許有些特立獨行。舉例來說，今天大家認定的業餘與專業差異，在當時幾乎沒有分野。早期的《皇家學會會報》內容，常常可見不尋常的天氣現象以及恐怖或畸形牲畜出生的消息。社會階級在學會中也是至關重要的一件事，相當數量的知名人物之所以成為學會的會員，並非因為他們任何的科學成就，而是因為

19　作者註：請參見瓦里斯的〈自傳〉40 頁。

20　作者註：另外一個競爭「最早的科學期刊」頭銜者為法國皇家科學院的《學者雜誌》（*Le journal des scavans*），該期刊的創刊號比《皇家學會會報》的創刊號早兩個月出刊。

他們顯赫的家世。另外一點讓現代人困惑不解的，是他們的實驗都是公開進行，換言之，是當著學會會員，有時甚至當著其他知名貴賓面前進行。所有在場的觀眾屆時都會討論自己親眼所見的情況，並檢驗這些情況的意義與重要性。對一位現代的科學家而言，與其說那是科學實驗，似乎更像是一場馬戲表演。

早期皇家學會的實驗程序與現代科學的差別，可歸因於十七世紀的科學仍處於搖籃期的事實，當時許多作法都處於正在演變的階段。專業科學家是十九世紀的發明，而非十七世紀。其他的相異點，則是源於皇家學會自認他們的角色遠高於我們今天所認知的科學組織之因。一個現代的科學機構或大學部門，只關心科學研究與教育，其成功取決於該組織發表的著作以及創新發現的數量和質量。皇家學會也強調其研究與創新，始終堅持學會會員發現的實用性。然而除此之外，與現代科學組織不同的是，皇家學會還賦予了自己一項任務，那就是提供一個國家整體的運作模式。

這項任務根植於 1640 年代的倫敦會員聚會中。倫敦會員在這些聚會以外的立場或是激進派、溫和派，或是長老教會、獨立派、議會派，甚至保皇派，每個人都涉入了攸關生死的統治權爭奪戰。然而在這些聚會上，所有的立場都不重要了，不論宗教或政治傾向為何，大家都以平和、有禮的態度追求自然的探索。「只有**自然**，」史伯瑞特描述早期的會議時這麼寫，「……讓我們的心靈脫離過去或現在的不幸……永遠不會再讓我們分割為無聊的黨派；賜予我們差異的空間，但心中沒有敵意[21]；允許我們從差異中提升互相矛盾的想像力，卻沒有引發**內戰**的危險。」追求自然知識時，瓦里斯、波以耳以及其他夥伴共同創造了一個安全的空間，在這個空間之中，即使不同的意見也可以平和且有禮地處理。在空位期兇暴的政治環境下，這樣的空間提供了備受歡迎的寬慰。

然而一開始單純的避難所，最後演變成了一個理想。如果不同背景、不同信念的人，可以聚在一起討論大自然的運作，大家為什麼不能用同樣

---

21 作者註：史伯瑞特的《倫敦皇家學會歷史》56頁。

的態度處理國家大事？議會黨與保皇黨為什麼不能平和有禮地解決彼此之間的差異，非要在英國北部的戰場上互相殺害？獨立派、長老教會與英國國教派，為什麼不能對教會治理的問題找出一個合理而一致意見，非要把自己的系統加諸在其他教派上，壓制所有其他教派？自然哲學家的聚會中，處處洋溢和諧，即使彼此意見有尖銳矛盾的成員間也不例外，這樣的情境似乎為整個英國都上了重要的一課。一如史伯瑞特所述，在那些聚會上，「我們用一種不平凡的眼光看**英國這個國家**，分屬彼此不和的黨派之人，所有以不同方式過生活的人，全都忘了仇恨，大家只為了同樣的**成就**聚會，同步前進……因為在這裡，他們再也不會沒有暴力與恐懼就無法容忍對方的存在，而是共同**努力**、一起**思考**、互相商議，彼此幫助對方的**發明**。」[22]

　　空位期嚴厲的政治環境中，瓦里斯和他的同伴，儘管意見不同，卻展現了心平氣和、合力管理他們自己事務的能力，然後一起朝著所有人都重視的道路前進。等到他們從暗處出現在大家眼前，並正式獲得查理二世的准許狀時，這些成員已經準備好散播相關的思想與言論，利用自己的經驗，重造整個國家[23]。現代化與開闊的胸襟，是這群人的聚會以及他們的科學特色，也是將取代前數十年的獨斷論的特質。實驗者的謙虛將取代狂熱分子的狂妄、理性辯論將取代激情，而讓意見不同卻理性的人一起為共同目標努力的寬容，也將取代派系的狹隘。

---

22 作者註：前註同書427頁。

23 作者註：有關更多早期皇家學會以及其重塑英國政治狀態，並防止空位期災難性的獨斷論捲土重來的使命相關資訊，請參見沙平與夏佛的《巨靈與泵浦》、1976年初版的瑪格麗特‧亞伯（Margaret C. Jacob）《1689~1720年間的牛頓派與英國革命》（*The Newtonians and the English Revolution 1689–1720*，紐約Gordon and Breach出版，1990年）、詹姆斯‧亞伯（James R. Jacob）的《羅柏‧波以耳與英國革命》（*Robert Boyle and the English Revolution*，紐約Burt Franklin and Co.出版，1977年）、芭芭拉‧沙皮諾（Barbara J. Shapiro）的《十七世紀英國的可能性與確定性》（*Probability and Certainty in Seventeenth Century England*，普林斯頓大學出版社出版，1983年），以及史帝芬‧沙平的《真相的社會史：十七世紀英國的禮節與科學》（*A Social History of Truth: Civility and Science in Seventeenth- Century England*，芝加哥大學出版社出版，1995年）。

　　以國家典範的形式呈現在大家眼前的皇家學會，盡可能試著包容一切。但說實話，這個組織一點都不民主，它並不歡迎社會地位較低的會員進門，就像政治人物不歡迎社會地位較低的人民進入政治圈一樣。瓦里斯、波以耳以及他們的夥伴都對平民有著恐懼與不信任感，他們相信得到和平與實現秩序的唯一方法，是恢復有產階級的權力。但若討論到有教養的君子這個議題時，皇家學會又企圖建立起開明的模範，這表示接受甚至成就普通的人加入他們的行列。如果學會會員要展現出「專業者」的形象，將「業餘者」排除在外，那麼學會就會沾染到太多過去派系意識的味道，而且在那樣的氣氛下，每個黨派也會自以為有權力評斷其他黨派。

　　早期的公開實驗也在皇家學會的政治任務上扮演了一定的角色，建立起誠懇正直有理性的人應如何討論棘手的議題，以及如何取得共識的範例。這是學會創始會員在空位期私下聚會的模式。他們會在聚會上實驗、辯論，並針對自己觀察到的情況，提供不同的詮釋。雖然仍有許多未解問題，但成員最後都會對某種詮釋達成共識。由於學會現在已是正式組織，若要舉行這樣的討論，繼續在隔離的實驗室中私下進行實驗已行不通。若要會員凝聚共同的意見，就必須讓大家親眼看到實驗的進行。因此一定得要在無可挑剔的見證者面前進行實驗，這些見證者通常都是學會中的其他會員。接著這些證人自然會討論親眼所見的情況，並就發生的狀況達成共識。相反的，現代的實驗室不需要背負早期皇家學會那樣的意識型態包袱，完全仰賴專家的證詞，理所當然地認定外行人看不懂實驗過程，照樣平安無事。

　　並非所有種類的自然哲學，都同樣適合學會推動和平、寬容與公共秩序之目標。特別啟人疑竇的，是那些大家宣稱已經藉由純理性，所得到的不容爭辯真理。其中之一是許多皇家學會創始會員始終念念不忘的笛卡兒哲學理論[24]（以其創始人笛卡兒為名），也是當時橫掃整個歐洲大陸的一套

---

24 作者註：最簡潔的笛卡兒哲學摘要，收錄在他那本以易讀出名的《方法導論》（*Discourse on the Method*）之中，這本書最早是以作者匿名的方式於1637年初版於萊頓（原文書名為*Discours de la méthode*）。

理論。笛卡兒在他的著作中，主張分解所有未經證實的假設，把一切知識簡化為單一不可動搖的真理：「我思故我在。」從這個確定的基石上，他藉由嚴格的逐步推理，重新創造世界，只接受清楚且獨特概念的合法性。因為他的推理周延無瑕，因此笛卡兒（與其追隨者）辯稱自己的結論必然為真理。

　　波以耳、瓦里斯、奧登伯格以及其他早期皇家學會的領導者，雖然全深受笛卡兒感動，對他的方式與結論卻也嚴加批評。他們甚至更關心另外一套以純推理為重心，徘徊於學會研究領域後院的哲學理論。這套理論當然就是霍布斯的哲學體系。霍布斯與笛卡兒在許多重要議題的看法都有根本上的差異，但有一點見解相同，那就是兩個人都相信自己的體系架構與歐幾里得的幾何學相似，全都是根基於不證明自明的假設，並經過嚴謹推理，導出真理。正是他們對自己系統化的推理，以及得出絕對真理結論的正當性，有不容置疑的自信，皇家學會的創始會員才會覺得特別危險。

　　史伯瑞特在他的《皇家學會歷史》（*History of the Royal Society*）中解釋，獨斷哲學的問題，「在於這種哲學通常出於那些自認已經解決了問題，對自己的看法堅定不移，而且在面對對立的見解時，更加蠻橫且更沒有耐性的人。[25]」這種態度對科學不利，因為「這種態度讓這些人更容易低估其他人的努力，並忽略其他人可以提供協助的實際利益。最起碼，這些人似乎認定其他人會讓自己的榮耀蒙塵。」這「是最有害的一種心理傾向，」史伯瑞特繼續說，也是他認為「減緩人類知識成長[26]」的一個原因。更糟糕的是，這種自大很容易造成國家的顛覆。「因為將自己的**智慧**偶像化，所以蔑視所有**司法權與政權的理由**[27]……他們以為自己**絕對不會犯錯。**」這樣的想法無可避免地會招致動亂，因為「**驕傲**是**動亂**最豐實的父母[28]，也是人類**智慧**裡的一種極自大的表現；因此這些人立即就以為自

---

25 作者註：史伯瑞特對於獨斷論危險的看法，可以在他的《倫敦皇家學會歷史》第33頁中找到。
26 作者註：前註同書428頁。
27 作者註：前註同書430頁。
28 作者註：前註同書428~29頁。

己有足夠的能力，可以去指導以及譴責**領導者**的所有**行為**。」

　　1663 年史伯瑞特獲選皇家學會會員時，才二十八歲，還是一個沒有太突出表現的年輕人。他之所以獲選，很可能也是因為要撰寫皇家學會歷史這個明顯的原因。然而就算史伯瑞特在當時只是個相對而言無足輕重之人，委託他撰寫歷史的人卻是學會中最了不起的人物，包括學會會長布朗克爵士（Lord Brouncker）、學會秘書亨利・奧登柏格以及首席科學家羅柏・波以耳。他們全都看過也修改過史伯瑞特的文稿，確認內容絕對正確呈現了他們的觀點。也就是說，《皇家學會歷史》並非只是史伯瑞特個人意見的摘要，還是當時學會領導者們所認定的皇家學會目標與目的的公開聲明[29]。在獨斷哲學這個議題上，他們的結論很清楚，那就是獨斷論會引發國家的暴動與破壞[30]，因此學會**不會**採納。

　　皇家學會的創始會員相信，笛卡兒與霍布斯獨斷理性主義的替代方案，是實驗哲學。實驗主義孕育出謙恭，而非驕傲。理性論者的哲學導致狹隘心態以及對立哲學家的嫉妒之情，實驗主義卻培養出合作與互信。最重要的，是「實驗的影響是**服從人民政府**」[31]，而非動亂與破壞。實驗主義者與理性論哲學家不同，他們絕不會宣稱自己發現了唯一真理系統，也不會主張自己找到的結果是絕對且不可反駁的真理。相反的，實驗主義者對自己即將發現的結果，不會去做任何臆測，他只會謙卑地進行一個又一個的實驗，努力讓自己的發現結果合理、有意義。實驗主義者找出的結論，必是當下他所能提供的最佳結果，但永遠都可能在下一個實驗中被推翻。霍布斯對於物體、人性與唯一可行國家型態的大膽主張，不是實驗主義者的風格。實驗主義者與理性論哲學家完全相反，他們行動費時，許多

---

29 作者註：有關史伯瑞特與皇家學會大人物的相關資訊，請參見傑克森・科普與哈若・惠特摩爾・瓊斯（Jackson I. Cope and Harold Whitmore Jones）合編《湯瑪斯・史伯瑞特的倫敦皇家學會歷史》（聖路易華盛頓大學研究出版，1958年）中的〈前言〉，特別是第xiii~xiv頁中，著墨最多。

30 作者註：依史伯瑞特的說法，「對於他們自己的裁判，它賦予了他們無懼的信心，引導他們從運動的競爭，走向發自內心的對立……對國家，一如對學校。」請參見史伯瑞特的《倫敦皇家學會歷史》429頁。

31 作者註：請參見史伯瑞特的《倫敦皇家學會歷史》427頁。

不同的實驗要重複進行多次後，才會謹慎且有些勉強地，大膽針對自己所發現的結果，提出暫時的詮釋。

　　實驗主義是一種謙虛的研究，與笛卡兒和霍布斯這類系統化哲學家的才氣與莽撞迥異。史伯瑞特寫道，實驗主義，是「一種勤勉的哲學……教育人類**虛懷若谷**[32]，並讓人類認識自己的**錯誤**。」這樣的態度，正是皇家學會創始會員中意的特質。如史伯瑞特所說，實驗主義「移除了心靈中所有的傲慢與膨脹的想像力，」教導人類努力工作、認識自己的失敗，並肯定他人的貢獻。這就是皇家學會創始會員希望國家以整體之姿能醞釀出來的態度。黨派與宗派毫無寬容之力的狂熱行為，讓國家陷入了暴力與混亂之中，而實驗主義卻從這樣情況孕育出中庸、合作，以及對不同意見的尊重，直到最終，養成了人民的和平。

　　當皇家學會的會員讚頌實驗方法的光榮時，他們同時也頌揚那位他們認定的實驗主義之父，「一位對這種完整的進取精神具有真正想像力的偉大人物。」[33] 這個人就是曾在詹姆斯一世時期擔任過大法官，並於退休後的歲月中，針對適當的科學方式，撰寫了一些最具影響力作品的法蘭西斯‧培根[34]。與培根同期但稍微年輕的笛卡兒曾辯稱，真正的知識必須根基於清楚且嚴謹的推理之上，相反地，培根堅持真正的自然知識，只能藉由觀察、實驗，以及小心收集事實的方式取得。對皇家學會而言，培根雖然早在學會成立前就世多年，但他是實驗主義的先知，也是學會的精神之父。事實上，學會自認具體實現了培根在他烏托邦作品《新亞特蘭提斯》（*New Atlantis*）中所建議的研究自然之國家機構「所羅門之家」。

　　不過這其中始終存在著一個諷刺。培根晚年的秘書不是別人，正是湯瑪斯‧霍布斯。身為公開承認的理性主義者，霍布斯在與羅柏‧波以耳的論戰中，曾嘲笑過實驗的價值，而他的思想也沒有受到他那位聲名卓著的

32　作者註：前註同書429頁。
33　作者註：有關皇家學會將培根視為偶像的相關資訊，請參見前註同書第35頁。
34　作者註：培根的重要作品包括《學術的進展》（1605年出版）、《新工具》（1620年出版）以及《新亞特蘭提斯》（1627年出版）。

前雇主太多影響（或許唯一的例外，是他對自然科學持久不衰的興趣）。儘管皇家學會會員視培根為偶像，但也無法逃避一個事實，那就是其實學會的大人物，全都不是真正了解這位大法官，但學會的敵人霍布斯，卻曾是培根最親密的同伴。

培根的聲響所綻放的光輝，即使到了今天，幾乎也沒有任何消滅。培根本人並不是一位有創造力的科學家，卻被視為科學革命最關鍵的其中一位人物，因為有了他的著作，科學才有了成長與拓展的可能性。在經院哲學爭議以及仰賴古代權威被視為得到真正知識正確道路的數百年間，實驗方法始終受到質疑，但培根為其提供了絕佳的防禦。他為實驗科學的發展畫出了一張路徑圖，提倡讓大量田野工作者系統化收集資料，然後將資料集中在中央集權的組織中，進行系統化評估。或許，培根最重要的貢獻是讓實驗方法受人敬重。

早在培根之前，一直有人試圖透過反覆摸索的簡陋方式擷取自然的祕密。這些人有時候會出現令人眼睛為之一亮的成功，就像火藥與指南針的發明，其他時候卻不怎麼成功，一如煉金師建造複雜的實驗室，再在內部配上化學藥品與熔爐，只為了追求無可捉摸的點金石。但是透過這種方式得到的所有知識，即使事後證明有用，也不能被視為是高等學習機構內授課的適當教材，因為這些方式「簡陋」而「匠化」，與那些從事勞力維生的社會較低階人民有關。怕被庶民階級同伴玷污的自重君子，絕對不會從事這類的研究。真正值得學術研究的知識[35]，應從過去大師的作品中尋找，或自嚴苛的邏輯推理中引導而出。實驗的結果根本不被視為知識，因為實驗依靠的是以不可靠出名的感官，因此其結果也無法提升至必要的確定程度。培根幾乎是靠自己的單打獨鬥而抹滅了這樣的認知。提倡實驗主義的不是別人，就是這位英國大法官本人，他把實驗主義視為取得真正知識的正確方法。「簡陋匠氣」的笨拙方法，突然成為求知若渴的君子們值得研究的方法。

---

35 作者註：在亞里斯多德體系中，真正的知識指的是奠基於邏輯推理與古代權威的知識，需要絕對確定性的科學。

　　不過培根方法論中有一個觀點始終人遭批評，那就是他把數學貶抑為一種科學的工具。他並不是完全漠視數學，因為他確實認知到世界上的物體都有數量，而數學是數量的科學。但培根認為數學知識太普通，以至於無法讓人認真利用。「人類心智的本質，」他這麼寫，「是要在如概論通則的開闊平原上歡欣，而不是在細節的森林與圈地中愉悅，」而數學正是「滿足那種欲望」的最佳學科。然而這樣的見解是「對知識的極偏見」，因為所有值得研究的知識，都藏在雜亂森林的細節裡，而非開闊平原上的概論中。培根承認數學有用，但只有在隸屬於實驗領域時才有用，不具一門科學獨立的用處。「數學家的挑剔與傲慢是知識成長的最惡劣影響[36]，因為數學家幾乎想讓數學凌駕於**物理**之上。」

　　將數學視為了解這個世界的工具，這個說法讓培根有所質疑，理由其實並不難理解。若希望數學正確地描述自然，自然就必須數學化，換言之，自然必須依照嚴格的數學原理建構而成。若果真如此，那麼想深刻了解自然的運作，只需要遵循嚴格的數學規定即可，所有的觀察與實驗也因此全都變得沒有必要。培根不做這樣的假設。他相信在進行仔細且系統化的觀察之前，我們無法得知這個世界是什麼樣的結構。一個人僅從數學推理就演繹出自然的運作，是一種危險的幻想，而這種幻想的根基，是毫無根據的自大，注定引人走向各種科學歧途。

　　培根警告大家小心數學家的「挑剔與傲慢」，也傳承給了他的追隨者，也就是皇家學會的創始會員。雖然有人描述皇家學會在形式上是「推動物理數學研究學習的書院」（College for the Promoting Physico-Mathematicall Experimentall Learning），但實際上，「數學」的研究卻完全附屬於「實驗」研究之下。學會的領導者與培根想法相同，擔心數學會孕育出傲慢，並很容易就讓人以為上帝是依據嚴格的數學結構創造世界。學會的這些領導者和培根一樣，擔心數學推理會引誘科學家偏離實驗的辛苦

---

36 作者註：此句源於詹姆斯‧史派汀（James Spedding）編輯的《法蘭西斯‧培根的哲學作品》第四輯（倫敦Longman and Co.出版，1861年）370頁法蘭西斯‧培根的〈論尊嚴與學術進展〉（Of the Dignity and Advancement of Learning）第3冊第6章。

工作。

　　然而比起培根發自於半個世紀前的警告，皇家學會的創始會員還有其他更深遠的憂慮。他們相信數學是獨斷哲學家的盟友與工具。數學是理性主義者複雜體系的模型，而數學家的驕傲，也正是笛卡兒與霍布斯驕傲的基礎。一如那些理性主義者的獨斷論會引發偏狹、對峙，甚至內戰，數學也一樣。畢竟數學的結果，不留任何餘地給對立的意見、討論或妥協等這些皇家學會珍視的特質。再說，數學的結果是由一小群專業的神職人員私下演算而來，沒有進行公開論證，他們說同一種語言、用他們自己的方式，完全不接受外行人的意見。一旦引進，數學的結果就會以暴君般的力量強行壓制，要求完全的贊同，不容許任何對立。當然，這樣的特質也是霍布斯之所以如此讚揚數學的原因，卻是波以耳和他的同僚所懼怕的理由，因為他們相信數學的本質，就是要引導大家堅持絕對真理、獨斷論、專制政體的威脅，以及順理成章的內戰。

　　只不過，即使有意識型態與政治危險的考量，數學仍不能輕易省略。新哲學中的一些最偉大成就，都極其仰賴數學。醫學的進步，如哈維發現的血液循環，當然是實驗的成果，大氣壓力的氣壓測量又稱為托里切利實驗，還有威廉・吉爾柏特（William Gilbert）對磁學本質的研究也一樣。然而當代最偉大的科學勝利，卻非天文學莫屬，而這些全都深深歸因於數學。

　　那麼，皇家學會的領袖們能怎麼辦呢？他們既不能漠視數學對科學最初的耀眼貢獻，也不能忽略數學將在科學進步中繼續扮演核心角色的強烈徵候。皇家學會該如何接納數學科學的重要貢獻，卻同時避免數學在方法、哲學以及政治意涵上的危險暗示？這個難題讓皇家學會接連許多年都對其科學中的數學特質，陷入一種矛盾的情緒當中[37]。其中又以約翰・瓦里斯感受到的衝突最熾烈。

---

37 作者註：有關早期皇家學會對數學的矛盾情緒，特別是羅柏・波以耳的質疑，請參見沙平的《真相的社會史》第7章。

第九章
新世界的數學

無限多條線

瓦里斯是皇家學會創始會員中唯一的數學家，因此數學這種令人頭痛的狀況也就成為他要負責的問題。他和他的同伴一樣厭惡獨斷論。他在自傳中對自己的中庸之道以及即使是與自己看法有所矛盾的不同見解，也予以包容的能力，深感驕傲。「我一直都在努力，」[1]他用摘要的方式寫道，「秉持介於兩個極端之間的中庸原則行事……不懷任何強烈或極端敵意，那通常是在對付與自己行事方向不同者時才會顯現的態度，因為我知道兩個方向都有許多值得尊敬的人在努力。」

然而，身為數學家與薩維爾教授的瓦里斯，卻承諾要為一門在傳統上就以不能變通的方法論，以及其結果必定是不容置疑的絕對真理而自豪的學科，貢獻己力。他要如何平衡身為數學家的這種堅持以及身為皇家學會會員所重視的中庸與彈性？瓦里斯的解決方法雖然簡單卻很極端。他創造了一種新型態的數學。這種新的數學方式與傳統數學不同，不再經由嚴格的推論證據完成程序，轉而採用反覆試驗的方式，其結果與真理極為接近，卻又不是毫無反駁餘地的確切，而且這些結論的有效性不是因為「純推理」，是因為共識，猶如皇家學會舉行的那些公開實驗。最終，他的數學將不是由數學的邏輯完美度來評斷，而是由得出來的新結果效用來判定。

換言之，他的數學並不是以過去兩千多年以來，給予克拉維烏斯、霍布斯以及無數其他人靈感的歐幾里得幾何學為典範。相反的，瓦里斯所設

---

1 作者註：請參見·史格利巴〈皇家學會會員約翰·瓦里斯自傳〉中約翰·瓦里斯的〈自傳〉42頁。

計的數學，是模仿皇家學會採用的實驗方法而成。瓦里斯若成功，他將能把數學從獨斷論與不容異說的特質中釋放出來，解決皇家學會同儕長久以來之所以反對數學的理由。他的數學將會成為新的「實驗數學」，不僅能有力、有效地輔助科學，也可以成為寬容與中庸的模範，再也不是獨斷嚴格的範例。而這個新數學的核心，是無限小的概念。

瓦里斯方式的奇特本質，從他擔任薩維爾教授時寫的第一本著作的第一個定理就非常明顯。這本書名為《圓錐曲線》（*De sectionibus conicis*）[2]。

假設，（根據柏納文圖拉·卡瓦列里的《不可分量的幾何學》），任何平面都可以說是由無限條平行線構成[3]。或由（我比較中意的說法）無限個等高平行四邊形構成，而每一個平行四邊形的高度都是完整圖形高度的$\frac{1}{\infty}$，或可說其高度由無限個可以被除盡的小部分所構成（∞ 符號代表無限數）；因此所有平行四邊形的高總和等於這個圖形的高度。

我們立即由此墜入了瓦里斯無限小數學的極度不正統世界中。一如他之前的卡瓦列里與托里切利，瓦里斯認為平面與類物質的物體一樣，是由無限根線條疊積而成，並非歐幾里得幾何學的抽象概念。這樣的見解與芝諾的古典矛盾以及不可公度量的議題都有所牴觸，所有讀過瓦里斯論文的數學家都清楚，而霍布斯與法國數學家皮耶·德·費瑪也很快就指出這一點。但瓦里斯對這些顯而易見的批評完全無動於衷。他這個線條構成平面的概念，是從卡瓦列里將平面比擬為線條織成的布這個著名的類比描述，以及耶穌教團將平面視為線條集合體的方法引伸而出。因此他要訴求的對

---

2 作者註：即約翰·瓦里斯的《圓錐曲線，新方法論解析》（*De sectionibus conicis, nova methodo expositis, tractatus*，牛津Leon Lichfield出版，1655年）。有關這份論文的出版，以及《無窮算術》的相關資訊，請參見賈克林·史特鐸（Jacqueline Stedall）翻譯的《約翰·瓦里斯1656年的無窮算術》（*The Arithmetic of Infinitesimals, John Wallis, 1656*，紐約Springer-Verlag出版，2004年）第xvii頁。
3 作者註：請參見瓦里斯《數學文集》（*Opera mathematica*，牛津Theatro Sheldoniana出版，1695年）297頁瓦里斯的《圓錐曲線》第1道命題。

象，只有卡瓦列里的讀者，因為照理說這些人應該已經是應付過了所有反對意見，又再繼續向前走的一批人。瓦里斯甚至發明了符號 ∞ 來代表構成平面的無限小總數，而 $\frac{1}{\infty}$ 代表各個無限小的量。

有了這些基本的工具在手後，瓦里斯為了證明自己方式的力量，接著提出了一個真正的定理：

因為三角形包含了自點開始，延續到底部之有限數量的算數比例線或平行四邊形（下列的討論會讓這個概念更清楚），因此三角形的面積等於底乘以高的一半[4]。

無庸置疑地，瓦里斯不需要為了證明三角形的面積是底乘以高的一半，而提供複雜的證明過程。瓦里斯提出這個證明的目的，不但不是為了確認結果，而是剛好相反，他想藉由這個證明導出大家都熟悉的正確結果，證明他的非傳統方式有效。一旦建立起自己方式的可信度，瓦里斯就可以利用這個方式，解決更多大家不熟悉卻更具有挑戰性的問題。

構成三角形的線條是「算數比例」的說法，需要一些解釋。瓦里斯的意思是若畫出通過三角形內，且與三角形底平行的線，而這些線又以同樣的間隔排滿整個三角形的高，則三角形內每條線的長度，形成一個算數級數。舉例來說，若在三角形頂點與底部的正中央化一條線，其長度是底的一半，形成等差級數 $(0, \frac{1}{2}, 1)$，級數中間的數字分別代表頂點、中線與底。如果把三角形高度分成三份，線畫在 $\frac{1}{3}$ 與 $\frac{2}{3}$ 的位置，則這些線的長度會形成 $(0, \frac{1}{3}, \frac{2}{3}, 1)$ 的等差級數；如果把三角形分成十份，則會出現 $(0, \frac{1}{10}, \frac{2}{10}, \frac{3}{10} \cdots\cdots \frac{9}{10}, 1)$ 的等差級數，以此類推。不論三角形的高度被分成幾等分，只要所有部分都保持一定的距離，這個等差級數就成立。在這個證明中，瓦里斯假設，即使三角形高度被分成無限多等分，這個定理依然成立。

---

4 作者註：《數學文集》299頁，瓦里斯的《圓錐曲線》第3道命題。

他繼續寫道,「數學家都知道等差級數和,亦即所有項數的總和,等於頭尾兩數相加,再乘以總項數半數的這個規則。」這是一個很簡單的規定,許多今天的高中生都熟悉。譬如從 1 到 10 的所有整數總和,是 11(也就是 1+10)乘以 5(這個數列的半數),也就是 55。瓦里斯假設單一點的無限小量為字母「o」,並以此使用等差級數的規則來加總所有構成三角形的不可分量線:

因此,若我們假設數列中最小的數為「o」(因為我們假設一點在量值的「o」,就如同數字中的零),則頭尾的合計等於最大數。為此,我將圖形的高度,改換成級數中項數的數量,若我們假設項數的數量為∞,則所有長度總和為 $\frac{\infty}{2}$ × 底(因為底是頭尾的相加數)。

瓦里斯在此追求的是構成三角形所有線條的總長度。由於這些線在數量上有無限多條,範圍從 0(或「o」)至三角形底的長,因此所有線條加起來就是 $\frac{\infty}{2}$ × 底。接著,他又乘以每條線的寬度:

但我們若設每一條(直線或拋物線)的厚度或高度為 $\frac{1}{\infty}$ × 三角形高,則所有線的長度都會因此增加。因此 $\frac{1}{\infty}$ × A 再乘以 $\frac{\infty}{2}$ × 底就是三角形的面積。亦即及 $\frac{1}{\infty}A \times \frac{\infty}{2}B = \frac{1}{2}AB$

這就是瓦里斯計算三角形面積的作法。他把構成三角形的所有線條長度囊括起來,形成一個等差級數,然後再把這個級數的總和乘以每一條線的「寬度」。他用這個方法得出了一個分子分母都有 ∞ 的等式,他把兩個 ∞ 約分抵銷,最後得出了一個熟悉的公式。證明完畢。

若說現代的數學家,沒有人跟得上瓦里斯這些瘋狂又莫名其妙的計算,可能還太過輕描淡寫。與他同時代的許多人,包括所有的耶穌會會員和費瑪,也無法理解。除了平面是由具某個(非常小)厚度的線條構成的假設有問題外,瓦里斯還毫無依據地假設有限項數的級數總和規則也適用

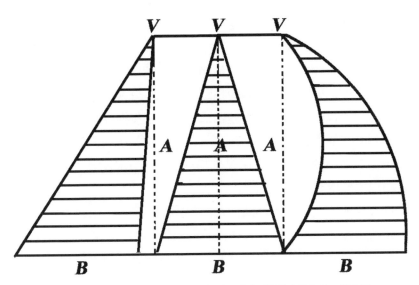

圖 9.1　瓦里斯的三角形，由平行線構成。出自《圓錐曲線》第 3 道命題。
（牛津，里昂・里奇菲爾德〔Leon Lichfield〕，1655 年）

於無限項數的級數總和。即使這些未經證實的假設不是問題，瓦里斯又隨心所欲地讓無限分割無限，以他的表示法，就是 ∞ 除 ∞。在現代數學中，$\frac{\infty}{\infty}$ 無法定義，原因很簡單，如果 $\frac{\infty}{\infty}$ =a，則 ∞ =a×∞，然而既然任何乘以 ∞ 的數都等於 ∞，a 可以為任何數。但瓦里斯把 $\frac{\infty}{\infty}$ 看成一個可以約分對消的普通代數表示式。當費瑪與其他人批評這一點時[5]，瓦里斯似乎一點都不在意他驗證過程中的邏輯爭議，也拒絕承認批評者的論點。畢竟，他的方法並不是為了證明自己墨守嚴格的正確形式，相反的，他的目的是要讓皇家學會的同儕接受數學。

　　瓦里斯用自己非傳統的方法成就了什麼？一，他把幾何物體當成「世界上」的物體，可以像自然物體一樣被研究。這和傳統認為所有的幾

5 作者註：有關費瑪的批評，涵蓋於瓦里斯《無窮算術》相關的大量往返書信中，瓦里斯將這些書信集結於1658年出版，書名定為《書信交流》（Commercium epistolicum）。費瑪的信以法文翻譯後，收錄於保羅・譚納瑞與查爾斯・亨利（Paul Tannery and Charles Henri）合編的《費瑪作品集》（Oeuvres de Fermat，巴黎Gauthiers-Villars et Fils出版，1894~96年）中。

何物體都應該源於基本原理的看法剛好相反。瓦里斯的方法也與霍布斯的見解相反，霍布斯認為幾何物體是完全已知的東西，因為幾何物體是我們創造的。對瓦里斯而言，事情剛好倒過來，三角形早已存在於這個世界，幾何學家的工作是要解開三角形的隱藏特質——就像科學家試圖了解岩層的地質構造，或找出有機體的生理結構一樣。瓦里斯就是根據從這個物質世界所得到的常識與直觀知識，判定三角形是由並排的平行線構成，就像岩層是由地質層構成，木頭是由纖維構成，或者（依照卡瓦列里的說法）布疋是由線所織成的一樣。

　　依據瓦里斯的說法，因為幾何物體早已存在於世，所以完全沒有必要依循數學的嚴苛方法。一個人要在傳統的幾何學中，根據基本原理建構出幾何物體，並證明幾何物體間的關係定理，邏輯嚴格度絕對不可或缺。畢竟只有嚴格且堅持正確的邏輯推論，才能保證結果的正確。但是若一個人檢驗的是世上的物體，情況就不一樣了，因為決定結果是否正確的要素，在於這項物體的客觀現實，而過分堅持嚴格的邏輯推理，得到的阻礙可能大於幫助。

　　舉例來說，假設有位正在研究岩層的地質學家。他當然不會因為有人指出他申請補助金的報告中，出現了一個錯字或一個小小的錯誤測量數據，而把整份報告丟出窗外。相反的，如果這份報告的結果正確地描述了這片岩層，亦即岩層的結構、時期、構成的方式等等，那麼即使報告中有一些小瑕疵，這位地質學家也會理所當然地判定自己的整體地質學分析必定正確。瓦里斯就是這樣的情況，他把三角形當成實質的客觀物體來研究，基本上，這跟研究一塊岩層並沒有差別。我們可以想像瓦里斯一定認為大家當然可以堅持嚴格的規定，但若這樣的堅持阻礙到我們的新發現，那就得另當別論。某些數學家可以抱怨他的無限小線條以及無限除無限的概念，這些人甚至確實因此而備感苦惱，但對瓦里斯來說，這都只是裝模作樣。畢竟，他得出的是正確的結果。

　　對邏輯嚴謹性如此漫不經心的數學家，立場的確很奇怪，但瓦里斯早在 1643 年的《試煉的真理》中，就已展露出自己這種不平凡的觀點了。

瓦里斯否決了歐幾里得幾何學的純推論，反而把三角形當成一種幾乎具備實體的實物，一種可以透過感官來感覺之物。在瓦里斯眼中，大家絕對可以看到三角形，可以「感受到」三角形的內部結構，就算不太能「品嚐」，也可以大概感覺到三角形的樣子。「數學本體的存在，[6]」瓦里斯自信滿滿地在 1657 年的《普遍學》（*Mathesis universalis*）中這麼寫，「不是在想像中，而是在現實中。」

　　從瓦里斯出版《試煉的真理》到十年後出版數學書，他的生命在這段期間內發生了許多事情。他將自己長老教會的出身置於身後，從倫敦搬到牛津，還變成了專業的數學家和薩維爾教授。然而一旦提及如何獲取真正知識的這個問題，當前身為著名數學家教授的瓦里斯，卻與過往身為長老教會煽動者的年輕瓦里斯沒有什麼不同。獲取真正的知識，不是走過抽象的推論之路，而是踏上具體的直觀之途，而且這條路「似乎無法藉由意志的力量加以否定。[7]」

實驗數學

　　瓦里斯在《圓錐曲線》中的方式，建立起了幾何物體為世上真實物體的概念，但對應該如何研究這些幾何物體的問題，卻沒有提出答案。在三角形面積的證明中，瓦里斯利用具體的直觀，將平面分解為無限的平行線，再加以組合。這種方法證明對眼前的問題有效，卻不是個適用於大範圍數學問題的「方法」。在《試煉的真理》中，瓦里斯認為要應用於較大的範圍就必須仰賴實驗，但沒有說明那是什麼意思。大家應該如何把倚賴具體科學工具以及實際客觀觀察的實驗方法，運用在三角形、圓形以及圓錐體這類抽象的數學物體上？瓦里斯把答案公布在 1656 年與《圓錐曲線》聯袂出版的《無窮算術》這本大家普遍認定是他代表作的書中。

　　「針對這一個問題以及接踵而至的各種問題，最簡單的研究方法，就

6　作者註：引自瓦里斯的《普遍學》（牛津 Leon Lichfield 出版，1657 年）第 3 章，後在瓦里斯的《數學文集》（牛津 Sheldonian Theatre 出版，1695 年）第 21 頁再次出現。

7　作者註：前註同書第 60~61 頁。

是把東西陳列到某一個程度，觀察製造出來的比例，然後互相比較；經過一段時間後，大概的定理就可藉此而歸納得出。[8]」瓦里斯在《無窮算術》第一頁的第一個命題中這麼寫道。這段話中的關鍵詞是「**歸納**」。後來瓦里斯與批評他的人都稱呼此法為他的歸納法。在今天，數學歸納法是指一種十分嚴格但廣泛運用的證明方法，高中與大學都有教。數學歸納法包括為了某個假設為 n 的特別問題而驗證某個定理，然後我們證明若該定理在 n 時為真，而 $n+1$（或 $n-1$）時也為真，則結果就是所有的 n，都適用該定理。不過這是很後期才發展出來的定義，與瓦里斯使用的歸納法完全不同。因為在十七世紀，特別是十七世紀的英國，「歸納」其實與特定的科學方式以及特定的人有關，這個人就是詹姆斯一世的大法官，也是實驗方法的先知與主要提倡者法蘭西斯‧培根。

培根在他 1620 年的《新工具》（*Novum organum*）中開發出這個理論，這也是他科學方法中最有系統的研究成果。根據亞里斯多德和他在歐洲各大學的追隨者，推論是最強大的邏輯推理形式，但在培根的眼中，歸納卻是推論的替換版。推論是應用在歐幾里得數學以及亞里斯多德物理學上的推理法，從一般性（「所有的人都會死」）推論到獨特性（「蘇格拉底會死」），從原因（「沉重的物體屬於宇宙的中心」）[9] 到結果（「沉重的物體會落到地面」），然而培根卻認為這種推理永遠無法產生新知識，因為它沒有留下任何空間給透過觀察與實驗所得到的新事實。對培根而言，歸納是推論的一種替代形式，跟推論不同的是，這種方法可以利用實驗。

歸納在十七世紀初期完全稱不上新概念。亞里斯多德與其他古哲學家絕對知道這種方法，只不過他們認為相較於推論，歸納是一種比較低劣的推理方式，因為它不是從一般性推演到獨特型，而是剛好相反，需要採集許多個例，然後從中引出一個具有包覆性的法則。歸納法並不是遵循從原因推論出結果的程序，而是從出現在我們周遭世界的結果開始，從中推斷

---

8 作者註：請參見瓦里斯的《無窮算術》（牛津Leon Lichfield出版，1656年）第1頁第1道命題。譯自史特鐸，收錄於其翻譯的《無窮算術》第13頁。

9 亞里斯多德的宇宙觀認為認為宇宙如洋蔥般，是由同心的多層球體構成，地球位於中心，然後以月球為分野，月球下的地區（地球）是由土、水、氣、火四大要素構成。

出原因。

　　若以許多哲學家都喜歡拿來當作警惕的黑天鵝為例時，我們可以很清楚看到歸納推理法容易陷入的陷阱。好幾個世紀以來，歐洲人都與天鵝為伍，也觀察牠們，而歐洲人看過的天鵝全都是白色的。藉由歸納法，他們理所當然地判定所有的天鵝都是白色的。但當歐洲人在十八世紀到了澳洲後，意外發現了黑天鵝。結果就是儘管歐洲人在好幾個世紀間觀察過無數次個例，儘管每一次觀察到的都是白天鵝，「所有天鵝都是白色的」這個規則卻是錯的。

　　在十七世紀初撰文著書的培根，當然對黑天鵝的例子一無所知，但他卻十分了解歸納法本質上的不可靠特性。只不過他並未因此裹足不前。他相信亞里斯多德的物理學是一個建構完善的優雅陷阱，在邏輯上毫無矛盾，卻與世界完全脫節。培根認為拓展人類對這個世界知識的唯一方法，就是透過與自然的直接接觸，亦即系統化的觀察與實驗。他承認，由於這些方法都是依歸納法運作，因此全都具備歸納法的弱點，也就是說這些方法的結論永遠都無法絕對肯定。然而培根說明，若仔細且有系統地運用這個方法，再加上完全清楚這種方法的潛在弱點，歸納法最終還是可以為人類知識帶來大躍進。根據培根的說法，這是研究自然以及解開自然界祕密的不二法則。

　　於是當瓦里斯開宗明義地在《無窮算術》中寫下他將透過歸納法來論證時，他其實是把自己與一種非常特殊的哲學體系連結在一起，而這個體系就是已過世的法蘭西斯‧培根爵士提倡，皇家學會創始會員推動的實驗哲學。瓦里斯已經在《圓錐曲線》中透露他把數學物體視為存在於世上的物體，就像是具體的物體。在《無窮算術》中，他指出自己將透過實驗的方法研究這些數學物體。換言之，就像他朋友羅柏‧波以耳研究空氣結構、他的同僚羅柏‧虎克研究顯微鏡下的微小物[10]，瓦里斯將用相同的方

10　作者註：虎克將普通的昆蟲與微生物，放大到肉眼可見之影像，令人咋舌，這些影像收錄在羅柏‧虎克出版的《放大鏡下的微生物體生理描述》（*Some Physiological Descriptions of Minute Bodies Made by Magnifying Glasses*，倫敦John Allestry出版，1667年）一書中。

式，研究三角形、圓形以及方形。要想建立數學真理，他得先以幾個個案的實驗著手，仔細觀察這些「實驗」的結果。然後經過一段時間，當他重複在不同的例子上實驗過後，「或許就能透過歸納法找出一個普遍的定理。」針對皇家學會同僚對於數學方法的質疑，瓦里斯就這樣找到了解決方法。他發展出一種實驗數學，符合了皇家學會實驗特質的精神。瓦里斯的數學，並不是推論出強迫其他人贊同並消弭歧異的普世規則，他的數學是一個例子一個例子地慢慢收集證據，再仔細、慢慢地得出暫時的普遍結論。這就是實驗者的方法。

瓦里斯的實驗數學是《無窮算術》的基本工具，也是他數學聲名的奠基石。他的研究主題與霍布斯最具野心的數學冒險非常類似，兩者都是計算圓面積。然而兩人的計畫卻有著關鍵性的差異。霍布斯實際上是希望只利用直尺與圓規這兩種傳統歐幾里得工具，建構出一個與圓相同面積的正方形。他的嘗試注定失敗，因為一個正方形若要有半徑為 r 的圓面積，其邊長必須為 $\sqrt{\pi}r$，但 π（就像兩個世紀後所證明的那樣）就是個 π，他的方法絕對畫不出來。至於瓦里斯，他當然並非要試圖建構任何東西。相反的，他想要用邊長為半徑 r 的正方形，找出圓與正方形之間的正確比例。因為正方形的面積為 r^2，而圓面積為 πr^2，所以兩者間的關係為數字 π。又因為 π 為超越數，不能以普通的分數或有限小數的分數表示。但在這個研究的最後，瓦里斯設法提出了一個無限級數，讓他可以如自己希望的那樣盡可能接近 π 值：

$$\frac{4}{\pi} = \frac{3\times3\times5\times5\times7\times7\times9\times9\times11\times11\times\ldots}{2\times4\times4\times6\times6\times8\times8\times10\times10\times12\times\ldots}$$

瓦里斯開始計算圓面積的方法，與計算三角形面積一樣，先只看半徑為 r 的四分之一圓，然後把這個四分之一圓像圖 9.2 般分成多條平行線。假設最長的平行線為 R，其他的平行線漸漸變短，最後變成圓周時，平行線的長度為 0。若我們把最長的那條線定為 r_0，其他的線依次為 r_1、r_2、r_3 以及等等。同時，正方形內與四分之一圓面積相等的範圍也是由無線條平

行線組成，但每條平行線等長。結果四分之一圓與同面積正方形內的比例就變成：

$$\frac{r_0 + r_1 + r_2 + r_3 + \ldots + r_n}{R + R + R + R + \ldots + R}$$

　　我們在四分之一圓和同面積正方形內畫的平行線愈多，或者如我們今天所說，n 接近無限大時，這個數字與四分之一圓和同面積正方形的比例也就愈接近。

　　現在，構成四分之一圓的每一條平行線 r 的精確長度，取決於其與第一條，也是最長那條平行線 R 的距離。若我們將 R 的距離等分為 n，並將每個等分視為一個單位，最接近 R 的那條線長就是 $\sqrt{R^2 - 1^2}$；接下來那條線長為 $\sqrt{R^2 - 2^2}$，再接下來的那條線長則是 $\sqrt{R^2 - 3^2}$，以此類推，直到我們碰觸到圓周，也就是最後一條線，線長就是 $\sqrt{R^2 - R^2}$，也就是 0。分割四分之一圓的線條，以及同數量分割同面積正方形的線條總和比例就變成

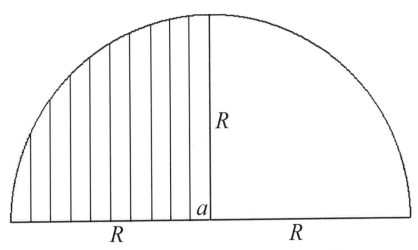

圖 9.2　構成四分之一圓平面的平行線。依照約翰‧瓦里斯方法構圖，
《無窮算術》（牛津：里昂‧里奇菲爾德，1650 年）第 108 頁，第 135 道命題。

$$\frac{\sqrt{R^2 - 0^2} + \sqrt{R^2 - 1^2} + \sqrt{R^2 - 2^2} + \sqrt{R^2 - 3^2} + \ldots + \sqrt{R^2 - R^2}}{R + R + R + R + \ldots + R}$$

瓦里斯在《無窮算術》裡的目的，是要計算當 n 增加為無限大時的比例，但這個證明並不容易。他用類似級數的連續數近似值追求結果，而這個結果比我們期待的比例還接近答案。然而相較於瓦里斯的圓面積計算方式，更重要的是他總結無限級數的方法，最終得出了他最後的結果。

瓦里斯在《無窮算術》一開始就提出，如果我們假設有一個「以數學比例表示的數量級數，從一點或 0 開始，不斷增加……以 0、1、2、3、4 等代表，」他接著問，那麼級數中的項數總和，以及與項數數量相同的最大項數和之間的比例為何？瓦里斯決定試著找出答案。他從最簡單的 0 與 1 兩個項數的數列開始。它們的比例因此為：

$$\frac{0 + 1}{1 + 1} = \frac{1}{2}$$

他接著往下找：

$$\frac{0 + 1 + 2 = 3}{2 + 2 + 2 = 6} = \frac{1}{2}$$

$$\frac{0 + 1 + 2 + 3 = 6}{3 + 3 + 3 + 3 = 12} = \frac{1}{2}$$

$$\frac{0 + 1 + 2 + 3 + 4 = 10}{4 + 4 + 4 + 4 + 4 = 20} = \frac{1}{2}$$

$$\frac{0 + 1 + 2 + 3 + 4 + 5 = 15}{5 + 5 + 5 + 5 + 5 + 5 = 30} = \frac{1}{2}$$

$$\frac{0 + 1 + 2 + 3 + 4 + 5 + 6 = 21}{6 + 6 + 6 + 6 + 6 + 6 + 6 = 42} = \frac{1}{2}$$

每一個例子都出現同樣的結果，因此瓦里斯得出了確定的結果：「若有一數學比例的級數（即自然數數列）從一點或 0 開始持續增加，不論項

數數量有限或無限（沒有區分的必要性），則該級數的總和與同樣數量的級數最大項數總和關係為 1 比 2。」[11]

瓦里斯可以透過由 0 開始的自然數列總和一般公式，輕易證明這個簡單的結果，再除以同樣數量的數列最大項數和，即 $\frac{n(n+1)}{2}$ 除以 $n(n+1)$，那麼立即就得出 $\frac{1}{2}$ 的答案。但瓦里斯的目的不在於計算兩者間的比例，而是要利用一個又一個例子，證明歸納法的用處。如果這個定理適用於所有例子，那麼對瓦里斯而言，這個定理就證明為真理。「歸納法，」他在多年後這麼寫，是「一種非常好的**研究**方法[12]……常常引導我們提早發現一般規則的存在。」最重要的是，「這個方法不需要……任何進一步的證明。」

瓦里斯一建立起這第一條定理，就立即進行相同但複雜度較高的級數證明[13]。如果不是加總一個自然數的數列，並除以同樣數量的最大項數總和，而是加總自然數的平方，再除以相同數量的最大平方值總和，會是什麼樣的情況？他利用自己最喜歡的歸納法，試圖找出答案。從最簡單的例子開始，他得到的答案是：

$$\frac{0+1=1}{1+1=2}=\frac{1}{2}=\frac{1}{3}+\frac{1}{6}$$

然後他加入更多的項數，計算每一個例子的總和：

$$\frac{0+1+4=5}{4+4+4=12}=\frac{5}{12}=\frac{1}{3}+\frac{1}{12}$$

$$\frac{0+1+4+9=14}{9+9+9+9=36}=\frac{14}{36}=\frac{1}{3}+\frac{1}{18}$$

---

11 作者註：請參見瓦里斯的《無窮算術》第2道命題，出自史特鐸翻譯的《無窮算術》第14頁。瓦里斯還涵蓋了一個額外步驟，證明對級數0, 1, 2, 3……為真的原則，也適用於任何從0開始的級數。

12 作者註：瓦里斯歸納法的討論，請參見約翰・瓦里斯的《代數論文：歷史與實用兩面觀》（*A Treatise of Algebra, Both Historical and Practical*，倫敦John Playford出版，1685年）306頁。

13 作者註：請參見瓦里斯的《無窮算術》第19道命題，出自史特鐸翻譯的《無窮算術》第26頁。

$$\frac{0+1+4+9+16=30}{16+16+16+16+16=80} = \frac{30}{80} = \frac{3}{8} = \frac{1}{3} + \frac{1}{24}$$

$$\frac{0+1+4+9+16+25=55}{25+25+25+25+25+25=150} = \frac{55}{150} = \frac{11}{30} = \frac{1}{3} + \frac{1}{30}$$

$$\frac{0+1+4+9+16+25+36=91}{36+36+36+36+36+36+36=252} = \frac{91}{252} = \frac{13}{36} = \frac{1}{3} + \frac{1}{36}$$

瓦里斯研究這些不同的例子,推斷出級數中的項數愈多,兩者間的比例就愈接近 $\frac{1}{3}$。若為一個無限項數的級數,他的結論是兩者間除了 $\frac{1}{3}$ 外,其他的差距終將完全消失。他將這個情況整理為一個定理(第二十一道命題):

假設有一算數比例平方的無限級數(即一平方數的數列)從 0 開始持續增加,其與項數數量相同的最大項數總和關係為 1 比 3。[14]

瓦里斯的證明只需要一個句子就可表達:結果他這麼寫,就是「從之前的論證來看很清楚。」歸納法不需要進一步的證據。瓦里斯用這種方式繼續試驗了另外一組級數,這次看的是自然數立方的關係,而非平方:

$$\frac{0+1=1}{1+1=2} = \frac{2}{4} = \frac{1}{4} + \frac{1}{4}$$

$$\frac{0+1+8=9}{8+8+8=24} = \frac{3}{8} = \frac{1}{4} + \frac{1}{8}$$

$$\frac{0+1+8+27=36}{27+27+27+27=108} = \frac{4}{12} = \frac{1}{4} + \frac{1}{12}$$

$$\frac{0+1+8+27+64=100}{64+64+64+64+64=320} = \frac{5}{16} = \frac{1}{4} + \frac{1}{16}$$

---

14 作者註:請參見瓦里斯的《無窮算術》第21道命題,出自史特鐸翻譯的《無窮算術》第27頁。

$$\frac{0+1+8+27+64+125=225}{125+125+125+125+125+125=750}=\frac{6}{20}=\frac{1}{4}+\frac{1}{20}$$

$$\frac{0+1+8+27+64+125+216=441}{216+216+216+216+216+216+216=1512}=\frac{7}{24}=\frac{1}{4}+\frac{1}{24}$$

歸納法再一次證明自己的效用。隨著項數的增加，兩者的關係愈來愈趨近 $\frac{1}{4}$，因此引出了第四十一道命題：

假設有一算數比例立方的無限級數（即一立方數的數列）從一點或 0 開始持續增加，其與項數數量相同的最大項數總和關係為 1 比 4。[15]

一如之前的定理，這一個定理除了不證自明的歸納結果外，也不需要其他的證明。

將瓦里斯的三個定理以現代的標示法表示，就會變成：

$$\lim_{n\to\infty}\frac{0+1+2+3+\ldots+n}{n+n+n+n+\ldots+n}=\frac{1}{2}$$

$$\lim_{n\to\infty}\frac{0^2+1^2+2^2+3^2+\ldots+n^2}{n^2+n^2+n^2+n^2+\ldots+n^2}=\frac{1}{3}$$

$$\lim_{n\to\infty}\frac{0^3+1^3+2^3+3^3+\ldots+n^3}{n^3+n^3+n^3+n^3+\ldots+n^3}=\frac{1}{4}$$

瓦里斯在計算圓面積的過程中，也考慮到這些比例的重要步驟，因為對他來說，每一個代數比例都代表一個特定的幾何例子。第一個比例展現的是三角形與其外接長方形的關係，就像他在《圓錐曲線》中證明三角形面積一樣。0、1、2、3、……、n 代表構成三角形的平行線長度，而級數 n、n、n、n、……、n 代表的是構成外接長方形的等量平行線。兩者的關係 $\frac{1}{2}$，確實是三角形與長方形的關係比例（請參見圖9.1）。第二個例子對

15 作者註：請參見瓦里斯的《無窮算術》第41道命題，出自史特鐸翻譯的《無窮算術》第40頁。

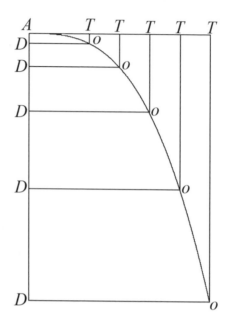

圖 9.3　半個三次拋物線以及其外接長方形。
瓦里斯的比例證明三次拋物線外的面積 AOT 與整個外接長方形的比例為 $\frac{1}{4}$。
依照瓦里斯方法構圖，《無窮算術》第 42 道命題。

應的是半拋物線與其外接長方形的比例，或者用更精準的說法，是半拋物
線外部面積與長方形面積的比例。構成這個面積的平行線就是 0、1、4、
9、……、n^2，而構成長方形的平行線則由 n^2、n^2、n^2、n^2、……、n^2 表示。
事實上，瓦里斯要證明的是拋物線外的面積與其外接長方形面積的比例為
$\frac{1}{3}$。第三個比例（圖 9.3）對應的是曲度較陡的「三次」拋物線，而其比
例為 $\frac{1}{4}$。要計算四分之一與其外接方形之間比例這個更艱難的任務之前，
瓦里斯還有很多事情要做，但他解題的策略顯然愈來愈有模有樣。

　　建立起了這些結果的瓦里斯，現在要再次利用歸納法來取得一個更普
遍的定理。那就是對自然數以及其平方和立方都成立的規則，對自然數的
所有次方 m 也必定成立[16]。

$$\lim_{n \to \infty} \frac{0^m + 1^m + 2^m + 3^m + \ldots + n^m}{n^m + n^m + n^m + n^m + \ldots + n^m} = \frac{1}{m+1}$$

　　瓦里斯並沒有用這樣的形式清楚寫下上述的定理。因為缺乏現代的標示法，所以他用的是一張訂定了比例的表格，$\frac{1}{2}$ 對應「一次方」、另一個比例 $\frac{1}{3}$ 對應「平方」，還有一個 $\frac{1}{4}$ 對應「立方」，以此類推。這是張沒有盡頭的表，但其規則很明顯，對任何次方 m 而言，比例就是 $\frac{1}{m+1}$。

　　瓦里斯將幾何圖案看成具體實物，因此相信幾何物體跟其他任何物體一樣，都是由基本成分構成。平面圖形是由不可分量線並列而成，立體圖案是由平面堆疊而成，一如他之前的卡瓦列里與托里切利所認定。然而瓦里斯與這兩位義大利大師不同的是，他所偏好的研究數學物體方式，是培根的歸納法，這種方法讓他的方法論更像是屬於實驗室中的實驗者所有，而非歸於書桌上的數學家。具體化、無限小、實驗性，瓦里斯的方法是西方數學史上最不正統的冒險之一。

　　因此，並非每個人都深受瓦里斯的成就感動，也就不是什麼令人意外的事情了。至今大家仍記得皮耶・德・費瑪，主要是因為他發現了數學領域中持續未解時間最長的其中一個問題：費瑪最後定理（Fermat's Last Theorem）[17]。他的這個定理一直要到 1994 年，才獲得英國數學家安德魯・威爾斯（Andrew Wiles）證明。但是在費瑪那個年代，他這位法國本尊是歐洲最具知名度，也是最受敬重的數學家之一。1656 年《無窮算術》出版後沒多久，費瑪就已看過，而且在第二年就與瓦里斯展開熱切的辯論[18]。費瑪抱持質疑態度，他的批評也直指瓦里斯方法的非正統核

16　作者註：請參見瓦里斯的《無窮算術》第44道命題，出自史特鐸翻譯的《無窮算術》第42頁。

17　若正整數n>2，則$X^n+Y^n=Z^n$中的Z沒有正整數解。

18　作者註：瓦里斯將兩人論戰的完整交火過程，以《最近提出的某些數學問題書信交流》（*Commercium epistolicum de quaestionibus quibusdam mathematicis nuper habitum*，牛津A. Lichfield出版，1658年）之名出版。這本書裡除了瓦里斯與費瑪的信件外，也包括了柯內爾姆・迪格比爵士、布朗克爵士、柏納德・法蘭尼科・德・貝西（Bernard Frenicle de Bessy）與法蘭斯・凡・舒騰的信件。費瑪對《無窮算術》的批評，大多涵蓋在〈第十三封信〉（Epistola XIII）這封費瑪致布朗克爵士的信，以法文寫成，後來轉到瓦里斯手上。費瑪在這場論戰中的所有相關貢獻，也可參見保羅・譚納瑞與查爾斯・亨利合編的《費瑪作品集》第二、三輯（巴黎Gauthier-Villars et Fils出版，1894與1896年）。瓦里斯《信件交流》中的〈第十三封信〉也收錄在《費瑪作品集》中，編號為信件LXXXV，置於該書第二輯347~53頁。

心。首先,他針對的是瓦里斯的無限小理論,這個理論完全不加判斷地假設平面圖案中的所有線條都可以加總,然後計算出平面的面積。費瑪認為瓦里斯其實是在開倒車,因為除非藉由傳統方法知道一個圖形的面積,否則我們無法加總一個圖形的所有線條。如果費瑪的說法正確,那麼瓦里斯的整個內容都毫無意義,因為他的作法就是妄想要去證明事實上本來就是個假設的結果。

如果說費瑪對瓦里斯使用無限小的漫不經心感到不滿,那麼他也同樣並不樂見瓦里斯罕見的證明方法。一開始,他和信奉天主教的英國朝臣柯內爾姆・迪格比(Kenelm Digby)在評論瓦里斯的作品時,至少表面上還展現出寬大的胸襟,「我收到一份瓦里斯先生的著作,他是我必須盡可能敬重之人,」他的評論從這兩句話開始,卻沒有說明自己有多麼敬重對方。只不過從他接下來的評論判斷,他對瓦里斯的敬重應該不會太深刻。「但是他建立在歸納而非阿基米德推論式的論證方法[19],對於那些希望可以從頭到尾都看到明確三段論法的新手來說,可能有些難以接受。」接著他相當紆尊降貴地表示,你和我當然都很了解瓦里斯罕見的方法,但要讓數學「新手」了解,可能就有些問題,或許瓦里斯應該好心地配合新手們的水準。若把禮節與這種屈尊的態度放一邊,大家立刻就會明白費瑪並非真的關心數學文盲的需要,他在意的是瓦里斯的方法本身。他如此寫道,「透過正常、合理的阿基米德方式去證明」會更好。換言之,費瑪的意思就是瓦里斯的方法既不正常又不合理。

這件事過後沒多久,費瑪就清楚地在另一封信裡表明了歸納法的問題。使用這種方法的人必須極度謹慎,他這麼警告,因為它允許使用者提出一種「適用於好幾個特例,但實際上是謬誤且非普世的」規則。這種方法在某些情況下確實有用,他繼續這麼寫,但要謹慎。然而,這種方法絕對不能「像瓦里斯先生這樣用來推論科學的基礎。因此,除非清楚論證,

---

19 作者註:費瑪1657年8月15日致迪格比之信。請參見《信件交流》〈第十三封信〉21頁,也可參見譚納瑞與查爾斯・亨利合編的《費瑪作品集》第二輯343頁,信件編號LXXXIV。

否則不能接受。」[20]費瑪沒有明說但難以避免的隱喻之語就是，瓦里斯的歸納法根本**不是**論證過程。

瓦里斯絲毫不為所動。瓦里斯回覆，他的無限小數學，是根基於卡瓦列里的不可分量方法，而卡瓦列里已在著作中完整回答了費瑪有關幾何圖形構成的批評[21]。瓦里斯的方法非但不是根本悖離傳統的方式，反而是古代大師尤得塞斯與阿基米德無懈可擊的窮盡法速寫版。如果費瑪依然希望以古典形式重建所有的證明，瓦里斯這麼寫，「請他自便。」儘管「他大可省去這麼大的麻煩，因為卡瓦列里的追隨者都幫他做完了。」[22]

瓦里斯狡獪地歪曲費瑪對無限小有根有據的批評，而且根本不正面回答對方的問題。一個大聲宣布自己的作品新奇之人，竟然說自己的概念「了無新意」，聽起來真的很不實在。「（如果我判斷正確，）你或許會覺得這本書新奇[23]，」他送給威廉・奧垂德的那本《無窮算術》獻詞中如此寫，另外又補充寫道，「我找不到不應該認為這本書新奇的理由。」瓦里斯聲稱卡瓦列里已經回答了所有的反對意見，其實是個非常有效的策略，托里切利、安傑里以及其他無限小的支持者也都曾用過這種說法。這個理由不但漠視耶穌會以及其他人攻擊卡瓦列里時令人畏懼的力道，也藉此表示不可分量被接受的程度，遠較事實狀況更高。這種說法還需仰賴的，是費瑪根本沒有真正閱讀過卡瓦列里那本鉅作的高度可能性。卡瓦列里這部以難讀著稱的作品，為十七世紀許多不可分量支持者提供了避難之所。

費瑪對瓦里斯歸納法的批評，同樣不被瓦里斯放在心上。他宣稱歸納法的證明「平凡、明白，而且簡單，」不需要任何額外的論證。「如果有任何人認為歸納法證明的價值較低，」[24]他寫道，「只因為沒有列出浮

20　作者註：請參見《信件交流》中〈第十三封信〉27~28頁，也可參見譚納瑞與查爾斯・亨利合編的《費瑪作品集》第二輯352頁，信件編號LXXXV。

21　作者註：瓦里斯堅持自己的方法衍自於卡瓦列里的說法，首次出現在他《無窮算術》的獻詞中，請參見史特鐸翻譯的《無窮算術》第1~2頁。

22　作者註：請參見瓦里斯的《代數論文》305頁。對等的卡瓦列里無限小方式以及窮盡法中，在本書第九章的「巨人與暗箭」章節中有討論，另外線、平面與立體的構成，請參見本書第九章中「哪種數學」章節。

23　作者註：請參見瓦里斯《無窮算術》的獻詞，史特鐸翻譯的《無窮算術》第1頁。

誇的線條與圖形虛飾，那我絕對屬於另外一種看法。」瓦里斯認為，任何有能力的數學家，只要花時間研究，都可以把自己的歸納法證明改換成傳統的幾何學證明，但這麼做只是在庸人自擾。「我並不覺得歐幾里得習慣如此賣弄學問[25]，」他這麼寫道，而且「我相信阿基米德也不是這樣的人。」瓦里斯認為像費瑪這樣的學究，只是少數特例。「我見過的大多數數學家[26]，在使用這樣的歸納法繼續幾個步驟後⋯⋯都（對這樣的證明）很滿意，並毫無例外地會**以這樣的態度**判定此法的必然效力。這樣的歸納法因此被視為⋯⋯一種決定性的論證[27]。」瓦里斯用這段簡短而輕蔑的說詞，拒絕了數千年來的傳統。

瓦里斯拯救數學

即使瓦里斯的方法無法被費瑪這類相對而言正統的數學家接受，但他的皇家學會同僚卻視之為惱人問題的解答。波以耳、奧登柏格以及他們的會員同伴，將這個實驗方法視為追求科學的正確方式。對他們而言，歸納法不但是揭露自然祕密的正確方法學，也是國家正確運作方式的典範。遺憾的是，實驗主義雖然支持皇家學會的創始會員在自然與社會領域的先見之明，卻也讓數學在方法論與政治派系上，站錯了邊。就一般人的了解，數學不留任何空間給大家抒發互相競爭的見解，其結果來自於數學推論的不可反駁之力，而非源於自願取得的共識。數學就是一門完全排外的科目，其中的成員是一小撮專家，他們的研究太技術性又太難解，所以即使是聰明又受過教育的外行人，也沒有能力評估數學，也因此數學家絕對又自大的決定，之所以讓大家當作真理般接受，就只是因為他們握有權威。最糟糕的是，令皇家學會大人物厭惡又恐懼的是，霍布斯的獨裁科學與極

24　作者註：請參見瓦里斯的《代數論文》298頁。歸納法不需要任何額外論證的說法，請參見306頁。

25　作者註：引自瓦里斯的《代數論文》306頁。

26　作者註：引自前註同書308頁。

27　作者註：瓦里斯辯稱一個論證為真，乃根基於「大多數人」的認可，請參見瓦里斯的《代數論文》307~308頁。

權國家，就是以數學作為知識以及國家樣貌的基石。他們認為實驗代表的
是中庸、寬容與和平，而數學則是獨斷論、偏狹以及內戰這個不可避免結
果的鼓吹工具。

　　這樣的印象讓皇家學會的創辦會員進退維谷。他們要如何保有數學的
力量與科學成就，卻不用背負數學不受歡迎的包袱？瓦里斯有答案。他
獨特的數學與傳統方法一樣有力，但完全契合皇家學會珍視的實驗主義。
對於學會的創始會員而言，這簡直就是天上掉下來的禮物。一個有彈性的
數學方法，既可納百川，本身的訴求又虛懷若谷。瓦里斯的數學正是皇家
學會能夠認可並樂於推廣的數學種類。

　　要了解瓦里斯的數學與備受學會憎惡的嚴格歐幾里得方法有什麼差
異，把他的方法和霍布斯這個皇家學會最恐懼之人的數學觀點相比，會有
很大的助益。首先，霍布斯堅持幾何物件必須由我們從基本原理開始製
成，因此幾何物件是全然已知之物。瓦里斯卻反駁並非如此，他認為線、
平面與幾何圖形都已完整成形地呈現在我們眼前，它們的神祕應該要如科
學家研究自然物體一樣進行探究。接著是數學方法這個議題，霍布斯堅持
嚴謹的推論方法是研究數學唯一可接受的方式，因為只有這種方式才能確
保絕對的確定性。相反地，瓦里斯則提倡歸納法，他認為，在發現新結果
時，歸納法的效果遠比推論法有效。至於歸納法永遠不必妄想得到霍布斯
極度重視的確定程度一事，瓦里斯認為這個事實是採用歸納法要付出的小
小代價。最後，因為霍布斯堅持自己的數學推論，得到的是絕對真理，因
此完全不在乎其他人的意見。不論其他人是否理解論證過程，證明本身就
已說明一切。但是瓦里斯的歸納證明卻非絕對可靠的邏輯推論，反而是種
具強大說服力的主張，目的在於動搖他的讀者。瓦里斯的論點是否成功，
端賴他的讀者最後是否相信這些定理適用於所有例子，而非僅適用於他所
舉出的個例。

　　不論從哪個觀點來看，瓦里斯的數學都是他那些皇家學會夥伴的實驗
方法翻版。他研究外部的物體而不是去建構物體、他的數學仰賴歸納而非
推論、這種數學永遠不會主張取得了最後的真理，而真理的最終仲裁者，

是人類的共識。這樣的數學，正是大家期待皇家學會創始會員中唯一的數學家會提出的方式，也是學會裡的大人物所期待的數學。數學再也不是實驗方法的危險對手，而是與實驗方式攜手共同推動科學與適切政治秩序的學科。

瓦里斯與霍布斯都相信數學秩序是社會與政治體制的基石，但除了這一個相同的假設之外，兩人幾乎沒有任何其他共通點。霍布斯支持嚴謹、精確的推論數學方法，這樣的方法在他眼中就是專制主義、嚴厲與階級制度的國家典範。瓦里斯鼓吹的是一種謙遜、寬容以及以共識主導的數學，這種數學的設計，是為了鼓勵具有同樣特質的政治體系。這兩種見解，隔著數學與政治的分野，彼此對立，而雙方的賭注更是前所未見地高。他們的賭注是真理的本質、社會與政治秩序，還有現代的樣貌。

巨人與暗箭

薩維爾幾何學教授與宮廷政治哲學家的首戰，在 1655 年開打。瓦里斯那年出版了《駁斥霍布斯幾何》（*Elenchus geometriae Hobbianae*）[28]，對霍布斯《物體論》中的幾何努力毫不留情地加以批評。兩人之間最後的砲火於二十三年後發射，那一年，高齡九十的霍布斯出版了《自然哲學的十項對話語錄》（*Decameron physiologicum*）[29]，書中討論「直線與半象限弧比例」的問題。這本書是霍布斯捍衛自己的數學以及傷害對手的最後一擊。如果他不是在第二年辭世，這場戰事很可能會繼續無止無盡地你來我往。在這二十三年間，瓦里斯針對霍布斯的理論，共發表了十份書籍和論文，而霍布斯專門針對瓦里斯而來的，則至少有十三篇論文。除此之外，這兩位極為多產的作家還在其他作品中添加無數的辱罵、誹謗、指控，以及（偶爾的）嚴肅批評。這場戰事最熾烈之際，彼此的指控以驚人的速度

---

28 作者註：即約翰·瓦里斯的《駁斥霍布斯幾何》（牛津H. Hall for John Crooke出版，1655年）。

29 作者註：《自然哲學的十項對話語錄》：即湯瑪斯·霍布斯的《自然哲學的十項對話語錄》（倫敦John Crooke for William Crooke出版，1678年）。

交鋒，兩人不僅交相斥責對方數學無能，還攻訐敵人政治破壞、宗教邪說以及私人惡行。

　　初開戰時，兩人很可能從未謀面。無庸置疑，瓦里斯一定知道盛名遠播的《巨靈論》作者，而他的朋友與同事塞斯‧華德也曾在霍布斯1651年回到英國之時，特地旅行到倫敦與霍布斯見面[30]。至於霍布斯，若他真的認識瓦里斯，也僅止於知道他是牛津新任（且顯然不合格）的薩維爾教授，而且很清楚對方是因為政治因素才獲得議會任命。到後來，兩人雖然用了許多時間試圖破壞彼此的聲譽，也沒有紀錄他們曾經見過面，但在英國狹小的菁英知識分子社交圈內，要說兩人從未偶遇，也很難想像。兩人的衝突儘管根植於雙方對立的政治、宗教與方法論觀點，而非私人恩怨，但交火後沒多久，就演變成了私人與惡意的攻擊。

　　瓦里斯在交戰初期就決定了自己的論調，「沒有人能否認這個人有多麼自滿於他的自傲與自大，」他將《駁斥幾何學家霍布斯》這本書送給身兼牛津大學副校長與基督堂學院院長的約翰‧歐文（John Owen）時，於獻詞中這麼寫。「當我看著他這個『巨靈』（讓他出名的稱號）[31] 或『巨人』，大搖大擺地以如此自大的姿態遊行時，我就決定應該徹底攻擊這個人，這樣他才會知道他不能任性妄為卻不受斥責……」一個自以為是真理唯一所有者，又大搖大擺隨處晃蕩的自傲自大巨人，成為瓦里斯最喜歡的霍布斯滑稽畫形象，他還發誓要「戳破那個滿嘴空談傢伙的牛皮」。至於霍布斯，除了偶爾抱怨對手野蠻的語氣外，似乎全然不受瓦里斯惡言相的影響，他興趣盎然地加入論戰，盡可能充分回應。

　　霍布斯第一次回應瓦里斯惡言謾罵的內容，用的是以上對下的施恩標題《給數學教授上的六堂課，一堂幾何學，五堂天文學》（Six Lessons to the Professors of Mathematics, One of Geometry, the Other of

---

30　作者註：有關華德與霍布斯的相關資訊，請參見傑瑟夫的《化圓為方》50頁。

31　作者註：請參見約翰‧瓦里斯獻給約翰‧歐文之《反駁論證》（*Elenchus*）對開頁 A2r、A2v上的獻詞。譯自拉丁文的內容，收錄在彼得‧圖恩（Peter Toon）編輯的《約翰‧歐文的信件往來》（*The Correspondence of John Owen*，劍橋James Clarke and Co. Ltd.出版，1970年）86~88頁，信件編號37。

Astronomy），這個標題已經相當程度地預示了後來的過程。如果瓦里斯
之前認為霍布斯自大，那麼這篇回應的論文確切證實了他的看法。霍布
斯這個卡文迪許家族供養的知識分子，既沒有信譽也沒有地位，竟然敢
給頂著歐洲最知名數學教授頭銜的瓦里斯與華德上幾何學課。霍布斯並
未就此罷手，因為他在送給皮爾彭特爵士（Lord Pierrepont）贈書的獻詞
中，繼續爭辯事實上自己得到的職位，應該遠遠高於瓦里斯與華德。霍
布斯藉著說明《物體論》中幾何學真正根基之便，辯稱「瓦里斯博士領
薪水該做的事，我都幫他做好了。」[32]

　　就霍布斯的回應來看，他把焦點從捍衛自己的數學研究，轉為嘲弄瓦
里斯，以鄙視回應鄙視，「我確信，」他在論及《無窮算術》以及從接觸到
的作品角度談論瓦里斯的研究成果時這麼寫，「自世界肇始以來，愚蠢的
幾何學相關言論，從來沒有，也不應該有像這些書中這麼多。」在提及瓦
里斯利用代數符號，其中一些還是出自他的自創（如 ∞）時，霍布斯則發
表了以下的意見，「這些符號雖屬必要，卻貧乏、醜陋，簡直就是論證的
斷頭臺；一如你在自己房間裡做的那些最畸形的必要工作一樣，全都不應
再次出現於公眾眼前。」[33] 根據霍布斯的看法，瓦里斯的《圓錐曲線》，
「滿滿都是符號的疥癬[34]，我根本沒有耐性檢視內容的論證是否合理。」
瓦里斯心理或許是記住了霍布斯的這些雋語妙言，才會在多年後抱怨那些
嘲弄符號，並堅持使用「線條與圖形的浮誇矯飾」[35] 妝點古典證明的人。
當瓦里斯試著回應霍布斯一些較具體的批評時，霍布斯總是像位傲慢的老
師在教訓一個不乖的孩子那樣打發瓦里斯。「你老是變來又變去[36]，」他不
耐煩地寫著，「而且浪費墨水，我實在不知道你要往那個方向走，我也不

32　作者註：請參見湯瑪斯·霍布斯致贈亨利·皮爾彭特爵士《六堂課》所附的獻詞信。
　　出於莫斯沃斯編輯的《湯瑪斯·霍布斯的英文作品集》第七冊185頁。
33　作者註：請參見霍布斯的《六堂課》，第七冊248頁。
34　作者註：前註同書第七冊316頁。
35　作者註：請參見瓦里斯的《代數論文》298頁。
36　作者註：湯瑪斯·霍布斯的《恥辱：約翰·瓦里斯的荒謬幾何學、鄉村土語、蘇格蘭
　　教會政治與野蠻的標記》（*STIGMAI, or markes of the absurd geometry, rural language,
　　Scottish church- politicks, and barbarisms of John Wallis*，倫敦Andrew Crooke出版，1657
　　年）第12頁，引自史特鐸翻譯的《無窮算術》第xxix~xxx頁。

需要知道。」不過瓦里斯的所有努力都沒有意義，因為「你的《無窮算術》，從頭到尾，一無是處。」

　　這場筆戰你來我往地持續了將近四分之一個世紀。霍布斯文筆較佳，又有急智，瓦里斯則堅持自己全然的熱情，並以譴責的次數取勝。此外，瓦里斯的人脈在兩人當中較佔優勢，他利用自己牛津與皇家學會的地位，慢慢孤立霍布斯，並在英國的知識分子圈中，引發大家對霍布斯的質疑。如果 1650 年代大家視霍布斯為非常傑出的科學家與數學家，那麼到了 1670 年代，他就成了大家眼中的政治哲學家，曾經愚蠢地誤入歧途，脫離專業領域，並在最後證明自己不過是個毫無能力的業餘者。連霍布斯的前學生查理二世，後來都眾樂樂地折磨這位日漸年邁的哲學家。這位國王在霍布斯經常入宮謁見的某一次，用「陷入困境的熊來了！」[37] 這句話公告周知。因此雖然貴為英國最具知名度的學者之一，也雖然有許多皇家學會的舊識，但這位愈來愈老邁的哲學家，始終未曾獲選為皇家學會的會員。霍布斯把這件事歸咎於他在皇家學會的兩個強大對手瓦里斯與波以耳，認為是他們對自己有難以化解的敵意所致。他的這個想法，無疑具有相當的真實性。但是他與瓦里斯長達數十年鼻青臉腫的筆戰（以及與波以耳的一場短得多的戰事），讓他科學之名受損的事實，也是他被名正言順地歸類於不配成為學會會員的原因。

　　在這兩位知識分子公開戰鬥所產生的喧鬧與憤怒背後，其實很多東西都岌岌可危。瓦里斯在解釋自己為什麼率先攻擊霍布斯的數學時，其實已經說了很多。他自問，為什麼「我應該接下駁斥他幾何學的這份工作，而不去探討他其實犯下了更多危險錯誤的神學以及其他哲學理論？」[38] 他解釋，理由是因為霍布斯已經「把幾何學的重要性，提升到若沒有幾何學，哲學似乎毫無任何可以期待的正確價值。」[39] 霍布斯是如此確定自己理論體系中的數學基礎，以至於「他若知道有任何人不同意他的神學或哲學看

37　作者註：這則軼事收錄在奧伯瑞的霍布斯傳記《湯瑪斯·霍布斯》340頁。

38　作者註：請參見約翰·瓦里斯在《反駁論證》為約翰·歐文題的獻詞，86頁。

39　作者註：請參見約翰·瓦里斯的《反駁論證》108頁，收錄在傑瑟夫的《化圓為方》341頁。

法，他會覺得自己應該用傲慢的回覆打發這些人，因為這些人不精通幾何學，所以他們也不會了解他的想法。」推翻霍布斯整套哲學體系的唯一穩當方法，就是證明他事實上只是一個對數學一無所知的人。這樣，這個「滿嘴空談」的人，就會「相當洩氣」，而大家也會知道「……從這個角度去看，這個《巨靈論》也沒什麼好怕的，因為他（最有自信）的盔甲很容易刺穿。」[40]

　　經過了霍布斯好幾回合的重擊後，瓦里斯在 1659 年寫給荷蘭的博學之士克里斯提安・惠更斯的信中，又重複了這個解釋。他解釋，這次之所以「非常無情地惡罵」霍布斯，並不是因為自己沒有風度，而是「有其必要」。這場謾罵是因為「受到了我們巨靈的挑釁，當他使出全力攻擊，摧毀了我們的大學……特別是神職人員，以及所有的組織、所有的宗教。」就是因為這個《巨靈論》如此仰賴數學，瓦里斯繼續說道，「一些數學家現在似乎有必要……應該證明他對這個數學的了解是多麼淺薄（也就因為他的淺薄認知才讓他有這麼大的勇氣）。[41]」摧毀霍布斯的數學信譽，就等於讓他的教旨受到了質疑，只有這樣，遭到他那個具毀滅性哲學威脅的組織才得以保存。

　　瓦里斯的好運氣，在於霍布斯採用的並非傳統形式的幾何學，這提供了純熟數學家許多攻擊的缺口。如果霍布斯還像當初在歐洲大陸某位仕紳書房中，碰巧看到歐幾里得著作的那時，堅持貼緊許多年前曾經如醉如癡的古典幾何學，那麼他的陣地應該會穩固得多。只是對霍布斯而言，堅持古典幾何學並不夠。為了支撐自己的政治體系，他的幾何學必須是一種完美的科學，能夠解決所有未解的問題。在他將幾何學轉變成這個理想的追求過程中，霍布斯失敗了。他的失敗不是因為他對數學無知，他所嘗試的證明，事實上出奇運用了強而有力的數學智慧。他的失敗在於古典工具事實上真的無法解決古代的問題，而他以古典工具為基礎所進行的計畫，也因此從一開始就注定失敗。

40 作者註：請參見約翰・瓦里斯在《反駁論證》為約翰・歐文題的獻詞，87頁。
41 作者註：瓦里斯1659年1月11日致惠更斯之信，引自傑瑟夫的《化圓為方》70頁。

　　在某個程度上，霍布斯其實是跟隨著克拉維烏斯與耶穌會的腳步前進，試圖將幾何學當成知識、社會與國家正確秩序的典範。在克拉維烏斯與耶穌會所鼓吹的嚴厲國家中，（霍布斯的）君王或（耶穌會的）教宗，說出的話就具法律效力，所有的反對意見均被視為荒謬，這就是理性幾何秩序的反射。不過霍布斯又比耶穌會更勝一籌，他並不滿於僅將幾何學看成典範與理想，而是試圖從自己修改過的幾何原則中，邏輯化、系統化地引出他的哲學理論。要做到這一步，他必須證明世上的一切都可以依據幾何原理建構，而他在《物體論》中著手所做的，就是這件事。

　　可惜結果證明這個世界無法從數學導引而出。兩千多年前畢達哥拉斯學派就已經領略到了這個道理，當時不可公度量的存在，完全顛覆了他們認定世界萬物全都可以用整數比例描述的信念。

　　霍布斯試圖為自己辯護。在瓦里斯嘲弄他化圓為方不斷失敗時，他抗議瓦里斯反芻著他已廢棄的結果。「你已知道我早放棄了那個計畫，」霍布斯這麼寫，「那不過是跟你一樣欠缺考慮就想飛翔的結果，一如我排泄物裡的糞金龜。[42]」霍布斯承認自己在《物體論》中兩次嘗試的錯誤，但他也堅持錯誤的理由只是欠缺周延考慮，並非自己使用的方法有任何問題。

　　霍布斯並沒有承認，或許也無法承認，他根本的方式其實有瑕疵。他相信自己的整套哲學體系都岌岌可危，而且若承認自己的幾何學無可救藥，對他來說，就等於承認了他所寫下以及辯護的一切，完全沒有價值。於是二十多年間，霍布斯不斷引進新的「證明」，而清楚了解這些證明對霍布斯有多重要的瓦里斯，也不斷破壞這些證明。被迫陷入困境、遭到孤立，又要面對愈來愈高漲的數學批評浪潮，霍布斯蟄伏了。「我再也不希望去改變、確認或爭辯有關媒體披露的一切論證相關看法了，」[43] 他在 1664 年寫信給友人索必耶，論及自己另一個化圓為方的努力時這麼寫道，「這就是正確的。如果大家充滿了偏見，無法具備足夠的謹慎度去看

42　作者註：請參見霍布斯的《六堂課》，第七冊324頁。
43　作者註：霍布斯1664年3月致、索必耶之17頁信中第7頁，引自傑瑟夫的《化圓為方》272~73頁。

到這個方法的正確性，那是他們的錯，不是我的問題。」他在走進墳墓時，依然完全確信自己成功解決了以圓化方的問題。

哪種數學

瓦里斯每次破壞霍布斯新提出的三個古典問題解決方法時，都玩得很開心。不過針對敵手採用的數學方式，他亦有方法論上的批評，而這些批評，當然也被納入譴責霍布斯數學的內容中。特別是瓦里斯反對霍布斯從實際的物質原理建構數學這一點。「在你之前，有誰曾將一點定義成一個主體？[44] 有誰曾嚴肅地主張數學的點有任何量？」如果點有大小，瓦里斯繼續主張，那麼加上兩點、三點或一百點，就可以把點的大小加大兩倍、三倍或一百倍，這簡直就是荒謬。同樣的批評論點也適用於霍布斯在定義幾何概念時，利用到的其他實際特質，譬如他的「意動」與「衝力」。霍布斯之所以需要這些詞彙，是因為他相信所有的證明，都必須是具體原因的導引。看到攻擊空隙的瓦里斯，接受了古典歐幾里得的概念，認為完美的幾何物體與其有瑕疵的具體對應體之間，存在著嚴格的差異。「為了什麼目的，」瓦里斯問道，在幾何定義中「大家需要去考慮時間、重量或所有這類的其他數量？」瓦里斯論述，這樣的具體特質，在幾何的世界裡根本就沒有存在的空間。

對於霍布斯的數學納入了具體概念的立場，瓦里斯的批評有點狡詐。畢竟，瓦里斯的數學方法幾乎也是採用相同的作法，他把幾何物體定位為既存於「世上」的物體，再將這些物體分割成它們的不可分量成分，然後以實驗的方式研究之。的確，僅就這一點，霍布斯就應該會非常開心地以譴責回敬瓦里斯。但是瓦里斯的數學，在有關方法論的議題上，卻遠較霍布斯的數學更能承受攻擊的火力，因為霍布斯想把數學當成確定性的堡壘，強化自己的政治哲學，結果大家對霍布斯數學方法邏輯健全性所產生的質疑批評，全都會正中他整套體系的中央核心。相反的，瓦里斯一點都

---

44 作者註：請參見約翰・瓦里斯在《反駁論證》第6頁，引自傑瑟夫的《化圓為方》78~79頁。

不在乎方法論的確定性。他在多年後解釋，自己的目的「甚至不是要說明一種證明已知事物的方法……而是要指出一種找出未知事物的**研究**方法。」[45] 他的方法在建立起新結果上的效用，才是瓦里斯在乎的重點。使用一種完美、無懈可擊的證明方法，根本不是他會放在心上的事情。

霍布斯不會接受這樣的觀念。他堅信亂七八糟的基礎，只會產生亂七八糟的想法、混亂的知識、爭亂，以及社會糾紛。霍布斯認為，瓦里斯與他的牧師同儕之所以要推動無量的點以及非實體的精神這種絲毫站不住腳的立場，唯一可能的理由，就是自身的利益，他們其實想要侵佔理當屬於國家君王的權威。因此霍布斯下定決心阻止這些牧師。他解釋，撰著《巨靈論》的目的，是為了揭露英國的神職人員當中，有多少人曾盡可能地努力去奪權，造成了內戰爆發，而他與瓦里斯之間的爭鬥，也是他與權力欲望薰心的神職人員之間的爭鬥。「我的工作，」他在 1655 年向索必耶解釋，就是「同時關係到英國所有的神職人員，而瓦里斯就是代表他們與我以筆對戰。」[46] 霍布斯阻止這些神時人員的陰謀，並拯救整個國家的方法，就是揭發瓦里斯數學的虛偽，並把創造這種數學的人，以羞辱的方式趕出數學家的圈子。

霍布斯直接攻擊瓦里斯數學的兩大柱樑。首先是歸納法，「那些厲害的邏輯學家與幾何學家[47]，」霍布斯不可置信地驚呼，「以為一個歸納法……就足以推斷出普世的結論，並具備讓幾何論證接受的資格！」某種規定適用於特定數量例子的事實，與所有未經試驗的例子是否全部適用這種規定無關。費瑪曾提出過相同的論點，任何經過古典訓練的數學家也都會這麼說。

不過霍布斯真正嗤之以鼻的焦點，是瓦里斯數學的第二根支柱，亦

---

45 作者註：請參見瓦里斯的《代數論文》305頁。
46 作者註：有關撰寫《巨靈論》的動機相關討論，請參見霍布斯的《六堂課》，第七冊335頁。致索必耶之信引自《歷史與科學哲學研究》第19期（1988年出版）286頁西蒙·夏佛的〈瓦里斯化：湯瑪斯·霍布斯對於學校神學與實驗氣體力學的影響〉（Wallification: Thomas Hobbes on School Divinity and Experimental Pneumatics）。
47 作者註：請參見霍布斯的《六堂課》，第七冊308頁。

即無限小的概念。瓦里斯計算過三角形的面積,把三角形分割成無限條寬度為 $\frac{1}{\infty}$ 的平行線……然後再把這些平行線加總。發現了瓦里斯弱點的霍布斯,精準而有力的直擊。「你在《圓錐曲線》的第一個命題中,先是說『**一個高度無限小,也就是沒有高度的平行四邊形,就是線,幾乎不會是其他東西,**』」霍布斯引用瓦里斯自己的話開始攻擊。「這樣的措辭是幾何學嗎?[48]」他怒斥。「你是如何定義『**幾乎不會是**』?」從直觀的角度來看,我們很清楚瓦里斯這樣說的意思,但是霍布斯直指「**幾乎不會是**」並非數學用語也完全正確。這並不是件小事,因為在霍布斯眼裡,研究數學的重點,全然在於數學的嚴謹、精準與確定性。使用模糊不清的詞彙,像瓦里斯喜歡的行事方式那樣,會損害到整個體制。

除此之外,針對瓦里斯,霍布斯還有更多的準備。構成三角形的線／平行四邊形高,不是有一定數值就是零,但瓦里斯的證明卻兩邊都不沾。霍布斯指控,若這些線沒有高度,「你的三角形高度,包含一個無限數量的零高度,也就是無限大的無物,結果就是你的三角形面積沒有任何量。」然而若讓這些線條具有一定的寬度,形成極小型態的平行四邊形,對瓦里斯的證明來說一樣問題嚴重,「如果你說你所謂的平行線,是指無限小的平行四邊形[49],結果也好不到哪兒去,」霍布斯這麼說。這是因為在瓦里斯的解釋中,這些平行四邊形的對邊就是三角形的邊。霍布斯指出,因為三角形的任兩邊不會出現平行的狀況,所以構成三角形邊的平行四方形對邊也不可能平行。這個說法無可避免的導出那些圖形根本不是平行四邊形的結論。

針對瓦里斯《無窮算術》中的其他論點,霍布斯更是不留情面。瓦里斯在自己的證明中計算出分子漸增的無限數列與「數量相同」的最大項數數列之間的比例。但漸增的無限數列怎麼可能會有「最大的項數」?兩個無限數列,一個在分子,一個在分母,怎麼會有「相同數量」的項數?假設無限數列有一個最大的項數,或者其數項有一個確定的數量,霍布斯質

---

48 作者註:前註同書同處。

49 作者註:前註同書,第七冊310頁。

問，就等於把無限看成有限，這在條件上就產生了衝突。「這個原理荒謬至極，」霍布斯怒罵，「我相信正常人根本提不出這樣的理論。[50]」至於瓦里斯輕描淡寫的主張卡瓦列里曾證明過「**任何連續數量都由無限多的不可分量組成，或無限多的小成分所組成**」的說法，霍布斯的回應是自己雖然看過卡瓦列里的書（他正確地假設了瓦里斯根本沒看過那本書），但他不記得書中曾提過這樣的事情。「因為這樣的假設是錯誤的。連續的量在本質上永遠都可以再分割為可再細分的成分。世界上沒有任何無限小的東西。」[51]

爭未來

　　這個問題的確是整件事的核心。霍布斯否決無限小的概念以及無限小的數學。他堅信數學必須從基本原理開始，以推論法，一步一步朝著愈來愈複雜但依然是確切真理的問題前進。在這個過程中，所有的幾何物體都必須從最簡單的問題開始，只用點、線、平面以及等等這些不證自明的最簡單定義來建構。霍布斯相信，這樣的方式可以建構起完美的理性、絕對的透明，以及完全的已知世界，這樣的世界不會有任何祕密，世界上的規定也都像幾何原理一樣簡單又絕對。當這一切理論成真時，巨靈的世界也就成形，巨靈這個無上君主的命令，將擁有不容置喙的真理之力。任何試圖胡亂修補數學這種完美理性推論的努力，都會損害到國家完美的理性秩序，導致不和、分裂與內戰。

　　正如霍布斯所見，無限小這個入侵數學的不受歡迎理論，的確造成了他所說的那些事情。無限小摧毀了數學的透明合理性，結果也損及了社會、宗教與政治的秩序。首先，無限小沒有依照邏輯與系統的步驟，建構出數學物體，如果數學真的是宇宙理性秩序的基礎，就必須做到這一步。

---

50 作者註：請參見威廉‧莫斯沃斯編輯的《馬姆斯伯里港的湯瑪斯‧霍布斯哲學作品集》（*Thomae Hobbes Malmesburiensis opera philosophica*）第五輯（倫敦Longman, Brown, Green, and Longmans出版，1845年）110頁湯瑪斯‧霍布斯的《輕數學》（*Lux mathematica*，1672年出版），引自傑瑟夫的翻譯，收錄於《化圓為方》182頁。

51 作者註：霍布斯的《輕數學》第五輯109頁，引自傑瑟夫的翻譯，收錄於《化圓為方》182頁。

更讓人詬病的是，無限小本身就以矛盾與自我衝突著稱，出現明顯錯誤與證明出真理的機率各半。這樣沒有建構的矛盾方式，在霍布斯眼中，代表的是數學永遠不應該存在的那一面。大家若同意將無限小納入數學之中，秩序將岌岌可危，社會與國家也會墮為廢墟。霍布斯從模糊不清與不明確的無限小當中，看到了聖喬治丘上那些難以管束的掘地派。

瓦里斯看到的角度卻完全不同。霍布斯眼中所有可能發展成災難的無限小特質，瓦里斯都認為是明顯的優點。霍布斯確信歧見的存在，一定會導致混亂與糾紛，因此堅決鎮壓所有歧見的徵兆。數學這個（他相信）成功淘汰歧見的唯一一種科學，可以在這一點上提供幫助。但瓦里斯以及他的皇家學會同儕則相信，獨斷論與偏狹才是引起 1640 與 1650 年代災難的原因。他們關切的重點不是知識的不確定性，而是知識似乎太確定又獨斷，隔絕了其他與之匹敵的信念。瓦里斯的數學提供了另外的選擇。

瓦里斯的數學與傳統的歐幾里得幾何學不同，他的數學並不想建構起一個數學的世界，相反的，它想研究這個世界的本貌。對那些害怕嚴屬理性世界秩序的人而言，這種想法本身就讓人覺得比較愉快。瓦里斯的世界依然神祕、未經探測，也隨時準備接受新的探究，不論探究者用的是數學方式或其他方法。無限小的不明確性，不但不是無法符合正確數學概念的資格，反而是一種正面的特質。不明確，甚至矛盾的無限小，為其本質與研究，留下了不同的詮釋與解釋空間。最後，瓦里斯的無限小，在揭露數學真理這件事情上，確實獲得了極大的成功，也因此證明了這種我們尚未完全了解的概念，力量真的很強大。無限小的支持者很清楚，前面的路要謹慎、緩慢、努力地用實驗的方法繼續走，要用已經證明的有效結果，去揭開世界上的神祕。任何試圖建構起一個完全已知和理性數學世界的努力，不但具政治危險性，從科學的角度來看，也是一個死胡同。

後記：兩個現代

　　瓦里斯獲得了最終的勝利。1660 年代，這場將持續二十多年的戰爭才剛開火的頭幾年，霍布斯在實質上相當於已被逐出了數學家的圈子，而瓦里斯依然是數學界的榮譽成員。不過不同於塞斯‧華德這位同僚兼共同打擊霍布斯的夥伴，瓦里斯並沒有被指派擔任英國國教的主教，很可能是他早年活躍於長老教會的經歷妨礙了前程，但是他一直是薩維爾教授以及牛津的檔案保管者，國王也定期聘請他為攔截的密碼信件解密，除此之外，他還是宮廷的常客。他的朋友計有皇家學會的創始會員亨利‧奧登柏格、羅柏‧波以耳，以及他們著名的後輩艾塞克‧牛頓以及約翰‧洛克（John Locke）。瓦里斯一生，出書不輟，撰著的內容並不限於數學，也涉及機械、邏輯與英文文法，他曾自詡是教導聾啞人士開口說話的專家。在他有生之年，還把數十年的佈道內容集結成兩套選集出版 [1]。瓦里斯於 1703 年過世，大家追悼八十六歲高齡的他為「擁有最令人敬重的美好特質與萬分勤勉之人 [2]，因為這樣的特質，他在幾年間就以扎實的數學能力成為家喻戶曉的人物，說他是當代數學領域最偉大的人物，實至名歸。」

　　然而比他個人成功與事業大展更重要的，是瓦里斯那具有爭議性數學方式的普及。霍布斯的證明通常都被斥為業餘愛好者的研究，瓦里斯在《無窮算術》以及其他論文裡的研究成果，反而卻通過了他同儕的檢驗與

---

1 作者註：這些佈道內容收錄在約翰‧瓦里斯的《三篇有關神聖三位一體的佈道內容》（*Three Sermons Concerning the Sacred Trinity*，倫敦Thomas Parkhurst出版，1691年），以及約翰‧瓦里斯的《不同場合的神學論文與佈道內容》（*Theological Discourses and Sermons on Several Occasions*，倫敦Thomas Parkhurst出版，1692年）之中。

2 作者註：這句話出自與瓦里斯同期但較他年輕的英國古物研究者湯瑪斯‧希爾恩（Thomas Hearne）之語。引自席德尼‧李編輯之《國家名人傳記字典》（*Dictionary of National Biography*）第49冊（倫敦Smith, Elder, and Co.出版，1899年）144頁。

確認。艾塞克‧牛頓無疑是瓦里斯研究結果最重要的讀者。1655 年，時年二十三歲的牛頓研究出了屬於他自己的無限小數學，他後來說《無窮算術》是這個研究結果最重要的啟發之一。接下來的數十年間，牛頓的微積分，以及其對手萊布尼茲的微積分版本，全都廣泛且深遠地傳布了出去，改變了數學的方法以及所有數學科學。分析，這個以微積分為起始點的新數學領域，不但成為十八世紀的數學主流，自此也一直是數學學科中最重要的中流砥柱之一。微積分讓數學研究萬物的可能性成真，從行星的運行、弦線的震動、蒸氣機的運作，一直到電動力學，事實上從那時到現在的一切數學物理內容，都是微積分的研究對象。瓦里斯在有生之年，只看到了在未來好幾個世紀間改變了世界的這場數學革命之最初騷動。但是在他 1703 年去世之時，最後的判決已下：無限小贏了。

　　從羅馬、佛羅倫斯、倫敦、到牛津，無限小的戰爭在十七世紀中葉的數十年間，狂掃了整個西歐。在歐洲大陸的兩端，戰事出現相反的結果。在義大利，耶穌會戰勝了伽利略派，在英國則是瓦里斯贏過了霍布斯。這些結局都不符合過去的軌跡。如果有人要求客觀的觀察者在 1630 年為這兩個地方預測數學的未來，這位觀察者的猜測幾乎肯定會與事實相反。義大利曾是顯赫數學傳統的家鄉，而英國，可能除了隱居且從未發表過任何研究結果的湯瑪斯‧哈瑞亞特外，從未出過任何有名的幾何學家。要在深具挑戰性的新數學路上開荒闢野，除了義大利這個從文藝復興時代，就不斷在藝術與科學領域提供歐洲靈感的國家，不做第二人想。英國則很可能一直維持著如一灘知識死水般的原樣，持續拾著更具文化涵養的歐洲大陸鄰居牙慧。

　　然而事情的結果卻出現了一百八十度的轉變。隨著無限小戰爭開打，義大利的尖端數學停滯不前，英國的數學卻快速成為主導歐洲的國家傳統之一，僅有法國可與之匹敵。

　　若想了解現代西方接受無限小的影響深度，只需要想像一下沒有無限小數學的世界會是什麼樣子。如果耶穌會和他們的盟友獲勝，就不會有微積分、分析，或任何從這些強而有力的數學方法衍生出來的科學與科技創

新。早在十七世紀，「不可分量方法」就已應用在機械相關的問題上，而且經過證明，這種方法在描述運轉的問題時特別有效。伽利略習慣用這種方式描述落體的運動，與他同期的約翰‧克卜勒也曾用這種方法發現以及描述行星圍繞太陽的運行。艾塞克‧牛頓利用微積分創造了新物理，並用數學的方式描述了因宇宙重力而匯集成的完整「世界體系」。

牛頓的研究成果由十八世紀的知名人士丹尼爾‧白努利（Daniel Bernoulli）、里昂納德‧歐拉（Leonhard Euler）以及尚‧達朗貝（Jean d'Alembert）傳承，他們針對流體流動、弦線的震動，以及空氣的氣流，提出了一般性的數學描述。這些人的後繼者約瑟夫－路易斯‧拉格朗日與皮耶－賽門‧拉普拉斯（Pierre-Simon Laplace），又用一套利用微積分的方程式的優雅「微分方程式」，解釋天空與地球的機械動力。的確，從他們那個時代到我們所處的現代，分析法這個微積分的廣義型態，始終是物理學家解釋自然現象所使用的基本工具。而這一切的一切，全都根植於讓索必耶 1644 年困惑不已的「數學不可分量線」。

微積分在工程學與科技上的影響，發酵時間稍稍長了一點，但當這個影響顯現時，其革命性的效果毫不遜色於其他領域。有了十九世紀約瑟夫‧傅立葉（Joseph Fourier）開發出的熱融合數學理論，以及威廉‧湯姆森（William Thomson）的熱力學，更高效能的蒸汽引擎才能設計並生產出來。1860 年代的詹姆斯‧克拉克‧麥斯威爾（James Clerk Maxwell）寫下了後來知名的麥斯威爾方程式（Maxwell equations），用一套微分方程式解釋電流與磁場的關係。沒有他的研究，電動馬達與發電機以及電波通訊都不可能有後續發展。另外還要加上微積分在（讓空運成真的）空氣動力學、（船運、集水以及水分配相關的）流體動力學、電子工程、土木工程、建築、企業模型以及族繁不及備載的其他種種領域中，全都扮演了重要的角色。情勢愈來愈清楚，若沒有微積分以及微積分所揭開的自然世界內在運作模式，現代的世界將會是一個無法想像的樣貌。

但是故事並沒有就此落幕，因為無限小戰爭的影響，其實遠遠超出了數學的世界，甚至走出了科學與科技的世界之外。這場戰爭，其實是為了

現代世界的樣貌而戰，而且兩處無限小戰事最激烈的戰場，也確實走向了截然不同的兩個現代。義大利變成了耶穌會初衷成真之地。高度天主教化的這個國家，深受天主教教條的永恆與不變真理薰染，由教宗與教會階級制度的絕對神權支配。這種精神秩序支撐著世俗秩序，而兩套秩序中有許多相同的特質。教宗的至高權力不允許強國的發展，而統治義大利的小諸侯們，把自己當成君主專制體系中的獨裁者，認定自己的地位來自於古代的王朝權力，在領地上主張絕對的威權。宗教歧異根本是無法想像的事，政治對立受到強力打壓，知識創新引人皺眉側目，而社會流動也幾乎完全不存在。當北方國家紛紛成為知識辯論、科技創新、政治實驗與經濟進步的溫床時，義大利依然故步自封於時間當中。千百年來穩居歐洲藝術與科學領導地位的這塊土地，著名城邦曾經一度比大帝國還要富裕、繁榮的這塊土地，變得蕭條、倒退、貧困。

在義大利落後的同時，英國成為了歐洲最有活力、眼光最遠以及成長最快的國家。長久以來一直被視為蝸居於歐洲文明北角的一塊蠻荒與半野蠻之地，不但成了歐洲文化與科學的領導中心，也是政治多元化與經濟成功的典範。不論從哪個角度來看，英國眼中的現代化都與主導義大利的現代化完全相反。與獨斷性的統一相反，英國對於歧見與多元化，展現的是顯著且不斷擴大的開放。在政治、宗教與經濟層面，英國都成為眾聲喧嘩之地，彼此對立的見解與利益公開競爭，從國家的壓制中取得了相當程度的自由。英國就是在這樣相對自由的環境中，找到了通往富裕與強大的道路。

因為斯圖亞特王朝諸王的努力，英國建立起了一個絕對的君權，卻遭議會的反對力量擊潰，先有英國內戰，最後又有 1688 年的光榮革命。當最後一任的斯圖亞特國王詹姆斯二世也走上放逐之路，由具備憲法思想之奧倫治的威廉（William of Orange）取而代之時，議會成了國家的最高治理體系。的確，十七與十八世紀的英國議會與我們今日所知的民主體系相去甚遠。當時的英國議會是一個保守的組織，代表的是有地與有產階級，他們對於無地產階級可能引起社會動盪的恐懼，遠大於他們對王室統治的

畏懼。然而，英國議會也是個審慎的組織，他們允許異議、辯論與表達思想的自由尺度，前所未見。隨著時間演進，議會體系中寬大的特質，成功戰勝了自己體系裡忠於階級制度與社會的成員。整個十八與十九世紀，參政權緩慢卻不可逆轉地持續擴張，議會的成員也擴及至更廣泛的團體族群。這個過程一直到 1928 年才完成，那一年英國所有女性都有了投票權。

英國史無前例的宗教寬容度，亦可以與其政治多元化媲美。十七世紀初的清教徒，心胸並不寬闊。他們自認是上帝選擇的子民，要將自己的信仰與道德觀強加在廣大百姓身上的熱忱，所以 1640 年出現的危機以及之後的內戰，他們實在逃避不了責任。但是主要因對立教條衝突而引發的內戰，卻讓大家在看待宗教真理這件事情上，有了更仁慈的態度。空位期後餘波依然蕩漾的那段時期，許多英國國教的主教，以及新成立的皇家學會內幾乎全體的領導者，對於宗教的態度，都擁護自由主義，而非獨斷教義。他們不但不堅持嚴格的宗教教條，不排斥不完全接受自己看法的人，還鼓吹對教義相關事件抱持更自由的態度，承認最高的真理必須透過努力追尋，而非直接被告知。只要認同某些基本教義原則，英國國教的集會其實歡迎某個程度的不同信仰加入，譬如三位一體與國王（非教宗）的至高無上權。

宗教多樣化首先是在英國國教自身之內提倡，但很快就跨出英國國教的範疇。1689 年的寬容法案，緊跟著光榮革命的腳步而至，允諾如長老教會、貴格教，以及唯一神教派（Unitarian）等不願改信英國國教的新教徒免受迫害。英國的非國教徒，雖然受限（1828 年解禁）不能參加許多公開場合的活動，也不能進入牛津或劍橋就讀，但他們並不會受到國家侵擾，而且在經濟與學識上的表現都很成功。他們建立了自己的教堂與學校，而這些學校的教學，常常都比有耐心又勤勞的英國國教大學先進。只不過大家對天主教就沒有這麼輕易地寬容以待了。出於憎惡與恐懼歧異，大家一視同仁地對待天主教和外國介入的危險、教宗主張的至高無上權，還有遭驅逐的斯圖亞特王室。儘管遭受到系統化歧視，但在 1829 年的天主教徒解禁令之前，英國大多數天主教徒都未曾遭遇任何騷擾。

　　政治與宗教的多元化，與科學、知識和經濟的開放，攜手並行。皇家學會與法國皇家科學院很快就成了歐洲主導的科學組織，而英國成為全歐洲的科學標準。在知識的領域，英國成為哲學與政治公開辯論的場所，參與這些辯論的知名人物包括約翰・洛克、強納森・史威夫特（Jonathan Swift）以及艾德蒙・柏克（Edmund Burke），他們都以反方的立場，提出精彩的論點。政治開放，也讓經濟與私人企業出現前所未見的百花齊放。資本的累積與規模愈來愈大的工廠，都讓新科技的投資獲利，尤其是在蒸汽引擎這項產品上。結果，到了十八世紀末期，英國成為全世界第一個工業化的國家，把它歐洲大陸上的對手遠遠拋在後面，讓他們慌張地急起直追。

　　連續統是否由無限小構成，看起來像個奇怪至極的問題，但這個問題所釋放出來的熱情，卻讓我們難以衡量。當這場無限小的戰爭在十七世紀狂暴肆虐時，雙方陣營的戰士都堅信這個問題的答案，將會決定轉眼即至的現代世界每一個生活層面。他們一點都沒錯。當塵埃落定，無限小的支持者勝利，他們的敵人敗北。這個世界再也不復原來的樣貌。

人物表

無限小陣營

路卡・瓦列里歐（Luca Valerio, 1553~1618）：數學家，也是對無限小方法做出重大貢獻的伽利略之友。然而在 1616 年伽利略與耶穌會發生衝突時，選擇與伽利略對立的陣營，受到前友人激烈指責。不久之後，背負著惡名辭世。

伽利略・伽利萊（Galileo Galilei, 1564~1642）：當代最著名的科學家。因為鼓吹哥白尼學說而遭到耶穌會迫害，並因而受到審判，導致沒落。伽利略在他的工作中用到了無限小的概念，並支持、鼓勵年輕一代的數學家繼續將這個概念發揚光大。無庸置疑，即使獲罪，他依然是義大利支持無限小諸家的領袖人物。

葛萊格里・聖文生（Gregory St. Vincent, 1584~1667）：耶穌會的數學家，對幾何圖形體積提出新的計算方式，其中包括無盡除法（infinite division）。耶穌會長官認為他的計算方式過於接近無限小，禁止他發表任何研究結果。

柏納文圖拉・卡瓦列里（Bonaventura Cavalieri, 1598~1647）：伽利略學生，後來成為波隆那大學數學教授與耶穌教團成員。他的《不可分量的幾何學》（1635 年出版）與《六道幾何練習題》（1647 年出版）成為他稱為「不可分量法」（the method of indivisibles）的這個新數學之權威作品。

艾凡傑里斯塔・托里切利（Evangelista Torricelli, 1608~47）：伽利略學生，最終成為伽利略在佛羅倫斯的繼任者。他是無限小的熱情信徒，學術研究方法的精密度雖然遠不及卡瓦列里，卻以強而有力且饒富創意的計算方式著稱，其中包括計算無限小「寬」與「厚」的方式。他 1644 年出

版的《幾何學著作》是歐洲數學家間相當普及的閱讀作品,特別是瓦里斯的《無窮算術》即是以托里切利的作品為模型發展而成。托里切利碩果纍纍的成就中,最令人稱奇的莫過於他成功計算出了無限長固體的體積。

約翰‧瓦里斯(John Wallis, 1616~1703):熱情的議會黨員,也是空位期初期的新教牧師,另外還是西敏寺聖徒會(the Westminster Assembly of Divines)的秘書。自1640年代中期開始,他就是後來讓皇家學會成功創立的一些私人聚會的常客,並於1649年被任命為牛津大學薩維爾幾何學教授。他後來成為數學界無限小的領導人物,政治立場與他的皇家學會同僚一致,相對來說偏向實踐與溫和。他因為數學以及威權政治方面的見解,與霍布斯有過長達數十年的論戰。

史戴芳諾‧德格里‧安傑里(Stefano degli Angeli, 1623~97):卡瓦列里的友人與學生,帕多瓦大學數學教授,耶穌教團會員。他在1650與1660年代,是義大利最後一位公開為無限小的相關概念與算式發聲辯護,並公開譴責耶穌會的人。然而當教宗於1668年突然解散耶穌教團後,安傑里還是停止了他的行動,再也沒有出版過任何與無限小有關的著作。

反無限小陣營

克里斯多佛‧克拉維烏斯(Christopher Clavius, 1538~1612):耶穌會羅馬學院的數學教授,也是耶穌會數學傳統的創建人。他堅持幾何學方式,重視幾何學的秩序、嚴謹的演繹方法,以及絕對正確的結果。他希望把這種方法論應用在所有的知識領域,對數學的創新沒有興趣。在他大部分的生涯中,幾乎沒有任何數學家運用過無限小,所以他並沒有直接針對無限小提出過看法,然儘管如此,他卻是直接引起無限小論戰的耶穌會數學核心原則的創造者。

保羅‧古爾丁(Paul Guldin, 1577~1643):耶穌會主要的數學家,譴責無限小的不可信。他在1641年出版的《重心》一書中攻擊卡瓦列里的不可分量法。

瑪利歐‧貝蒂尼（Mario Bettini, 1584~1657）：數學家，在古爾丁去世後，成為耶穌會針對無限小的主要批評者。他在 1642 年出版的《世界數學哲學大集》與 1648 年出版的《數學哲學寶庫》這兩本有關罕見數學問題的全集中，嘲弄無限小。

湯瑪斯‧霍布斯（Thomas Hobbes, 1588~1679）：《巨靈論》作者，也是絕對威權主義國家的擁護者，自認是位數學家。他相信自己的哲學是奠基於數學原則之上，因此他的哲學就如幾何論證一樣可信。他相信《巨靈論》的結論也和幾何證明一樣不容置疑。

安德烈‧塔凱（Andre Tacquet, 1612~60）：耶穌會主要的數學家，攻擊無限小的不可信。他在 1615 年出版的《圓柱與環》中譴責無限小數學，卻有限度地接受無限小的使用方式作為啟發式教學的工具。後來長官下令禁止他出版具原創性的著作，要他專注於教科書的撰寫上，他遵從了命令。

耶穌會

羅耀拉的依納爵（Ignatius of Loyola, 1491~1556）：來自巴斯克（Basque）[1] 區域的西班牙貴族與軍官。在 1521 年的潘普隆納戰役（the Battle of Pamplona）[2] 中受傷，後來經歷了宗教覺醒，帶著十名忠心耿耿的追隨者，創立了耶穌會，於 1540 年獲教宗保祿三世的正式承認。耶穌會在依納爵的領導下，成為天主教會最有活力的修道會，反對宗教改革作為的效果也最大。依納爵去世時，耶穌會已成長為擁有一千名會眾以及幾十所學校和學院的會團，並持續快速擴張。

本篤‧培雷拉（Benito Pereira, 1536~1610）：羅馬學院中最令克拉維烏斯頭痛的對手，堅持數學沒有資格被稱為科學。他也是第一位直接譴責

---

1 位於比斯開灣海岸的庇里牛斯山西端，跨西班牙中北部與法國西南部，自成一族，並有自己的語言。

2 爆發於1521年5月，西班牙軍隊與法國支持的納瓦爾（Navarre）自治區之間的戰爭，為義大利戰爭（1521~26）中的一個戰役，結果納瓦爾勝利，掌控了潘普隆納城。

無限小數學的耶穌會成員，只不過他著文的內容，主要是在評述亞里斯多德，而非討論數學。

克勞蒂亞‧阿瓜維瓦（Claudio Acquaviva, 1543~1615）：1581 至 1615 年間的耶穌會總會長，設立了總校訂室（office of the Revisors General），支持早期反對無限小的活動。

穆提歐‧維帖雷奇（Mutio Vitelleschi, 1563~1645）：1615 至 1645 年間的耶穌會總會長，經歷了耶穌會勢力的衰微（1623~31）以及在羅馬重拾權勢。在他的主持下，耶穌會發動了對無限小最後的反對活動，曾去信各分會禁止無限小的理論。

雅各‧畢德曼（Jacob Bidermann, 1578~1639）：1632 年耶穌會重新攻擊無限小時的總校訂室負責人。

文生提歐‧卡拉法（Vincenzo Carafa, 1585~1649）：1646 至 1649 年間的耶穌會總會長。強化對無限小的譴責，並強迫帕拉維奇諾（Pallavicino）撤回原先發表的簡介，藉此侮辱。他去信自己的屬下，要他們對無限小抱持警戒之心，並開始著手將無限小納入永久禁止接觸的理論名單中。

洛迪哥‧德‧阿雷亞格（Rodrigo de Arriaga, 1592~1667）：耶穌會的主要哲學家。他在 1632 年出版的《哲學大綱》，出人意表地做出了無限小看似有道理的結論。然而書出版後，耶穌會重新在羅馬取回權勢，並決定壓制對無限小的支持。總會長卡拉法宣布，再也不會出現如阿雷亞格這樣的人。

皮耶托‧斯佛札‧帕拉維奇諾（Pietro Sforza Pallavicino, 1607~67）：一出生即具侯爵身分，年輕時是個熱情的伽利略派，伽利略垮台後，遭到羅馬放逐。重新回到義大利後，意識到風向的轉變，成了耶穌會成員，最終當上樞機主教，但他依然相信伽利略理論，並在羅馬學院傳授無限小相當可信的想法。1649 年受到總會長以信件譴責，被迫公開撤回自己的見解。

皇家學會

法蘭西斯・培根爵士（Sir Francis Bacon, 1561~1626）：英國法律學家、哲學家、政治家以及 1618 至 1621 年間詹姆斯一世時代的大法官。培根雖然不是科學家，但因為他提倡自然研究中的經驗主義，因此在科學革命中被公認為領導人物之一。培根發表一系列深具影響力的論文與書籍，主張研究自然的最合宜方式，是透過系統化的觀察與實驗，而非藉由演繹的推理或數學。培根去世多年後，支持他經驗論研究方式的皇家學會將其視為學會的最初領導者。

亨利・奧登柏格（Henry Oldenburg, 1619~77）：德國人，1650 年代於倫敦定居，並成為知識分子與科學圈的重要人物，利用通信建立起廣大的人脈，並以此著稱。與羅柏・波以耳、約翰・瓦里斯等人都是皇家學會的主要創始者，他還擔任第一屆的學會秘書，並以這個身分，帶領學會走過了初期幾年的艱困，將學會建立成歐洲最具領導地位且以支持實驗主義聞名的科學學會。

羅柏・波以耳（Robert Boyle, 1627~91）：現代化學的始祖，也是皇家學會初期會員中最具知名度與最受景仰的科學家。支持以謙虛的經驗主義作為研究自然的正確方式，並相信這樣做會讓宗教與國家均蒙其利。

湯瑪斯・史伯瑞特（Thomas Sprat, 1635~1713）：皇家學會初期的主要宣傳者。1667 年出版了《皇家學會歷史》，書中陳述學會的科學原則以及政治目標。他認為對自然的經驗研究，不僅能增加人類知識，也能促進人民與宗教的和諧。1665 年，針對索必耶的英國紀行內容，撰寫過一篇尖銳、諷刺的回應。

統治者

查理五世（Charles V, 1500~58）：1519 年繼位神聖羅馬帝國皇帝，但早在 1516 年就（以查理一世之名）坐上了西班牙的國王寶座，一直到 1556 年才從兩個王位上退位。在位時的疆土，從東歐延至秘魯，是歷史

上版圖最大的帝國之一。他是名義上的國王，因為對疆土的掌握力常常都很薄弱。他自認是教會之劍，在 1521 年的沃木斯集會上迎戰路德，並頒布敕令，宣布路德與其著作違法。之後一直試圖將新教從他的土地上根除，但在位時一直沒有成功。

古斯塔夫·阿道夫（Gustavus Adolphus, 1594~1632）：1611 年即位的瑞典國王，普遍被認為是有史以來最偉大的軍事改革家之一。1630 年 6 月，他帶著其軍隊登陸德國北部，支持三十年戰爭中受到大力打壓的新教諸侯。接下來的兩年，他繼續在一連串的戰役中擊敗神聖羅馬帝國的天主教軍隊，戲劇性地改變了歐洲勢力的平衡。瑞典的威脅同時也改變了羅馬政治上的算計，結束了伽利略的優勢，將權力重新送到耶穌會手中。盧岑戰役中，他在帶領騎兵進攻皇家部隊時陣亡。

奧利佛·克倫威爾（Oliver Cromwell, 1599~1658）：英國議會黨與保皇黨戰爭中議會黨新模範軍的主要指揮官，也是清教徒獨立派（與長老會對立）領袖。1653 年，成為英國、蘇格蘭與愛爾蘭的的護國公。有些人相信霍布斯的《巨靈論》就是為了支持克倫威爾的威權統治而著。

查理一世（Charles I, 1600~49）：1625 年即位的英國國王，在位期間因與議會對峙的狀況愈來愈多而受到矚目，最終引發保皇黨與議會黨戰爭。他遵循法國國王的前例，意欲在英國建立起絕對君權制，遭到掌控國家收入的議會強烈反對。試圖個人集權統治的努力運勢欠佳，導致 1640 年的危機以及議會與國王間的內戰。戰敗的查理一世遭議會軍逮捕，於 1649 年處死。

查理二世（Charles II, 1630~85）：查理一世之子，在流亡宮廷中長大，期間曾受教於霍布斯。1660 年，由前議會黨與保皇黨成員組成的聯合勢力，因擔心宗教與社會激進分子日益眾多，召他回國，恢復他的王位。他謹慎行事，避免重蹈其父覆轍，小心翼翼地與議會並肩統治。1662 年頒授一紙敕許狀給一群相信研究自然哲學可以掌握社會與政治和平關鍵的自然哲學家。這群人後來創立了皇家學會。

教宗李奧十世（Leo X）：1513~21 年間的教宗，為佛羅倫斯的麥迪奇

家族成員，是有文化的博學之士，也是了不起的文藝復興文化保護者。然而因為他回應路德挑戰的速度緩慢、態度遲疑，結果把一個德國的區域性問題，擴大成整個天主教會的生存危機。

保祿三世（Paul III）：1534~49 年間的教宗，在宗教改革最高峰時接任教宗寶座，在新教浪潮正席捲所有古制舊習的當時，開始反攻並重拾天主教榮耀。1540 年，應允羅耀拉的依納爵請求，成立了後來注定在反宗教改革中扮演關鍵角色的新修道會，名為耶穌會。1545 年，保祿三世召集特倫托會議，會中決定了直至今日都還遵守的天主教基本教義。

格里高里十三世（Gregory XIII）：1572~85 年間的教宗，耶穌會的友人與保護者，他授予耶穌會土地與資源，讓耶穌會創立轄下主要的大學羅馬學院，並讓該學院擁有永久院址。為了改革曆法召集委員會，他讓克拉維烏斯在委員會中扮演重要角色，並於 1582 年執行委員會的決議。當今幾乎全球普遍使用的格里高里曆，就是以他命名。

烏爾班八世（Urban VIII）：1623~44 年間的教宗，接任教宗職位前（眾所周知的頭銜為瑪菲歐·巴貝里尼樞機主教），是伽利略的友人與贊助者。執掌教宗職務後，繼續支持伽利略，因此在羅馬創造了一段黃金的「自由時期」。然而 1632 年，隨著論述哥白尼體系的《伽利略對話錄》出現以及不利天主教會的政治發展，他對伽利略的態度轉變，導致後者受到審判與放逐。耶穌會在羅馬再度受到支持，並得到自由打壓無限小的行動權。

克雷芒九世（Clement IX）：1667~69 年間的教宗，雖然是任期短且不出色的教宗，卻是壓制耶穌教團的主要人物。當時支持無限小的兩位主要數學家柏納文圖拉·卡瓦列里與史戴芳諾·德格里·安傑里，都出自耶穌教團。

其他改革者、革命家與各國大臣

馬丁·路德（Martin Luther, 1483~1546）：，最初為奧斯丁教會的修士以及威騰堡大學的神學教授。1517 年在城裡的城堡教堂門上張貼自己

的《九十五條論綱》（Ninety- Five Theses），為宗教改革濫觴。1521 年，教宗下令將他逐出教會，國王也對他施以禁令，但新教教義的傳播卻再也無法逆轉。其他宗教改革者很快就追隨路德的領導，建立屬於他們自己的新教教派。

查爾斯·卡文迪許（Charles Cavendish, 1594~1654）：受人尊敬的數學家，出身英國最偉大的貴族世家之一，以十七世紀藝術與科學的保護者與實踐者著稱。他的兄長新堡爵士威廉（William，1592~1676）也在自己的領地內經營一座實驗室，嫂嫂瑪格麗特（Margaret，1623~73）是位大家讚賞的詩人與散文家。這對兄弟將家族位於切茲渥斯（Chatsworth）的領地與威爾貝克修道院（Welbeck Abbey）變成蓬勃發展的知識中心，終身都是霍布斯的贊助人。

傑若德·溫史丹利（Gerrard Winstanley, 1609~76）：掘地派領袖，於1649 年開始在薩里郡的聖喬治丘開始掘地。他與他的跟隨者都相信土地是共有財產，所有人都有耕耘的權利。當地地主因他們的行動引發不安，設法藉重法律與暴力行為攻擊驅逐他們。掘地派以及其他激進團體造成的恐懼，迫使不同的有產階級克服彼此差異，導致 1660 年的君權政體復辟。

山謬·索必耶（Samuel Sorbière, 1615~70）：法國大臣，醫師、學者，也是湯瑪斯·霍布斯的友人與崇拜者。1663 至 64 年間，索必耶造訪英國，並在皇家學會作客多時。後來出版的旅行紀要，特別是他對霍布斯的盛讚以及對瓦里斯的嘲笑，大大觸怒了他的前東道主。這份紀行引起了湯瑪斯·史伯瑞特強烈的反駁，也葬送了索必耶在法國宮廷的前途。

大事記

　　西元前六世紀：畢達哥拉斯（Pythagoras）與其追隨者宣稱「萬物皆數」（all is number），認為世上萬物皆可以整數或分數描述。

　　西元前五世紀：阿布德拉（Abdera）³的德謨克利特（Democritus）利用無限小計算圓錐體與圓筒體的體積。

　　西元前五世紀：來自美塔波坦（Metapontum）⁴的畢達哥拉斯支持者希帕索斯（Hippasus）發現了不可公度量（incommensurability）的數字（即無理數）。自此推論不同的量（magnitude）不是由獨立的微小原子（atom）⁵，亦即無限小，所構成。希帕索斯在這項發現後就神秘地在海上失蹤，可能是遭到畢達哥拉斯派同道溺斃。

　　西元前五世紀：伊里亞（Elea）⁶的芝諾提出幾個矛盾的問題，指出無限小引發的邏輯衝突。從此無限小遭到古代數學家規避。

　　西元前 300 年：歐幾里得出版具高度影響力的幾何論文《幾何原本》，文中謹慎地避開無限小。近兩千年來，《幾何原本》一直是數學的表達方式與練習的範本。

　　約西元前 250 年：塞拉庫斯（Syracuse）⁷的阿基米德反趨勢而行，用無限小實驗，他在幾何圖形的面積與體積上有卓越成就。

---

3 希臘位於色雷斯（Thrace）海岸的一座主要城市。

4 大希臘（Magna Graecia）時期的重要城市，位於布拉達納斯河（River Bradanus）與今日名為巴森托（Basento）的卡蘇恩托（Casuentus）之間的塔倫坦灣（Golf of Tarentum）。美塔波坦遺跡現在位於義大利巴西里卡達區（Basilicata）的馬特拉省（Matera）。

5 原子最初為自然哲學的概念，源於古希臘語「不可分割的」（ατομος），所以這裡的意思也就是無理數可以永遠分割下去。

6 位於義大利南部。

7 位於義大利西西里島，為塞拉庫斯省首府。

1517：馬丁‧路德將自己的《九十五條論綱》釘在威騰堡的城堡教堂門上，宗教改革自此拉開序幕。天主教與新教接下來的鬥爭，持續了兩個世紀。

1540：羅耀拉的依納爵創立耶穌會，矢志恢復天主教教義與教會權威。

1544：阿基米德作品的拉丁文版在巴賽爾（Basel）出版，學者第一次可以廣泛接觸到他對無限小的研究。

1560：克里斯多佛‧克拉維烏斯開始在耶穌會的羅馬學院教書，他將耶穌會的數學傳統建立在歐幾里得的幾何學上。

十六世紀末至十七世紀初：歐洲數學家對於無限小的興趣復燃。

1601~15：耶穌會中負責裁決理論的「總校訂」室，發表一連串針對無限小的公開譴責。

1616：耶穌會因伽利略擁護哥白尼學說以及利用無限小而與他發生衝突。之後，伽利略軟化措辭，同時拖延時間準備重尋辯論的機會。

1616：數學家路卡‧瓦列里歐選擇與耶穌會同一陣線對抗老友伽利略。未幾，他背負著惡名辭世。

1618：三十年戰爭爆發，天主教徒與新教徒開戰。

1623：伽利略的朋友瑪菲歐‧巴貝里尼成為教宗烏爾班八世。烏爾班八世公開支持伽利略與他的追隨者。

1623~31：羅馬的一段黃金「自由時期」。伽利略學說如日中天。

1625~27：耶穌會數學家葛萊格里‧聖文生遭長官禁止出版他們認為太接近無限小的著作。

1628：湯瑪斯‧霍布斯在歐洲旅程中，首次接觸到一種幾何證明。

1629：柏納文圖拉‧卡瓦列里被任命為波隆那大學數學教授。

1630 年代：艾凡傑里斯塔‧托里切利發展出他的無限小方法，但沒有出版任何研究結果。

1631：瑞典的新教國王古斯塔夫‧阿道佛斯在三十年戰爭的布萊頓菲爾德戰役（Battle of Breitenfeld）[8] 中擊敗神聖羅馬帝國。他的勝利改變了

歐洲勢力的平衡。

1631：在傳統主義者的壓力下，烏爾班公開譴責自己的自由政策，並重新支持耶穌會。伽利略學說的優勢結束。

1632：耶穌會總校訂室對無限小發表了截至當時最全面性的譴責。接下來的數年，類似的公告不斷。

1632：耶穌會的總會長穆提歐・維帖雷奇致信予各分會譴責無限小。

1632~33：伽利略被控邪說異端，在宗教裁判所受審，遭判終身軟禁，在自己位於佛羅倫斯外阿切特利的宅邸中服刑。

1635：卡瓦列里出版《不可分量的幾何學》，成為橫跨歐洲的無限小權威作品。

1637：伽利略的《兩門新科學的對話》在荷蘭萊登出版。這本書詳細討論無限小，並盛讚卡瓦列里為「新阿基米德」。

1640~60：空位期。查理一世與議會之間的內戰，致使國王於 1649 年被處以極刑，以及克倫威爾建立軍事獨裁。

1640：保皇黨霍布斯至巴黎，加入查理一世的流亡宮廷，擔任日後即位為查理二世的威爾斯王子的數學老師。

1641：耶穌會數學家保羅・古爾丁出版《重心》，內容不但攻擊卡瓦列里，且系統性批評他的數學方法。

1642：托里切利被任命為麥迪奇宮廷的伽利略繼任者以及佛羅倫斯學院的數學教授。

1642：霍布斯出版了第一本著作《公民論》，書中他主張只有絕對的君權才能拯救人類社會於混亂與內戰之中。

1644：托里切利出版了他最重要的無限小著作《幾何學著作》。

1644：約翰・瓦里斯被任命為西敏寺宗教會議秘書。

1645：瓦里斯與其他的科學狂熱分子共同進行與討論科學實驗。這個大家稱為「隱形大學」的團體，持續定時聚會了許多年。

---

8 位於德國萊比錫西北約五哩。

1647：卡瓦列里在最新出版的《六道幾何練習題》中回應古爾丁，不久後去世。

1647：托里切利去世。

1648：西發利亞合約（the Peace of Westphalia）終結三十年戰爭。

1648：耶穌會數學家瑪利歐・貝蒂尼在他的著作《數學哲學寶庫》中譴責無限小的諸家。

1648：身為耶穌會成員並於之後成為樞機主教的貴族皮耶托・斯佛札・帕拉維奇諾被迫公開撤回他對無限小的支持。

1649：英王查理一世遭到處決。

1649：瓦里斯被任命為牛津大學薩維爾幾何學教授。

1649：耶穌會總會長文生提歐・卡拉法致信予各分會譴責無限小。

1651：耶穌會數學家安德烈・塔凱在《圓柱與環》第四冊中宣稱無限小必須被摧毀，否則數學就會遭到毀滅。

1651：霍布斯出版《巨靈論》，他在書中擁護極權國家，並利用幾何學為根據，支持自己的理論。

1651：耶穌會發表了一張禁止的理論項目，其中包含了無限小。

1652：霍布斯與巴黎流亡宮廷失和，返回倫敦。

1655：瓦里斯出版《圓錐曲線》。

1655：霍布斯出版《物體論》，書中包括了古代諸如化圓為方等未解問題之「證明」。

1655：瓦里斯出版《霍布斯幾何學之反駁論證》，在書中譏笑霍布斯，並指出他數學上的錯誤。

1656：瓦里斯出版《無窮算術》。

1656：霍布斯以《給數學教授的六堂課》回應，他在書中以攻擊瓦里斯使用無限小作為反擊，認為無限小不但沒有意義，而且可能造成謬誤、不真實。

1657~79：霍布斯與瓦里斯在書籍、小冊子與論文等數十項著作中互相批評、訕笑，並對彼此口出惡言。

1658~68：帕度亞大學數學教授史戴芳諾・德格里・安傑里出版了八本有關無限小的著作，每一本都公開嘲弄耶穌會對無限小數學家的批評。

1660：查理二世重獲君權，登基為英王。

1662：「隱形大學」收到查理二世的許可狀，成為皇家學會。

1665：年輕的艾塞克・牛頓以無限小的理論做實驗，發展出後來稱之為微積分的技法。

1668：卡瓦列里與安傑里所屬的耶穌教團受到教宗命令的壓迫。

1675：哥特佛瑞德・威爾翰・萊布尼茲（Gottfried Wilhelm Leibniz） [9] 發展出屬與他自己的微積分版本。

1679：霍布斯辭世，在數學界的名譽掃地，政治圈也受到孤立。

1684：萊布尼茲在期刊《博學通報》（Acta Eruditorum）上發表他第一篇關於微積分的學術論文。

1687：牛頓出版《自然哲學的數學原理》（*Philosophiæ Naturalis Principia Mathematica*） [10]，不但徹底改變物理學的樣貌，也建立起第一個現代太陽系理論。這本著作奠基於微積分 [11]，內容包含了牛頓第一次對於自己使用方法的解說。

1703：瓦里斯去世，受讚為重要數學家、微積分先驅，以及皇家學會創始者。

9　1646~1716，著名的德國數學家與哲學家，被譽為十七世紀的亞里斯多德。

10　原名為《自然哲學的數學原理》（*Philosophiæ Naturalis Principia Mathematica Mathematical Principles of Natural Philosophy*），常被人簡稱為*Principia*。

11　微積分最早的全名就是infinitesimal calculus，意即「無限小的計算法」，現在都只稱calculus。

致謝辭

　　這本書最初的根源，要回溯到我進史丹佛研究所的第一年。當時我寫了一篇報告，力陳無限小在十七世紀的歐洲具顛覆政治的影響。後來幾年，我的研究興趣把我引往其他方向，一開始是現代探險早期的海事文化，後來又變成了十九世紀初期數學的「浪漫轉向」。不過我始終沒有忘記自己早期的那個洞燭之見，也從未懷疑有天我一定會完整說出這個故事。我雖然花了比自己以為的更多時間，但畢竟還是完成了這本書。二十多年來，因為我對這個議題始終念念不忘，所以我曾經請益的人，以及曾經提供建議，幫我完成這本書的人，名單非常長。

　　謝謝提摩西·雷諾伊爾（Timothy Lenoir）、彼得·加里森（Peter Galison）以及摩提·費恩高德（Moti Feingold）多年前對我那篇報告提供的高見；還有道格拉斯·傑瑟夫詳細的批評，激勵我繼續推敲並增強自己的論點。我和研究所的同儕克里斯多夫·雷庫伊爾（Christophe Lecuyer）、朱塔·史柏林（Jutta Sperling）、菲利普·瑟托（Phillip Thurtle）、喬許·費因斯坦（Josh Feinstein）與派翠莎·梅松（Patricia Mazon），曾花了許多小時討論這些議題。後來，我在加州大學洛杉磯分校的同僚成了我的共鳴板，謝謝瑪格麗特（派格）·亞伯、瑪麗·泰若（Mary Terrall）、泰德·波特（Ted Porter）、諾頓·威斯（Norton Wise）、索拉雅·德·查達瑞維安（Soraya de Chadarevian）與莎朗·特拉威克（Sharon Traweek）的真知灼見與友誼。卡拉·瑞塔·帕梅里諾非常慷慨地讓我借用她有關耶穌會文獻檔案的筆記，還有烏果·巴迪尼協助引導我穿越耶穌會資料的迷宮。

　　史帝芬·凡登·布洛克（Steven Vanden Broecke）在和我共用辦公室一個學期後，成了好友，他提供了我眼光獨具的意見以及早期現代世界

的深度知識。與瓊安‧李查斯（Joan Richards）、阿卡迪‧普羅特尼特斯基（Arkady Plotnitsky）的對談，幫助我整理了腦子裡對數學以及更廣義的文化相關思想，而瑪里歐‧比阿吉歐里與瑪西莫‧瑪佐提（Massimo Mazzotti）則讓我對早期的現代義大利以及數學在那個社會中的地位，有了更深刻的了解。瑞維耶‧內茲（Reviel Netz）的「視數學為文學／視數學為文本」（Mathematics as Literature / Mathematics as Text）工作坊讓我有機會在一群活潑又見多識廣的團體面前，試行一些相關的想法，我也從他體貼的建議中，獲益極大。多倫‧齊爾伯格（Doron Zeilberger）、麥可‧哈里斯（Michael Harris）和喬丹‧艾倫伯格（Jordan Ellenberg）都大方提供我數學上的建議，希格佛瑞德‧濟林斯基（Siegfried Zielinski）則為我樹立了一個毫無偏見的知識分子楷模。至於阿波斯托羅斯‧多西亞迪斯（Apostolos Doxiadis），不論是他的寫作或他著名的博學，都讓我知道，數學在美麗地加以呈現時，會有一大批忠實而又熱情的觀眾。

　　法拉‧史特拉斯與吉若烏克斯（Farrar, Straus and Giroux Straus）的阿曼達在每一個階段都對這本書照顧有加，從購買版權到出版，總是提供敏銳又有幫助的建議。她的同事戴博拉‧海爾芳德（Debra Helfand）、戴麗亞‧卡薩（Delia Casa）、珍娜‧多倫（Jenna Dolan）、戴博拉‧佛萊德（Debra Fried）以及珍妮‧科漢（Jennie Cohen）都孜孜不倦地為這本書的每一個層面努力，從編輯、校稿到出版，他們把一份看起來無趣的電子檔案，轉換成文字優雅的美麗成品。丹‧葛斯托（Dan Gerstle）看過早期版本的每一個字，提供了許多建議，而賴爾德‧蓋倫赫（Laird Gallagher）則為這本書後來的版本提供了最敏銳的編輯角度；他們兩人無疑讓這本書變得更好。蓋勒蒙代理公司（Garamond Agency）的麗莎‧亞當斯（Lisa Adams），從這本書的最初計畫到最終成果，始終不離不棄，我可以非常真誠地說，若沒有她的建議、支持與專業，《無限小》不可能問世。我的童年夥伴丹尼爾‧巴拉茲雖然住在地球的另一端，卻始終是我生命中的常客，他的友誼幫助我撐過了這個過程。

　　至於我的摯愛邦妮（Bonnie）：謝謝妳成為世界上男人能夠夢想的最

國家圖書館出版品預行編目資料

無限小：一個危險的數學理論如何形塑現代世界 / 艾米爾.亞歷山大(Amir
 Alexander)著；麥慧芬譯. -- 初版. -- 臺北市：商周出版：家庭傳媒城邦分
 公司發行, 2015.10
 面；　公分. -- (莫若以明書房；6)
 譯自：Infinitesimal : how a dangerous mathematical theory shaped the modern
　world
 ISBN 978-986-272-909-0(平裝)

 1.幾何

316   104020454

莫若以明書房 06

無限小（修訂版）：一個危險的數學理論如何形塑現代世界

作　　　者／艾米爾‧亞歷山大Amir Alexander
譯　　　者／麥慧芬
企 劃 選 書／黃靖卉
責 任 編 輯／黃靖卉
編 輯 協 力／蕭秀姍

版　　　權／黃淑敏、林心紅
行 銷 業 務／莊英傑、黃崇華、李麗淳
總 編 輯／黃靖卉
總 經 理／彭之琬
事業群總經理／黃淑貞
發 行 人／何飛鵬
法 律 顧 問／元禾法律事務所 王子文律師
出　　　版／商周出版
　　　　　　台北市104民生東路二段141號9樓
　　　　　　電話：(02) 25007008　傳眞：(02)25007759
　　　　　　E-mail：bwp.service@cite.com.tw
　　　　　　Blog：http://bwp25007008.pixnet.net/blog
發　　　行／英屬蓋曼群島商家庭傳媒股份有限公司 城邦分公司
　　　　　　台北市中山區民生東路二段141號2樓
　　　　　　書虫客服服務專線：02-25007718；25007719
　　　　　　服務時間：週一至週五上午09:30-12:00；下午13:30-17:00
　　　　　　24小時傳眞專線：02-25001990；25001991
　　　　　　劃撥帳號：19863813；戶名：書虫股份有限公司
　　　　　　讀者服務信箱：service@readingclub.com.tw
　　　　　　城邦讀書花園：www.cite.com.tw
香港發行所／城邦（香港）出版集團有限公司
　　　　　　香港灣仔駱克道193號東超商業中心1樓；E-mail：hkcite@biznetvigator.com
　　　　　　電話：(852) 25086231　傳眞：(852) 25789337
馬新發行所／城邦（馬新）出版集團 Cite (M) Sdn. Bhd.
　　　　　　41, Jalan Radin Anum, Bandar Baru Sri Petaling,
　　　　　　57000 Kuala Lumpur, Malaysia.
　　　　　　Tel: (603) 90578822 Fax: (603) 90576622 Email: cite@cite.com.my

封 面 設 計／徐璽設計工作室
排　　　版／極翔企業有限公司
印　　　刷／中原造像股份有限公司

■2015年10月29日初版一刷　　　　　　　　　　　　Printed in Taiwan
■2019年 6 月25日二版一刷
定價380元

Infinitesimal: How a Dangerous Mathematical Theory Shaped the Modern World
by Amir Alexander
Copyright © 2014 by Amir Alexander
Published by arrangement with Scientific American, an imprint of Farrar, Straus and Giroux LLC, New York
through Bardon-Chinese Media Agency
Complex Chinese translation copyright © 2019 by Business Weekly Publications, a division of Cité Publishing Ltd.
ALL RIGHTS RESERVED

城邦讀書花園
www.cite.com.tw

 商周出版

讀者回函卡

感謝您購買我們出版的書籍！請費心填寫此回函卡，我們將不定期寄上城邦集團最新的出版訊息。

不定期好禮相贈！
立即加入：商周出版
Facebook 粉絲團

姓名：＿＿＿＿＿＿＿＿＿＿＿＿＿＿＿＿＿＿ 性別：□男 □女

生日：西元＿＿＿＿＿年＿＿＿＿＿月＿＿＿＿＿日

地址：＿＿＿＿＿＿＿＿＿＿＿＿＿＿＿＿＿＿＿＿＿＿＿

聯絡電話：＿＿＿＿＿＿＿＿ 傳真：＿＿＿＿＿＿＿＿

E-mail ：

學歷：□ 1. 小學 □ 2. 國中 □ 3. 高中 □ 4. 大學 □ 5. 研究所以上

職業：□ 1. 學生 □ 2. 軍公教 □ 3. 服務 □ 4. 金融 □ 5. 製造 □ 6. 資訊

　　　□ 7. 傳播 □ 8. 自由業 □ 9. 農漁牧 □ 10. 家管 □ 11. 退休

　　　□ 12. 其他＿＿＿＿＿＿＿＿＿

您從何種方式得知本書消息？

　　　□ 1. 書店 □ 2. 網路 □ 3. 報紙 □ 4. 雜誌 □ 5. 廣播 □ 6. 電視

　　　□ 7. 親友推薦 □ 8. 其他＿＿＿＿＿＿＿＿＿

您通常以何種方式購書？

　　　□ 1. 書店 □ 2. 網路 □ 3. 傳真訂購 □ 4. 郵局劃撥 □ 5. 其他＿＿＿

您喜歡閱讀那些類別的書籍？

　　　□ 1. 財經商業 □ 2. 自然科學 □ 3. 歷史 □ 4. 法律 □ 5. 文學

　　　□ 6. 休閒旅遊 □ 7. 小說 □ 8. 人物傳記 □ 9. 生活、勵志 □ 10. 其他

對我們的建議：＿＿＿＿＿＿＿＿＿＿＿＿＿＿＿

＿＿＿＿＿＿＿＿＿＿＿＿＿＿＿＿＿＿＿＿＿＿＿

＿＿＿＿＿＿＿＿＿＿＿＿＿＿＿＿＿＿＿＿＿＿＿